Robert Hafner
Helmut Waldl

Statistik
für Sozial- und
Wirtschaftswissenschaftler
Band 2

Arbeitsbuch
für SPSS und Microsoft Excel

Springers Kurzlehrbücher
der Wirtschaftswissenschaften

SpringerWienNewYork

Univ.-Prof. Dipl.-Ing. Dr. Robert Hafner
Mag. Dr. Helmut Waldl
Institut für Angewandte Statistik
Johannes-Kepler-Universität Linz
Linz, Österreich

Das Werk ist urheberrechtlich geschützt.
Die dadurch begründeten Rechte, insbesondere die der Übersetzung, des Nachdruckes, der Entnahme von Abbildungen, der Funksendung, der Wiedergabe auf photomechanischem oder ähnlichem Wege und der Speicherung in Datenverarbeitungsanlagen, bleiben, auch bei nur auszugsweiser Verwertung, vorbehalten.
Produkthaftung: Sämtliche Angaben in diesem Fachbuch (wissenschaftlichen Werk) erfolgen trotz sorgfältiger Bearbeitung und Kontrolle ohne Gewähr. Insbesondere Angaben über Dosierungsanweisungen und Applikationsformen müssen vom jeweiligen Anwender im Einzelfall anhand anderer Literaturstellen auf ihre Richtigkeit überprüft werden. Eine Haftung des Autors oder des Verlages aus dem Inhalt dieses Werkes ist ausgeschlossen.
Die Wiedergabe von Gebrauchsnamen, Handelsnamen, Warenbezeichnungen usw. in diesem Buch berechtigt auch ohne besondere Kennzeichnung nicht zu der Annahme, daß solche Namen im Sinne der Warenzeichen- und Markenschutz-Gesetzgebung als frei zu betrachten wären und daher von jedermann benutzt werden dürfen.
© 2001 Springer-Verlag/Wien
Printed in Austria

Reproduktionsfertige Vorlage von den Autoren
Druck: Novographic Druck G.m.b.H., A-1230 Wien
Gedruckt auf säurefreiem, chlorfrei gebleichtem Papier – TCF
SPIN 10767557

Mit 221 Abbildungen

Die Deutsche Bibliothek – CIP-Einheitsaufnahme
Ein Titeldatensatz für diese Publikation ist bei Der Deutschen Bibliothek erhältlich.

Inv.-Nr. 02/A 39.133

ISSN 0937-6836
ISBN 3-211-83511-3 Springer-Verlag Wien New York

Vorwort

Dieses Buch ist eine zum Selbststudium geeignete Einführung in die Programmpakete SPSS für Windows und Microsoft Excel. Es ist als Begleittext zu *Statistik für Sozial- und Wirtschaftswissenschaftler, Band 1* von R. Hafner angelegt, kann aber auch als eigenständige Einführung in die genannten Programmpakete benützt werden. Großer Wert wurde darauf gelegt, die Einzelschritte der beschriebenen Prozeduren in auch für Anfänger leicht verständlicher Form darzustellen. Das Ziel ist, den Leser so weit zu führen, dass er mit den Grundlagen der beiden Programmpakete so weit vertraut wird, dass er einerseits einfache Auswertungen selbständig durchführen kann und andererseits mit Hilfe weiterführender Anleitung, sei es in schriftlicher, sei es in mündlicher Form, sich leicht weitere Details von SPSS oder Excel zu erschließen vermag.

Das vorliegende Manual folgt dem Hafner-Text Kapitel für Kapitel: Letzterer enthält die theoretischen Grundlagen, ersteres beschreibt die praktische Durchführung der statistischen Analysen. Die beiden Texte bilden eine Einheit und sollen von Lernenden auch so gesehen werden: theoretische Grundlagen ohne Praxis sind leblos, Praxis ohne Verständnis der Grundlagen ist Illusion.

Die Darstellung in diesem Buch nimmt Bezug auf:

- SPSS für Windows, Release 10.0.5 (27. Nov. 1999), deutsch.

- Microsoft Excel, Version 97 SR-2.

Man kann natürlich davon ausgehen, dass die beschriebenen statistischen Analysen auch mit sämtlichen Nachfolgeversionen dieser Programme ausgeführt werden können.

Die Autoren sind für Kritik und Anregungen jederzeit dankbar und ersuchen, diese an die e-mail Adresse: Helmut.Waldl@jk.uni-linz.ac.at zu senden.

Abschließend danken wir unseren bewährten Mitarbeiterinnen Frau R. Janout und Frau M. Wolfesberger für die sorgfältige Ausführung der Schreibarbeiten.

August 2000   R.H., H.W.

Inhaltsverzeichnis

Zur Notation xii

Teil E: Statistik mit Microsoft Excel

E.1 Excel starten, Datenquellen
E.1.1 Wechseln zwischen sowie Einfügen und Löschen von Blättern 3
E.1.2 Dateneingabe 4
E.1.3 Vorhandene Datenfiles öffnen 7
E.1.4 Formeln und Bezüge in Excel-Tabellenblättern 8
E.1.5 Daten filtern 18
E.1.6 Daten transformieren 20
E.1.7 Übungsaufgaben 22

E.2 Eindimensionale Häufigkeitsverteilungen
E.2.1 Diskrete Merkmale 24
E.2.2 Stetige Merkmale 29
E.2.3 Darstellung der Häufigkeitsverteilung mit Analyse-Funktionen 33
E.2.4 Übungsaufgaben 35

E.3 Zweidimensionale Häufigkeitsverteilungen
E.3.1 Diskrete Merkmale 36
E.3.2 Stetige Merkmale 39
E.3.3 Übungsaufgaben 42

E.4 Maßzahlen für eindimensionale Verteilungen
E.4.1 Metrische Merkmale 43
E.4.2 Ordinale Merkmale 46
E.4.3 Nominale Merkmale 47
E.4.4 Verteilungsmaßzahlen mit Analyse-Funktionen 48
E.4.5 Übungsaufgaben 50

E.5 Maßzahlen für mehrdimensionale Verteilungen
E.5.1 Metrische Merkmale 51
E.5.2 k-dimensionale metrische Merkmale 51
E.5.3 Ordinale Merkmale 54
E.5.4 Nominale Merkmale 55
E.5.5 Korrelation und Kovarianz mit Analyse-Funktionen 56
E.5.6 Übungsaufgaben 58

E.6 Die Lorenzkurve 59
E.6.1 Übungsaufgaben 62

E.7 Grundbegriffe der Wahrscheinlichkeitsrechnung 63
E.7.1 Erzeugen von Zufallszahlen mit Analyse-Funktionen 66
E.7.2 Übungsaufgaben 69

E.8 Diskrete Wahrscheinlichkeitsverteilungen
E.8.2 Die Alternativverteilung (Bernoulli-Verteilung) 70
E.8.3 Die Gleichverteilung 71
E.8.4 Die hypergeometrische Verteilung 71
E.8.5 Die Binomialverteilung 72
E.8.6 Die Poissonverteilung 73
E.8.7 Übungsaufgaben 74

E.9 Stetige Wahrscheinlichkeitsverteilungen
E.9.2 Die stetige Gleichverteilung 75
E.9.3 Die Normalverteilung 76
E.9.4 Die Chi-Quadrat-Verteilung 79
E.9.5 Die Student-Verteilung (t-Verteilung) 80
E.9.6 Die F-Verteilung 82
E.9.7 Übungsaufgaben 84

E.10 Parameter von Wahrscheinlichkeitsverteilungen
E.10.1 Der Erwartungswert 85
E.10.2 Übungsaufgaben 87

E.11 Relative Häufigkeiten
E.11.1 Schätzen relativer Häufigkeiten 88
E.11.2 Testen von Hypothesen über relative Häufigkeiten 89
E.11.3 Vergleich zweier relativer Häufigkeiten 92
E.11.4 Übungsaufgaben 93

E.12 Die Parameter der Normalverteilung
E.12.1 Der Mittelwert μ 94
E.12.2 Die Varianz σ^2 96
E.12.3 Vergleich zweier Normalverteilungen 97
E.12.4 Vergleich zweier Normalverteilungen mit Analyse-Funktionen 102
E.12.5 Übungsaufgaben 106

Inhaltsverzeichnis   ix

E.13 Verteilungsunabhängige Verfahren

E.13.1 Schätzen und Testen von Fraktilen 107
E.13.2 Statistische Toleranzintervalle 111
E.13.3 Übungsaufgaben 111

E.14 Der Chi-Quadrat-Test

E.14.1 Der Chi-Quadrat-Anpassungstest 112
E.14.2 Der Chi-Quadrat-Homogenitätstest 115
E.14.3 Übungsaufgaben 117

E.15 Regressionsrechnung 118

E.15.1 Regressionsrechnung mit Analyse-Funktionen 122
E.15.2 Übungsaufgaben 124

Teil S: Statistik mit SPSS

S.1 SPSS starten, Datenquellen

S.1.1   Fensterarten 127
S.1.2   Wechseln zwischen und Schließen von Fenstern 128
S.1.3   Dateneingabe über den Daten-Editor 129
S.1.3.1 Variablen definieren 129
S.1.3.2 Daten eingeben 134
S.1.3.3 Datenfile speichern 136
S.1.4   Vorhandene Datenfiles öffnen 137
S.1.5   Daten filtern 138
S.1.6   Daten transformieren 140
S.1.7   Übungsaufgaben 143

S.2 Eindimensionale Häufigkeitsverteilungen

S.2.1   Diskrete Merkmale 145
S.2.2   Stetige Merkmale 155
S.2.3   Erzeugen von SPSS-Befehlssyntax 158
S.2.4   Übungsaufgaben 159

S.3 Zweidimensionale Häufigkeitsverteilungen

S.3.1 Diskrete Merkmale 161
S.3.2 Stetige Merkmale 166
S.3.3 Übungsaufgaben 169

S.4 Maßzahlen für eindimensionale Verteilungen

S.4.1 Metrische Merkmale 170
S.4.2 Ordinale Merkmale 171
S.4.3 Nominale Merkmale 173
S.4.4 Übungsaufgaben 176

S.5 Maßzahlen für mehrdimensionale Verteilungen

S.5.1 Metrische Merkmale 177
S.5.2 k-dimensionale metrische Merkmale 178
S.5.3 Ordinale Merkmale 178
S.5.4 Nominale Merkmale 179
S.5.5 Übungsaufgaben 180

S.6 Die Lorenzkurve 181

S.6.1 Übungsaufgaben 186

S.7 Grundbegriffe der Wahrscheinlichkeitsrechnung 187

S.7.1 Übungsaufgaben 191

S.8 Diskrete Wahrscheinlichkeitsverteilungen

S.8.2 Die Alternativverteilung (Bernoulli-Verteilung) 192
S.8.3 Die Gleichverteilung 194
S.8.4 Die hypergeometrische Verteilung 194
S.8.5 Die Binomialverteilung 195
S.8.6 Die Poissonverteilung 195
S.8.7 Übungsaufgaben 196

S.9 Stetige Wahrscheinlichkeitsverteilungen

S.9.2 Die stetige Gleichverteilung 197
S.9.3 Die Normalverteilung 198
S.9.4 Die Chi-Quadrat-Verteilung 199
S.9.5 Die Student-Verteilung (t-Verteilung) 200
S.9.6 Die F-Verteilung 201
S.9.7 Übungsaufgaben 203

Inhaltsverzeichnis

S.10 Parameter von Wahrscheinlichkeitsverteilungen

S.10.1 Der Erwartungswert 204
S.10.2 Übungsaufgaben 206

S.11 Relative Häufigkeiten

S.11.1 Schätzen relativer Häufigkeiten 207
S.11.2 Testen von Hypothesen über relative Häufigkeiten 209
S.11.3 Vergleich zweier relativer Häufigkeiten 212
S.11.4 Übungsaufgaben 214

S.12 Die Parameter der Normalverteilung

S.12.1 Der Mittelwert μ 215
S.12.2 Die Varianz σ^2 216
S.12.3 Vergleich zweier Normalverteilungen 218
S.12.4 Übungsaufgaben 221

S.13 Verteilungsunabhängige Verfahren

S.13.1 Schätzen und Testen von Fraktilen 222
S.13.2 Statistische Toleranzintervalle 224
S.13.3 Übungsaufgaben 225

S.14 Der Chi-Quadrat-Test

S.14.1 Der Chi-Quadrat-Anpassungstest 226
S.14.2 Der Chi-Quadrat-Homogenitätstest 231
S.14.3 Übungsaufgaben 233

S.15 Regressionsrechnung 234

S.15.1 Übungsaufgaben 238

Literatur 239

Sachverzeichnis 240

Zur Notation

In Microsoft Excel und in SPSS analysiert man die Daten fast immer durch Klicken auf Menüs und Submenüs. Um die Folge der nötigen Maus-Klicks nicht immer umständlich beschreiben zu müssen, vereinbaren wir folgende abkürzende Notation:

- Klicken auf den Menüpunkt ABC:

  ABC

- Klicken auf den Menüpunkt ABC und anschließendes Klicken auf den Submenüpunkt DEF:

  ABC ▷
      DEF

Teil E

Statistik mit Microsoft Excel

E.1 Excel starten, Datenquellen

Microsoft Excel wird über die Task-Leiste durch Klicken auf

Start ▷
    Programme ▷
        Microsoft Excel

oder durch Doppelklicken auf das Excel-Icon gestartet. Es wird dann das in Abb. E.1.1 gezeigte Fenster geöffnet.

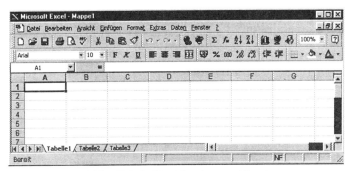

Abb. E.1.1: Startfenster von Excel

Eine Arbeitsmappe mit drei leeren Tabellenblättern ist zu sehen. In Microsoft Excel wird die Datei, in der die Daten bearbeitet und gespeichert werden, mit *Arbeitsmappe* bezeichnet. Eine Arbeitsmappe kann aus mehreren *Blättern* bestehen, dabei unterscheidet man zwischen

- **Tabellenblättern:**
  Hier findet man die Daten einer Arbeitsmappe. In Tabellenblättern kann man Daten eingeben, bearbeiten und Berechnungen durchführen. Bei den Berechnungen können auch Daten aus anderen Tabellen verwendet werden.

- **Diagrammblättern:**
  Grafiken und Diagramme können in Tabellenblätter eingefügt werden oder in ein eigenes Diagrammblatt. Diagrammblätter sind mit Tabellenblättern verknüpft und werden aktualisiert, wenn sich die Daten der Tabellenblätter ändern.

E.1.1 Wechseln zwischen sowie Einfügen und Löschen von Blättern

Die Namen der Blätter einer Arbeitsmappe sieht man an den Registern links unten im Arbeitsmappenfenster. Das Blatt, das man gerade bearbeitet, nennt man das *aktive Blatt*, man erkennt es daran, dass sein Name am entsprechenden Blattregister fett auf weißem Untergrund angezeigt wird. Man macht ein Blatt zum aktiven Blatt, indem man mit der Maus auf das Register des gewünschten Blattes klickt.

Zum Löschen, Umbenennen, Verschieben und Kopieren von Arbeitsblättern klickt man mit der rechten Maustaste auf das Register des entsprechenden Blattes, zum Einfügen eines Blattes auf das Register des Blattes, vor dem man ein neues Arbeitsblatt einfügen möchte. Um die gewünschte Operation durchzuführen, muss man dann nur den entsprechenden Punkt aus dem sich öffnenden Popup-Menü (siehe Abb. E.1.2) auswählen.

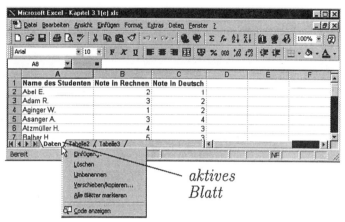

Abb. E.1.2: Einfügen und Löschen von Arbeitsblättern

E.1.2 Dateneingabe

Wir wählen ein Tabellenblatt der Arbeitsmappe, das wir ausschließlich zum Eingeben und Modifizieren des zu analysierenden Datenfiles verwenden. Dieses Tabellenblatt bezeichnen wir mit *Daten*. Die Zeilen einer Excel-Tabelle sind am linken Rand von 1 bis $2^{16} = 65536$ durchnummeriert, die Spalten am oberen Rand mit A, B, C, ... bezeichnet (insgesamt $2^8 = 256$ Spalten). An den Bezeichnungen der Zeilen und Spalten eines Tabellenblattes kann man nichts ändern, sie dienen dazu, Bezüge zu den einzelnen Zellen herzustellen (siehe Abschn. E.1.4). Wie bei SPSS geben wir die Daten so ein, dass in den Zeilen die Erhebungseinheiten oder Beobachtungen und in den Spalten die Variablen stehen. Zur Demonstration geben wir wie in Abschn. S.1 die Daten des Beispiels aus [HAFN 00], Abschn. 3.1 ein. Man hat in Excel zwar nicht wie in SPSS die Möglichkeit, Variablen zu definieren, man kann aber zumindest Namen vergeben und die Spalten formatieren. Variablennamen kann man in die erste Zeile einer jeden Spalte schreiben. Bei einigen Operationen (z.B. beim Sortieren) muss man Excel mitteilen, ob man Überschriften verwendet, filtert man die Daten mit *Spezialfiltern* (siehe Abschn. E.1.5), so muss das Tabellenblatt sogar Spaltenbeschriftungen enthalten. Bei den Spaltenbeschriftungen ist man keinerlei Einschränkungen unterworfen, außer dass sie nicht mit dem „=``-Zeichen beginnen dürfen. Um eine Spalte (Variable) zu formatieren, geht man folgendermaßen vor:

1. Man markiert die gesamte Spalte, dies geschieht, indem man auf die Bezeichnung der Spalte (A, B, C, ...) am oberen Rand der Tabelle klickt. Die markierte Spalte verfärbt sich bis auf die erste Zelle schwarz.

E.1.2 Dateneingabe

2. Das Format wird wieder über ein Dialogfeld festgelegt, zum Öffnen dieses Dialogfeldes hat man mehrere Möglichkeiten:
   a. Man drückt gleichzeitig die Tasten *Strg* und *1*.
   b. Man klickt mit der rechten Maustaste auf die Bezeichnung (Buchstabe A, B, C, ...) der markierten Spalte. Aus dem sich öffnenden Popup-Menü (siehe Abb. E.1.3) wählt man den Punkt **Zellen formatieren**.

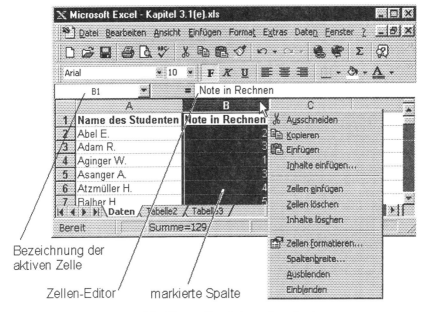

Abb. E.1.3: Bearbeiten einer Spalte

   c. Man wählt über das Menü

   Format ▷
       Zellen

3. Im Dialogfeld *Zellen* wählt man das Register *Zahlen*. Für unsere Anwendungen sind nur die Kategorien *Text* für String-Variablen und *Zahl* (eventuell auch *Wissenschaft*) für nummerische Variablen von Interesse. Verwendet man die Formatierungskategorie *Text*, dann kann man mit den Eintragungen in den so formatierten Zellen keine mathematischen und statistischen Berechnungen durchführen, auch wenn es sich um Zahlen handelt. Der Zelleninhalt einer Text-Zelle wird immer so angezeigt, wie er eingegeben wurde (d.h., man kann in solchen Zellen auch nicht die Auswertung von Funktionen anderer Zellen sehen, siehe Abschn. E.1.4).

Wählt man die Kategorien *Zahl* bzw. *Wissenschaft* (wissenschaftliche Notation), so kann man noch die Anzahl der Dezimalstellen und die Darstellung negativer Zahlen für die Anzeige in den entsprechenden Zellen auswählen und entscheiden, ob Tausendertrennzeichen verwendet werden sollen. In so formatierte Zellen kann auch Text geschrieben werden, es macht allerdings auch hier keinen Sinn, mathematische Operationen auf Texteintragungen durchzuführen.

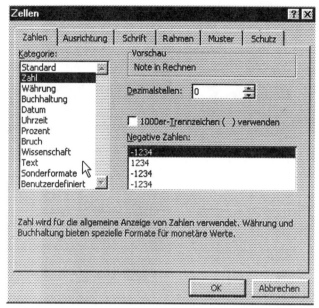

Abb. E.1.4: Das Dialogfeld zum Formatieren von Zellen

In den meisten Fällen kommt man aber mit der Kategorie *Standard* aus, und es ist nicht notwendig, ein spezielles Zellenformat zu definieren. Die restlichen Register des Dialogfeldes dienen hauptsächlich dem Layout der markierten Zellen und werden hier nicht besprochen.

Wir haben für die Spalte *Name des Studenten* die Formatierung *Text* und für die Spalten *Note in Rechnen* und *Note in Deutsch* die Kategorie *Zahl* gewählt.

Zur Eingabe der Daten muss man die Zelle, in die man schreiben möchte, zur *aktiven Zelle* machen. Dies geschieht, indem man mit der Maus auf die entsprechende Zelle klickt. Die aktive Zelle wird daraufhin hervorgehoben, in einem Feld links oberhalb der Tabelle erscheint die Bezeichnung der aktiven Zelle (siehe Abb. E.1.3), und im Zellen-Editor ist der Inhalt der Zelle zu sehen. In der Bezeichnung einer Zelle steht immer zuerst der Name der Spalte (Buchstabe) und anschließend die Nummer der Zeile der entsprechenden Zelle, mit *B5* wird also z.B. die Zelle in Spalte *B* und Zeile *5* bezeichnet. Die Position der aktiven Zelle kann man mit der Eingabetaste und den Pfeiltasten verschieben. Ist die gewünschte Zelle aktiviert, so kann man den Inhalt der Zelle über die Tastatur verändern, also auch Daten eingeben.

In einem Excel-Tabellenblatt können Zeilen (Beobachtungen) und Spalten (Variablen) gelöscht, eingefügt oder verschoben werden. Im Folgenden werden die Operationen für Spalten beschrieben, bei Zeilen funktioniert es völlig analog. Zum Löschen einer Spalte muss man diese markieren. Anschließend wählt man über das Menü:

Bearbeiten ▷
   Zellen löschen

Die markierte Spalte verschwindet, alle Spalten rechts davon werden um eine Position nach links verschoben. Will man nur den Inhalt einer Spalte löschen und nicht die Spalte selbst, so muss man, nachdem die entsprechende Spalte markiert wurde, nur die *Entf*-Taste drücken. Die markierte Spalte enthält anschließend lauter leere Zellen. Zum Einfügen einer Spalte markiert man die Spalte, vor der eingefügt werden soll. Man wählt dann über das Menü:

Einfügen ▷
   Zellen
   (Spalten)

Eine leere Spalte wird eingefügt, die markierte Spalte und alle Spalten dahinter werden um eine Position nach rechts verschoben.

Zum Verschieben von Spalten muss man zuerst dort, wo man eine Spalte hinverschieben möchte, eine (leere) Spalte einfügen. Anschließend markiert man die zu verschiebende Spalte und wählt über das Menü:

Bearbeiten ▷
   Ausschneiden

(oder über die Tastatur *Strg* und *X*). Der Rand der markierten Spalte beginnt zu blinken. Jetzt markiert man die leere (eingefügte) Spalte und drückt die Eingabetaste. Der Inhalt der Spalte wird verschoben, an der ursprünglichen Position ist jetzt eine leere Spalte.

Ist die Dateneingabe bzw. -modifikation abgeschlossen, so wird man die Arbeitsmappe abspeichern (bei längeren Arbeiten ist es sehr ratsam, schon vorher zwischenzuspeichern). Dazu gibt man über das Menü

Datei ▷
   Speichern
   (Speichern unter)

oder über die Tastatur *Strg* und *S* ein. Microsoft Excel-Arbeitsmappen erkennt man an der Extension *.xls*. Dateien, die im Excel-Format abgespeichert sind, können von vielen anderen Programmen (z.B. auch von SPSS) geöffnet und gelesen werden.

E.1.3 Vorhandene Datenfiles öffnen

Microsoft Excel-Dateien können zwar von sehr vielen anderen Programmen gelesen werden, umgekehrt kann man mit Excel aber Dateien, die im Format anderer Programme abgespeichert sind (z.B. SPSS-Files), meist nicht in brauchbarer Form lesen. Wir beschränken uns daher beim Öffnen von Datenfiles auf Dateien vom Typ *Microsoft Excel-Dateien (*.xl*; *.xls; *.xla; *.xlt; *.xlm; *.xlc; *.xlw)*. Solche Dateien öffnet man über das Menü mittels

Datei ▷
   Öffnen

oder über die Tastatur mit *Strg* und *O*. Im sich daraufhin öffnenden Dialogfeld kann man die gewünschte Datei auswählen. In Microsoft Excel kann man gleichzeitig mehrere Dateien (Arbeitsmappen) geöffnet haben. Zwischen den geöffneten Dateien wechselt man, indem man das Menü **Fenster** wählt. Im unteren Teil des erscheinenden Pull-Down-Menüs steht eine Liste aller geöffneten Dateien, aus der man die Datei, zu der man wechseln möchte, durch Mausklick auswählen kann.

E.1.4 Formeln und Bezüge in Excel-Tabellenblättern

Die statistische Analyse der Daten erfolgt in Excel unter der Verwendung von sogenannten *Formeln*. Von einer Formel spricht man in Excel dann, wenn der Inhalt einer Zelle (eines Zellenbereiches) nicht direkt eingegeben wird, sondern erst aus einer Folge von Werten, Zellenbezügen, Funktionen und Operatoren berechnet wird. Formeln werden allerdings nur dann berechnet, wenn man für die ausgewählte Zelle nicht die Formatierungskategorie *Text* verwendet (siehe Abschn. E.1.2). Eine Formel beginnt immer mit einem Gleichheitszeichen (=). Zur Eingabe einer Formel markiert man zuerst die Zelle, in der das Ergebnis der Berechnung stehen soll. Anschließend gibt man ein Gleichheitszeichen gefolgt von der zu berechnenden Formel ein. Drückt man die Eingabetaste, so wird der gewünschte Wert berechnet und in die ausgewählte Zelle geschrieben. Gibt man also z.B. für eine Zelle =4*3 ein und wechselt anschließend zu einer anderen Zelle, so wird in der Zelle, für welche die Formel eingegeben wurde, der Wert 12 angezeigt. Vorteilhafter ist es aber, eine Formel auf die folgende Art einzugeben:

Nachdem man die Zelle markiert hat, für die man die Formel berechnen möchte, klickt man auf die Schaltfläche ▦ (Formeln bearbeiten) in der Bearbeitungsleiste unmittelbar links neben dem Zellen-Editor. Es öffnet sich ein Dialogfeld, die sogenannte *Formelpalette* unmittelbar unterhalb der Bearbeitungsleiste. Beim Eingeben einer Funktion in eine Formel zeigt die Formelpalette den Namen der Funktion, die einzelnen Argumente der Funktion, eine kurze Beschreibung der Funktion und der einzelnen Argumente, das momentane Ergebnis der Funktion und das momentane Ergebnis der gesamten Formel an. Dies sei anhand eines Beispiels demonstriert.

Beispiel E.1.1: Stellen Sie sich vor, Sie möchten für eine Zelle den Wert von

$$(1 + \frac{1}{100})^{100} - \sum_{i=0}^{4} \frac{1}{i!}$$

mit Hilfe von Funktionen in einer Excel-Formel berechnen. Dazu öffnet man wie oben beschrieben die Formelpalette. Im Zellen-Editor erscheint ein Gleichheitszeichen. Jetzt gibt man den Teil der Formel bis zur Summe ein: $(1 + 1/100)\verb|^|100-$. Für den zweiten Teil der Formel verwendet man die SUMME-Funktion, man kann jede gewünschte Excel-Funktion auswählen, indem man auf die Schaltfläche ▦ in der Bearbeitungsleiste klickt:

E.1.4 Formeln und Bezüge in Excel-Tabellenblättern 9

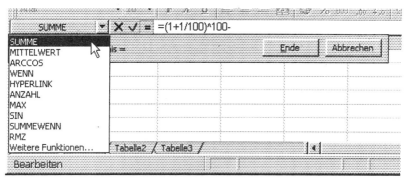

Abb. E.1.5: Funktion für Excel-Formel auswählen

Nachdem man die Funktion SUMME ausgewählt hat, gibt man die Summanden $\frac{1}{0!}, \frac{1}{1!}, \ldots, \frac{1}{4!}$ in die Felder *Zahl*1, *Zahl*2, ..., *Zahl*5 (Abb. E.1.6) ein. Zur Berechnung der Summanden könnte man z.B. die Funktion FAKULTÄT verwenden. Ist die Eingabe abgeschlossen, so klickt man entweder auf die Schaltfläche *Ende* oder auf ✓.

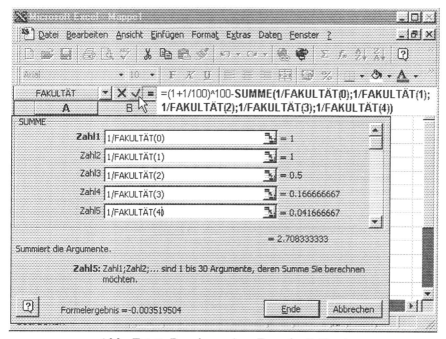

Abb. E.1.6: Berechnen einer Formel mit Excel

Die Formelpalette, in der sämtliche Zwischenergebnisse der Funktionen und der gesamten Formel zu sehen waren, schließt sich, und das Formelergebnis wird in die ausgewählte Zelle eingetragen.

In den meisten Anwendungen möchte man bei der Berechnung von Formeln die Inhalte anderer Zellen der Excel-Arbeitsmappe verwenden. Dazu benutzt man sogenannte *Zellen-* oder *Bereichsbezüge*. Ein Bezug bezeichnet eine Zelle oder einen Zellenbereich in einem Tabellenblatt und teilt Microsoft Excel mit, wo sich die in einer Formel zu verwendenden Daten befinden. Mit Hilfe von Bezügen kann man die Daten von unterschiedlichen Teilen mehrerer Tabellenblätter in einer einzigen Formel verwenden. Excel verwendet standardmäßig die sogenannte *A1-Bezugsart*, wenn man einen Bezug zu einer Zelle erstellen möchte, gibt man hier den Buchstaben der Spalte vor der Zeilennummer ein. Die Eingabe von B7 stellt also einen Bezug zur Zelle in der siebten Zeile der Spalte B her. Steht in der Zelle B7 die Zahl 1 und in der Zelle D3 die Zahl 2, so erhält man durch die Eingabe der Formel =SUMME(B7;D3) den Wert 3.

Manchmal benötigt man nicht einen Bezug auf eine einzelne Zelle, sondern auf einen (rechteckigen) Zellenbereich eines Tabellenblattes. Um einen solchen Bezug zu erstellen, gibt man den Bezug auf die Zelle in der linken oberen Ecke des Bereichs ein, dahinter einen Doppelpunkt (:) und anschließend den Bezug auf die Zelle in der rechten unteren Ecke des Zellenbereiches. Will man also die Summe der Eintragungen in den Zellen A2, A3, A4, B2, B3, B4 berechnen, so verwendet man dazu die Formel =SUMME(A2:B4). Es folgt ein einfaches statistisches Beispiel für die Verwendung von Bereichsbezügen in Formeln.

Beispiel E.1.2: Gegeben sei der Datensatz aus [HAFN 00], Abschn. 3.1. Wir wollen den Median der Rechennoten der 50 Studenten berechnen und in die Zelle D2 eintragen.

- Dazu markieren wir zunächst die Zelle D2.
- Anschließend öffnen wir die Formelpalette durch Klicken auf die Schaltfläche ▓ in der Bearbeitungsleiste.
- Zum Auswählen der Funktion klicken wir auf die Schaltfläche ▓ und wählen aus der Drop-Down-Liste die Eintragung *Weitere Funktionen* ... . Es öffnet sich das Dialogfeld *Funktion einfügen* (siehe Abb. E.1.7).
- Wir wählen aus der Funktionenkategorie *Statistik* die Funktion MEDIAN. Weiß man nicht, welcher Kategorie eine Funktion, die man verwenden

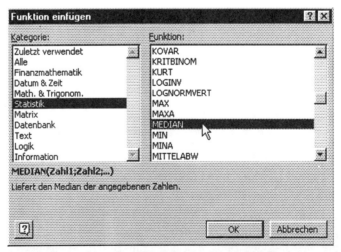

Abb. E.1.7: Auswählen einer Funktion im Dialogfeld *Funktion einfügen*

E.1.4 Formeln und Bezüge in Excel-Tabellenblättern

möchte, zuzuordnen ist, so findet man sie auf jeden Fall in der Kategorie *Alle*.

- Ins Feld *Zahl1* der Formelpalette können wir jetzt den Bezug zu sämtlichen Zellen, deren Median wir berechnen möchten, eintragen, weil die Zellen ein rechteckiger Bereich im Tabellenblatt sind. Man kann den Bereichsbezug entweder explizit ins Feld *Zahl1* eintragen, oder indem man den Bereich, zu dem man den Bezug herstellen möchte, im Tabellenblatt markiert. Wir entscheiden uns für die zweite Methode und klicken auf die Schaltfläche rechts im Feld *Zahl1* (Abb. E.1.8).

Daraufhin verschwindet die Formelpalette vorübergehend bis auf das Feld *Zahl1*, um am Bildschirm Platz für das Markieren des Bereiches zu machen,

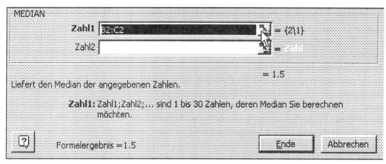

Abb. E.1.8: Formelpalette minimieren

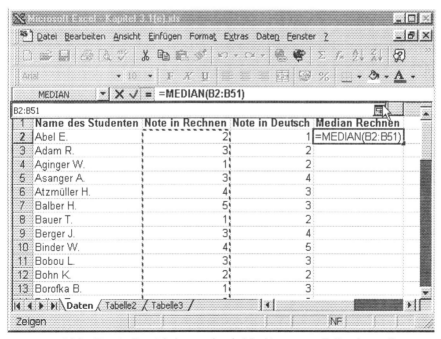

Abb. E.1.9: Bereichsbezug durch Markieren von Zellen herstellen

zu dem ein Bezug hergestellt werden soll. Jetzt markieren wir den Zellenbereich, für den der Median berechnet werden soll durch Klicken und Ziehen mit der Maus, der Rand des markierten Bereichs beginnt zu blinken und im Feld *Zahl1* steht der Bezug zum markierten Bereich. Ist man mit der getroffenen Auswahl einverstanden, klickt man wieder auf die Schaltfläche rechts im Feld *Zahl1*.

Die Formelpalette erscheint jetzt wieder am Bildschirm, der Bereichsbezug ist eingetragen. Hätten wir uns bei der Erstellung des Bezuges geirrt, könnten wir ihn jetzt noch ändern.

- Wir überprüfen die Eintragungen in der Formelpalette nochmals und klicken, nachdem wir keine Fehler feststellen können, auf die Schaltfläche *Ende* oder auf ☑. Die Formelpalette wird geschlossen und das Formelergebnis 2.5 in die Zelle D2 eingetragen.

Will man auch den Median der 50 Deutschnoten bestimmen, so braucht man dazu die eben beschriebene Prozedur nicht zu wiederholen, allerdings muss dann der Median der Deutschnote unmittelbar rechts vom Median der Rechennote stehen. Grund dafür ist, dass der Bereichsbezug, den wir in der Formel zur Berechnung des Medians der Rechennote verwendet haben, ein sogenannter *relativer Bezug* ist, und dass die Werte für die Deutschnote im Tabellenblatt unmittelbar rechts von den Werten der Rechennote stehen.

Zuerst aber zum Begriff *relativer Bezug*: Wenn man eine Formel erstellt, so werden die Bezüge auf Zellen oder Bereiche normalerweise relativ zur Position der Zelle dargestellt, welche die Formel enthält. Schreibt man z.B. in die Zelle B3 die Formel =A5, so sucht Excel den Wert der Zelle, die sich eine Spalte weiter links und zwei Zeilen weiter unten im Tabellenblatt befindet. Ein solcher Bezug ist relativ. Kopiert man eine Formel, die relative Bezüge enthält, so werden die Bezüge nach dem Einfügen aktualisiert und verweisen dann auf andere Positionen. Relativ zur Position der Formel, welche die Bezüge enthält, hat sich aber am Bezug nichts geändert. Kopiert man also die Formel =A5 aus der Zelle B3 und fügt sie z.B. in der Zelle D2 ein, so ändert sich die Formel auf =C4, denn die Zelle C4 steht eine Spalte weiter links und zwei Zeilen weiter unten als D2, C4 hat nämlich bezüglich D2 dieselbe relative Position wie A5 bezüglich B3.

Wenn man verhindern möchte, dass sich Bezüge beim Kopieren in eine andere Zelle verändern, hat man *absolute Bezüge* zu verwenden. Um einen Bezug oder einen Teil eines Bezuges absolut zu machen, schreibt man vor die Teile des Bezuges, die nicht geändert werden sollen, ein Dollarzeichen ($). Gibt man also in Zelle B3 die Formel =$A$5 ein und kopiert die Formel in die Zelle D2, so steht dort auch wieder die Formel =$A$5, der Bezug ist hier absolut. Gibt man hingegen in Zelle B3 die Formel =$A5 ein und kopiert die Formel nach D2, so ändert sich die Formel zu =$A4, denn hier ist nur der erste Teil des Bezuges, der sich auf die Spalte bezieht, absolut. Analog verhält es sich bei der Verwendung von =A$5. Solche Bezüge werden gemischte Bezüge genannt.

Im obigen Beispiel steht die Formel =MEDIAN(B2:B51) in Zelle D2. Der Bezug ist relativ. Kopiert man die Formel in die Zelle E2, so ändert sich die Formel

E.1.4 Formeln und Bezüge in Excel-Tabellenblättern

zu =MEDIAN(C2:C51). In den Zellen C2 bis C51 stehen die 50 Deutschnoten, wir haben damit also genau erreicht, was wir wollten, nämlich den Median der Deutschnoten bestimmt.

Wie kopiert man aber Zellen oder Zellenbereiche? Antwort:

- Man markiert die Zelle oder den Bereich, der kopiert werden soll.
- Man wählt über das Menü

    Bearbeiten ▷
      Kopieren

    oder über die Tastatur *Strg* und *C*. Der Rand des markierten Bereiches beginnt zu blinken.
- Man markiert die Zelle oder den Bereich, in den kopiert werden soll. Der Rand des zu kopierenden Bereiches blinkt nach wie vor.
- Man wählt über das Menü

    Bearbeiten ▷
      Einfügen

    oder über die Tastatur *Strg* und *V*. Die Zelle oder der Bereich wird in die Markierung kopiert. Diesen Vorgang (Markieren und Einfügen) kann man beliebig wiederholen, solange der Rand des zu kopierenden Bereiches blinkt.
- Um das Blinken des zu kopierenden Bereiches zu beenden, drückt man die Eingabetaste.

Achtung: Durch Drücken der Eingabetaste passiert dasselbe wie durch gleichzeitiges Drücken von *Strg* und *V*, es wird also in die markierte Zelle oder in den markierten Bereich kopiert.

Will man den Inhalt einer Zelle (eines Bereiches) in benachbarte Zellen (Bereiche) kopieren, so geht das allerdings noch einfacher:

- Man markiert den zu kopierenden Bereich
- Man setzt den Maus-Zeiger an die rechte untere Ecke des markierten Bereiches, das Symbol für den Maus-Zeiger verändert sich zu einem schmalen + (siehe Abb. E.1.10).

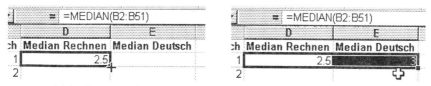

Abb. E.1.10: Kopieren von Zellen durch Ziehen mit der Maus

- Man drückt die linke Maustaste, hält die Taste gedrückt und zieht mit der Maus über diejenigen benachbarten Zellen, in die man kopieren möchte.

Dabei erweitert sich die Markierung auf die Zellen, in die beim Auslassen der Maustaste kopiert würde.
- Ist der gewünschte Bereich markiert, lässt man die Maustaste aus, der Kopiervorgang ist damit abgeschlossen.

Man kann mit Excel auch Bezüge auf Zellen und Bereiche eines anderen Arbeitsblattes herstellen. Dies geschieht, indem man vor den Zellen- bzw. Bereichsbezug den Namen des Tabellenblattes und ein Rufzeichen (!) schreibt. Will man also z.B. von der Zelle B3 des Tabellenblattes *Tabelle1* auf den Inhalt der Zelle D2 des Blattes *Daten* zugreifen, so gibt man in die Zelle B3 des Blattes *Tabelle1* die Formel =Daten!D2 ein.

Für statistische Auswertungen benötigt man manchmal eine spezielle Klasse von Excel-Formeln, sogenannte *Matrixformeln*. Eine Matrixformel führt mehrere Berechnungen durch und gibt dann ein einzelnes oder mehrere Ergebnisse zurück. Matrixformeln arbeiten mit zwei oder mehreren Gruppen von Werten, die man als Matrixargumente bezeichnet. Soll die Formel mehrere Ergebnisse zurückgeben, so muss sie in eine geeignete Zahl von Zellen eingegeben werden. Die Eingabe einer Matrixfunktion muss durch gleichzeitiges Drücken der Tasten *Strg*, *Umschalt* und *Eingabe* abgeschlossen werden. Man erkennt Matrixformeln daran, dass sie von Microsoft Excel in geschwungene Klammern ({}) gesetzt werden. Anhand des folgenden Beispiels soll die Verwendung von Bezügen auf andere Tabellenblätter und von Matrixfunktionen demonstriert werden.

Beispiel E.1.3: Gegeben sei wieder der Datensatz aus [HAFN 00], Abschn. 3.1. Wir wollen die absoluten und relativen Häufigkeiten und die Summenhäufigkeiten der Verteilungen der Merkmale Rechennote und Deutschnote bestimmen. Die Tabelle der Häufigkeiten soll in einem Tabellenblatt mit der Bezeichnung *Häufigkeitsverteilungen* stehen, die Urliste befindet sich bekanntlich im Tabellenblatt *Daten*.

- Zuerst benennen wir ein Blatt der Arbeitsmappe in *Häufigkeitsverteilungen* um (siehe Abb. E.1.2).
- In die Zellen der ersten Zeile fügen wir die folgenden Spaltenbeschriftungen ein:

    A1: i für die Spalte der Ausprägungen der Rechen- und Deutschnoten;
    B1: $h(Rechnen=i)$; C1: $h(Deutsch=i)$ für die absoluten Häufigkeiten;
    D1: $p(Rechnen=i)$; E1: $p(Deutsch=i)$ für die relativen Häufigkeiten;
    F1: $p(Rechnen \leq i)$; G1: $p(Deutsch \leq i)$ für die Summenhäufigkeiten.

- In die Zellen A2:A6 schreiben wir die Ausprägungen der Noten 1, 2, ..., 5.
- Die absoluten Häufigkeiten der Rechennote bestimmen wir mit einer Matrixfunktion:
    - Wir markieren die Zellen B2:B6.
    - Wir öffnen die Formelpalette und wählen die Funktion HÄUFIGKEIT (aus der Kategorie *Statistik*).
    - Ins Feld *Daten* soll der Bezug zu den Rechennoten in der Urliste, deren

E.1.4 Formeln und Bezüge in Excel-Tabellenblättern

Häufigkeiten ja gezählt werden sollen, hergestellt werden. Dazu klicken wir zuerst auf die Schaltfläche rechts im Feld *Daten*, die Formelpalette verschwindet vorübergehend vom Bildschirm. Jetzt klicken wir auf das Register des Tabellenblattes *Daten*. Als nächstes markieren wir alle Rechennoten in der Urliste, es sind dies die Zellen B2:B51, und klicken anschließend wieder auf die Schaltfläche rechts im Feld *Daten*. Damit wurde ein relativer Bezug zu den Zellen eines anderen Tabellenblattes hergestellt.

– Im Feld *Klassen* müssen die Intervallgrenzen für die Ausprägungen der Variablen, deren Häufigkeiten gezählt werden sollen, eingetragen werden. Die Intervalle sind links offen, d.h. die Intervallgrenzen gehören immer zum Intervall mit den kleineren Werten. Außerdem ist zu beachten, dass die Anzahl der Intervallgrenzen um 1 kleiner sein muss als die Anzahl der Klassen. Wir bestimmen die Intervallgrenzen wieder mit Hilfe eines Bezuges. Dazu klicken wir auf die Schaltfläche rechts im Feld *Klassen*, die Formelpalette verschwindet vorübergehend. Jetzt markieren wir die Zellen A2:A5 im Tabellenblatt *Häufigkeitsverteilungen*, in diesen Zellen stehen die Zahlen 1, 2, 3, 4. Als nächstes klicken wir wieder auf die Schaltfläche rechts im Feld *Klassen*, die Formelpalette erscheint wieder am Bildschirm. Es wurde ein relativer Bezug zu den Zellen A2:A5 erstellt. Da wir im nächsten Schritt die Häufigkeiten der Deutschnote durch Kopieren der Formel für die Häufigkeiten der Rechennote bestimmen wollen, müssen wir hier jedoch einen absoluten Bezug herstellen. Wir ändern die Eintragung im Feld *Klasse* daher auf $A2:$A5.

– Wir drücken gleichzeitig *Strg*, *Umschalt* und *Eingabe*, um Excel mitzuteilen, dass es sich um eine Matrixformel handelt. Die Formel wird

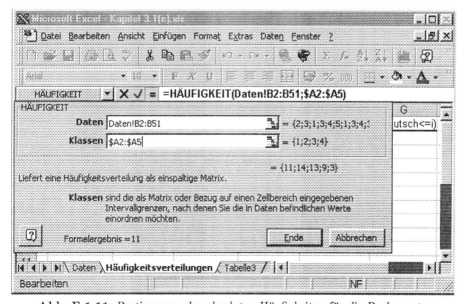

Abb. E.1.11: Bestimmung der absoluten Häufigkeiten für die Rechennote

in geschwungene Klammern eingeschlossen, und in den Zellen B2:B6 stehen die gesuchten Häufigkeiten.

- Zur Kontrolle bestimmen wir N, die Summe der absoluten Häufigkeiten, es muss ja gelten $N = 50$. Wir markieren die Zelle B7, öffnen die Formelpalette und wählen die Funktion SUMME. Die Eintragung im Feld *Zahl1* kann entweder manuell erfolgen oder durch Markieren des Bereiches B2:B6 (siehe oben). Zum Abschluß drücken wir entweder die Eingabetaste oder klicken auf *Ende* oder ✓, in der Zelle B7 steht jetzt 50, wie es auch sein muss.

- Zur Bestimmung der absoluten Häufigkeiten und von N für die Deutschnote kopieren wir die Formeln aus den Zellen B2:B7. Wir markieren zuerst B2:B7, gehen dann mit dem Maus-Zeiger auf das rechte untere Eck des markierten Bereiches und erweitern den markierten Bereich durch Klicken und Ziehen auf B2:C7. In den Zellen C2:C7 erscheinen daraufhin die gewünschten Werte.

- Bei der Bestimmung der relativen Häufigkeiten gehen wir folgendermaßen vor: Wir berechnen zuerst die relative Häufigkeit *p(Rechnen=1)*. Dazu markieren wir die Zelle D2, öffnen die Formelpalette, klicken auf die Zelle B2, geben für die Division einen Schrägstrich (/) ein und klicken anschließend auf die Zelle B7. Unsere Formel wäre an sich fertig, einen kleinen Schönheitsfehler hat sie aber noch. Wir wollen die restlichen relativen Häufigkeiten durch Kopieren dieser Formel bestimmen, d.h. im Bezug, der für die Division durch N steht, muss der Teil, der die Zeilennummer bestimmt, zu einem absoluten Bezug gemacht werden. Wir ändern im Zellen-Editor also B7 auf B$7 und drücken anschließend die Eingabetaste oder klicken auf *Ende* oder ✓, die Formel für die Zelle D2 lautet also =B2/B$7.

- Die restlichen relativen Häufigkeiten bestimmen wir durch Kopieren der Formel von D2. Dazu markieren wir zuerst die Zelle D2, gehen mit dem Maus-Zeiger an die rechte untere Ecke des markierten Bereiches und erweitern die Markierung zunächst auf die Zellen D2:D7. Jetzt stehen in D2:D7 die gewünschten Werte, und wir wiederholen die eben durchgeführte Prozedur: Die Zellen D2:D7 sind markiert, wir gehen an die rechte untere Ecke des markierten Bereiches und erweitern die Markierung auf D2:E7, damit sind auch die relativen Häufigkeiten für die Deutschnote bestimmt.
Bemerkung: Es ist nicht möglich, den markierten Bereich in einem Schritt von D2 auf D2:E7 zu vergrößern.

- Zur Berechnung der Summenhäufigkeiten stellen wir zunächst für die Zelle F2 einen Bezug zur Zelle D2 her, in F2 muss die Formel =D2 stehen. Als nächstes bestimmen wir die Formel für F3. Die relativen Häufigkeiten müssen kumuliert werden, in F3 muss also die Formel =F2+D3 stehen. Man kann die Formel wieder direkt eingeben oder über die Formelpalette, die Bezüge zu den Zellen F2 bzw. D3 können aber auch bei der direkten Eingabe durch Klicken mit der Maus auf die entsprechenden Zellen hergestellt werden. Die restlichen Summenhäufigkeiten bestimmen wir durch Kopieren der Formeln. Zuerst markieren wir die Zelle F3 und erweitern die Markierung durch Ziehen mit der Maus auf F3:F6 (siehe oben). Für

E.1.4 Formeln und Bezüge in Excel-Tabellenblättern

die Summenhäufigkeiten der Deutschnote markieren wir den Bereich F2:F6 und erweitern den markierten Bereich auf F2:G6.

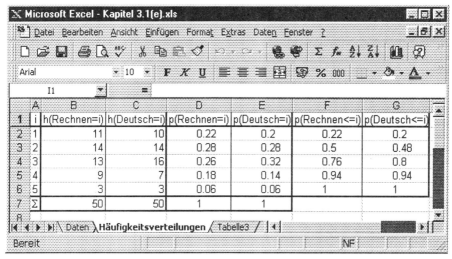

Abb. E.1.12: Häufigkeitstabelle für Beispiel E.1.3

E.1.5 Daten filtern

Will man nur eine Untermenge der Datensätze des Tabellenblattes *Daten*, für die eine bestimmte Bedingung erfüllt ist, dann muss man die Daten filtern. In Microsoft Excel hat man verschiedene Möglichkeiten, Filter zu verwenden, wir beschränken uns hier auf die Beschreibung des allgemeinsten Filters, das in Excel paradoxerweise *Spezialfilter* genannt wird.

Um Spezialfilter verwenden zu können, muss man im Tabellenblatt Spaltenbeschriftungen verwenden. Spezialfilter arbeiten mit drei Bereichen:

1. *Der Listenbereich:* Das ist jener Teilbereich eines Tabellenblattes, auf den die Filteranweisungen angewandt werden sollen. In der ersten Zeile des Listenbereiches müssen die Spaltenbeschriftungen stehen.

2. *Der Ausgabebereich:* Es handelt sich hier um den Bereich, in den die gefilterte Liste geschrieben werden soll. Die Anzahl der Spalten des Ausgabebereiches sollte mit der Anzahl der Spalten des Listenbereiches übereinstimmen. Ausgabe- und Listenbereich können identisch sein.

3. *Der Kriterienbereich:* Im Kriterienbereich stehen die Filteranweisungen, also die Bedingungen, die erfüllt sein müssen, damit eine Zeile des Listenbereiches in den Ausgabebereich geschrieben wird.

    Die Filteranweisungen können mehrfache Suchbedingungen für eine einzelne oder für mehrere Spalten enthalten oder Bedingungen, die von einer Formel als Ergebnis geliefert werden.

    Für Suchbedingungen, die sich auf die Ausprägungen einer oder mehrerer Spalten des Listenbereiches beziehen, müssen in der ersten Zeile des Kriterienbereiches die Spaltenbeschriftungen für die in den Bedingungen verwendeten Spalten stehen.

Beispiel: Möchte man all jene Teile des Listenbereiches, wo entweder die Rechennote 2 oder die Deutschnote 3 ist, so muss der Kriterienbereich wie in Abb. E.1.13 aussehen.

Note in Rechnen	Note in Deutsch
2	
	3

Abb. E.1.13: Entweder-oder-Bedingung im Kriterienbereich

Es handelt sich hierbei um eine Entweder-oder-Bedingung, solche Bedingungen stehen in separaten Zeilen im Kriterienbereich. Will man all jene Zeilen des Listenbereiches, wo die Rechennote 3 und gleichzeitig die Deutschnote 5 ist, so spricht man von einer Sowohl-als-auch-Bedingung. Der Kriterienbereich hätte dann wie in Abb. E.1.14 auszusehen.

Note in Rechnen	Note in Deutsch
3	5

Abb. E.1.14: Sowohl-als-auch-Bedingung im Kriterienbereich

E.1.5 Daten filtern

Man kann die beiden Bedingungsarten auch kombinieren: Sucht man all jene Zeilen des Listenbereiches, wo entweder die Deutschnote 1 ist oder die Rechennote schlechter als 3 oder wo der Name mit A beginnt und gleichzeitig die Deutschnote 2 ist, dann steht das wie in Abb. E.1.15 im Kriterienbereich.

Name des Studenten	Note in Rechnen	Note in Deutsch
		1
	>3	
A*		2

Abb. E.1.15: Kombinierte Suchbedingung im Kriterienbereich

In der obigen Suchbedingung wurde das Stellvertreterzeichen * verwendet. Das Sternchen steht stellvertretend für eine beliebige Anzahl beliebiger Zeichen. In Excel kann man noch das Fragezeichen (?) als Stellvertreterzeichen verwenden, es steht für ein beliebiges Zeichen an der gleichen Position (Bei der Eingabe von Ma?er wird also nach Maier oder Mayer gesucht, aber auch nach Maler oder Mader usw.).

Bei der allgemeinsten Form einer Suchbedingung ist die Aufnahme einer Zeile des Listenbereichs in den Ausgabebereich vom Ergebnis einer Formel abhängig. Verwendet man Formeln zur Festlegung des Suchkriteriums, so darf man für den Kriterienbereich keine Spaltenbeschriftungen verwenden. Man kann die erste Zeile des Kriterienbereiches entweder leer lassen oder eigene Kriterienbeschriftungen verwenden, diese dürfen aber nicht mit Spaltenbeschriftungen des Listenbereiches übereinstimmen. Möchte man zum Beispiel all jene Zeilen des Listenbereiches auswählen, wo die Rechennote besser als die Deutschnote ist, und steht der Listenbereich in den Zellen A1:C51, wobei die Rechennote in Spalte B und die Deutschnote in Spalte C ist, dann muss der Kriterienbereich wie in Abb. E.1.16 aussehen.

Abb. E.1.16: Suchbedingung in Form einer Formel

Die Formel für die Suchbedingung muss sich, wie man sieht, auf die entsprechenden Felder des ersten Datensatzes im Listenbereich beziehen (in den Zellen B1 und C1 stehen ja die Spaltenbeschriftungen für die Rechen- bzw. Deutschnote). Selbstverständlich kann man wie oben auch Entweder-Oder-Bedingungen und Sowohl-Als auch-Bedingungen durch die Kombination mehrerer Formelbedingungen erstellen.

Bevor man mit dem Filtern beginnt, muss man die Suchbedingungen den oben beschriebenen Regeln entsprechend in den Kriterienbereich schreiben. Dann gibt man über das Menü folgende Befehlssequenz ein:

Daten ▷
   Filter ▷
      Spezialfilter

Es öffnet sich darauf das Dialogfeld *Spezialfilter*. Unter *Aktion* wählen wir *An eine andere Stelle kopieren*, sonst wäre nämlich der Listen- und der Ausgabebereich identisch. Anschließend bestimmen wir Listen-, Ausgabe- und Kriterienbereich entweder durch direkte Eingabe in die dafür vorgesehenen Felder oder durch Markieren mit der Maus (wie bei der Formeleingabe). Die Bezüge, die beim Filtern der Daten für die einzelnen Bereiche hergestellt werden, sind absolut.

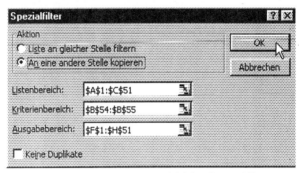

Abb. E.1.17: Das Dialogfeld für Spezialfilter

E.1.6 Daten transformieren

Wie in Abschn. S.1.6 wollen wir zwischen der Erstellung neuer Variablen, dem Umkodieren von Variablenwerten und dem Kategorisieren einer stetigen Variablen unterscheiden.

Die Erstellung neuer Variablen geschieht in Excel naheliegenderweise über Formeln und Funktionen. Zur Demonstration bestimmen wir wie in Abschn. S.1.6 als neue Variable die bessere der beiden Noten eines jeden Studenten (Rechennote in Spalte B, Deutschnote in Spalte C): Wir verwenden Spaltenbeschriftungen, also schreiben wir in die Zelle D1 *bessere Note*. Anschließend bestimmen wir die bessere Note des ersten Studenten in der Tabelle. Wir markieren dazu Zelle D2, öffnen die Formelpalette und wählen die Funktion MIN. Wir klicken dann auf die Schaltfläche im Feld *Zahl1*, um die Argumente der MIN-Funktion mit der Maus auszuwählen. Die Formelpalette schließt sich daraufhin bis auf das Feld *Zahl1*, wir markieren mit der Maus den Bereich B2:C2 und klicken ein zweites Mal auf die Schaltfläche im Feld *Zahl1*. In der wieder erscheinenden Formelpalette klicken wir sodann entweder auf die Schaltfläche *Ende* oder auf ✓ oder wir drücken die Eingabetaste. Die Formel =MIN(B2:C2) wird für die Zelle D2 berechnet. Um die bessere Note für die anderen Studenten zu bestimmen, kopieren wir die Formel durch Klicken und Ziehen mit der Maus: Wir markieren die Zelle D2, gehen mit dem Maus-Zeiger an die rechte untere Ecke der Markierung und erweitern die Markierung auf den Bereich D2:D51.

Zum Umkodieren, also zum Ändern bestimmter Datenwerte einer Variablen, verwenden wir in Excel die Funktion WENN. Zur Demonstration kodieren wir die

E.1.6 Daten transformieren

Werte der Rechennote (Spalte B) 1, 2, ... , 5 in *sehr gut, gut, ... , nicht genügend* um. Als Spaltenbeschriftung wählen wir in Zelle E1 *Rechennote verbal*. Dann markieren wir die Zelle E2, öffnen die Formelpalette und wählen die Funktion WENN. Diese Funktion hat drei Argumente, nämlich:

- *Prüfung:* In dieses Feld schreibt man die Bedingung, die erfüllt sein muss, damit die Funktion als Ergebnis den *Dann-Wert* ausgibt. Das Ergebnis im Feld *Prüfung* muss immer entweder *WAHR* oder *FALSCH* sein.
- *Dann-Wert:* In dieses Feld gibt man das Resultat der WENN-Funktion ein, wenn die Wahrheitsprüfung im Feld *Prüfung* den Wert *WAHR* ergibt.
- *Sonst-Wert:* Hier muss das Resultat der Funktion stehen für den Fall, dass die Wahrheitsprüfung *FALSCH* ergibt.

Wir wählen für das Feld *Prüfung* die Bedingung B2=1 und ins Feld *Dann-Wert* schreiben wir *sehr gut* (d.h: Ist der Wert in Zelle B2 gleich 1, dann soll in Zelle E2 *sehr gut* geschrieben werden). Was schreiben wir aber in das Feld *Sonst-Wert*? Für unser Beispiel reicht es nicht aus, dass wir die zwei Fälle Rechennote =1 und Rechennote $\neq 1$ unterscheiden. Man kann aber in Excel Formeln verschachteln, d.h. Formeln als Argumente anderer Formeln verwenden. Für das Feld *Sonst-Wert* wählen wir daher wieder die WENN-Funktion. Wir haben hier nur mehr die Rechennoten 2, 3, 4 und 5 zu behandeln, ins Feld *Prüfung* schreiben wir also B2=2, ins Feld *Dann-Wert* geben wir *gut* ein, und für das Feld *Sonst-Wert* müssen wir wieder die Funktion WENN wählen, usw. Schließlich schreiben wir in die innerste WENN-Funktion für *Prüfung* B2=4, bei *Dann-Wert genügend* und bei *Sonst-Wert nicht genügend*. Die Formeleingabe für Zelle E2 ist damit abgeschlossen, um die Rechennote für die anderen Zeilen (Studenten) umzukodieren, kopieren wir die Formel von E2 wieder durch Klicken und Ziehen mit der Maus auf die Zellen E3:E51.

Will man wie in Abschn. S.1.6 die Körpergrößen der 60 Studenten aus [HAFN 00], Abschn. 2.2 in zehn Teilintervalle (145;150], (150;155], ... , (190;195] gruppieren, so könnte man analog zum obigen Beispiel vorgehen. Man wird dabei allerdings auf Schwierigkeiten stoßen, denn in Microsoft Excel kann eine Funktion maximal sieben Ebenen verschachtelter Funktionen enthalten, man kann mit der WENN-Funktion also maximal neun Werte oder Wertebereiche auf einmal umkodieren. Diese Schwierigkeiten sind aber zu bewältigen, wenn man die Umkodierung in mehreren Schritten durchführt.

- Im ersten Schritt kodiert man jene Beobachtungen um, deren Körpergrößen in die ersten acht Teilintervalle (145;150], (150;155], ... , (180;185] fallen, die restlichen Körpergrößen werden nicht umkodiert. Stehen die Körpergrößen in Spalte B, so ergibt sich hiernach für die Zelle C2 die Formel

    =WENN(B2<=150;147.5;WENN(B2<=155;152.5;WENN(...
    ... WENN(B2<=185;182.5;B2) ...)

- Im zweiten Schritt kodiert man die restlichen Körpergrößen um, und zwar indem man die Werte, die man im ersten Schritt erhalten hat, mit der WENN-Funktion bearbeitet. Jetzt bleiben alle Größen ≤ 185 unverändert (diese Werte sind ja schon umkodiert), und die Beobachtungen, deren Original-Körpergrößen in die Intervalle (185;190] und (190;195] fallen, werden umkodiert. Die Formel für Zelle D2 muss also lauten:

=WENN(C2<=185;C2;WENN(C2<=190;187.5;192.5))

Bei einer regelmäßigen Intervalleinteilung wie im obigen Beispiel funktioniert das Umkodieren allerdings wesentlich einfacher, wenn man anstelle der WENN-Funktion die Funktion OBERGRENZE oder UNTERGRENZE verwendet. Die Funktion OBERGRENZE hat die beiden Argumente *Zahl* und *Schritt* und rundet den Wert von *Zahl* betragsmäßig auf das kleinstmögliche Vielfache des Wertes von *Schritt* auf. Die Funktion UNTERGRENZE funktioniert analog, nur dass abstatt aufgerundet wird. Für die eben vorgeführte Umkodierung könnte man also in die Zelle C2 auch schreiben:

=OBERGRENZE(B2;5)-2.5

oder äquivalent

=UNTERGRENZE(B2;5)+2.5

Zum Kategorisieren der Daten wie in Abschn. S.1.6 (Einteilung der Daten nach aufsteigender Größe in n Kategorien, so dass alle Gruppen etwa gleich groß sind) benutzt man wieder die WENN-Funktion in Kombination mit der QUANTIL-Funktion. Die QUANTIL-Funktion hat die Argumente *Matrix* und *Alpha*. *Alpha* ist eine Zahl aus [0;1], und die QUANTIL-Funktion berechnet das *Alpha*-Quantil (-Fraktil) der Zahlen im Zellenbereich *Matrix*. Möchte man die Beobachtungen in die fünf Kategorien 1, 2, 3, 4, 5 einteilen, je nachdem ob die Körpergröße im Intervall $[0; x_{0,2}]$, $(x_{0,2}; x_{0,4}]$, $(x_{0,4}; x_{0,6}]$, $(x_{0,6}; x_{0,8}]$ oder $(x_{0,8}; \infty)$ liegt, wobei x_p das p-Quantil (p-Fraktil) der 60 Körpergrößen ist, so muss die Formel dazu folgendermaßen aussehen.

=WENN(B2<=QUANTIL(B$2:B$61;1/5);1;
WENN(B2<=QUANTIL(B$2:B$61;2/5);2; ...
... WENN(B2<=QUANTIL(B$2:B$61;4/5);4;5))))

Achtung: Für die Angabe des Zellenbereiches, für den die Quantile berechnet werden sollen, muss man absolute Bezüge verwenden, wenn man die Formel in andere Zellen kopieren möchte.

E.1.7 Übungsaufgaben

Ü.E.1.1:
Von 40 Patienten wurden folgende Merkmale untersucht: *puls* (Herzschläge/min), *temp* (Körpertemperatur in °C), *syst*, *diast* (systolischer bzw. diastolischer Blutdruck in mmHg) sowie *geszst* (Beurteilung des allgemeinen Gesundheitszustandes von 1 ≙ vollständig gesund bis 5 ≙ ernsthaft erkrankt).
Geben Sie die vorliegende Datenmatrix ein, und benennen Sie das Tabellenblatt mit „Daten". Speichern Sie das File unter „Übung_e.1.1.xls".

	puls	temp	syst	diast	geszst		puls	temp	syst	diast	geszst
1	96	36,51	177	112	3	21	86	35,36	125	79	1
2	90	36,44	158	123	2	22	97	36,96	187	145	5
3	88	35,82	124	86	1	23	108	36,53	173	109	5
4	87	37,16	191	91	5	24	91	35,81	143	116	2
5	103	36,09	144	129	4	25	71	36,25	155	103	2
6	66	35,58	181	111	4	26	98	36,38	132	100	3
7	77	36,30	185	83	3	27	74	36,07	142	110	2
8	78	36,08	149	95	2	28	89	35,22	153	87	3
9	105	36,50	131	93	2	29	82	36,04	198	118	4
10	80	36,49	196	115	4	30	101	36,16	134	101	2
11	69	36,02	135	94	1	31	94	36,36	152	106	3
12	81	35,13	112	72	1	32	102	35,90	136	105	3
13	75	36,13	120	96	2	33	84	36,26	147	104	2
14	93	35,66	154	121	3	34	99	36,28	146	114	3
15	62	35,21	161	120	3	35	95	35,76	169	148	4
16	67	37,48	103	85	4	36	76	36,18	172	147	4
17	85	36,17	110	97	2	37	70	36,62	113	99	1
18	73	37,44	137	90	4	38	72	35,45	111	75	1
19	104	36,19	197	136	5	39	110	35,70	122	102	5
20	92	36,20	151	122	3	40	100	36,22	115	88	2

Ü.E.1.2:

a. Erstellen Sie eine neue Variable *diff* als Differenz zwischen systolischem und diastolischem Blutdruck.

b. Aus Temperaturen in Grad Celsius *temp* sollen Temperaturen in Grad Fahrenheit *tempF* berechnet werden (Transformation: °F = °C · 9/5 + 32).

c. Runden Sie die Variable *temp* mit der Funktion RUNDEN auf 0 Dezimalstellen. Die entstehende Variable soll *rdtemp* heißen.

d. Filtern Sie aus dem obigen Datensatz all jene Patienten, die eine Herzfrequenz zwischen 66 und 96, einen systolischen Blutdruck unter 150, einen diastolischen Blutdruck unter 130 und eine Körpertemperatur unter 36,9°C haben.

Ü.E.1.3:

a. Transformieren Sie die Variable *puls* mithilfe der Funktion OBERGRENZE in die neue Variable *pulsint* mit den Intervallgrenzen 60, 70, ..., 110.

b. Gruppieren Sie die Variablen *syst* und *diast* mithilfe der WENN-Funktion und wählen Sie dabei folgende Intervalleinteilung:

für *systint*: (100;120], (120;140], ..., (180;200],
für *diastint*: (60;80], (80;100], ..., (140;160].

E.2 Eindimensionale Häufigkeitsverteilungen

In diesem Kapitel geht es um die tabellarische und grafische Darstellung von diskreten und stetigen Häufigkeitsverteilungen, wobei die Darstellung in Tabellenform im Wesentlichen schon in Beispiel E.1.3 besprochen wurde.

E.2.1 Diskrete Merkmale

Wir stellen die Verteilung des Beispiels aus [HAFN 00], Abschn. 2.1 dar, man findet die Daten in der Form einer Urliste in Tabelle S.2.1. Die tabellarische Darstellung der absoluten, relativen und kumulierten Häufigkeiten können wir ohne irgendeine Änderung aus Beispiel E.1.3 übernehmen.

In unserem Beispiel sind die Ausprägungen der diskreten Variablen Zahlen. Ist dies nicht der Fall, bekommt man bei der Verwendung der Funktion HÄUFIGKEIT Schwierigkeiten, denn für das Argument *Daten* dieser Funktion sind nur Zahlenwerte erlaubt. Um Probleme zu vermeiden, sollte man in Excel also auch die Ausprägungen nichtnummerischer Merkmale mit Zahlen kodieren.

Zur Erstellung eines Stabdiagramms wählen wir über das Menü

Einfügen ▷
    Diagramm...

Der *Diagramm-Assistent* öffnet sich, und wir wählen unter dem Register *Standardtypen* den Diagrammtyp *Säule* und den Untertyp *Säulen (gruppiert)*.
Nachdem wir auf die Schaltfläche *Weiter>* geklickt haben, kommen wir zu einem Dialogfeld, in dem wir den Datenbereich für die Diagrammerstellung angeben müssen. Wir wollen die absoluten Häufigkeiten des Merkmals *Anzahl der Oberflächenfehler eines verzinkten Stahlblechs* ins Stabdiagramm zeichnen. Nachdem wir bei der tabellarischen Darstellung der Verteilung analog zu Beispiel E.1.3 vorgegangen sind, müssten diese Häufigkeiten im Tabellenblatt *Häufigkeitsverteilung* im Zellenbereich B2:B8 stehen. Wir können den Bereichsbezug entweder direkt eingeben oder wie beim Auswählen der Argumente einer Funktion vorgehen. Wir entscheiden uns für die zweite Variante und klicken auf die Schaltfläche rechts im Feld *Datenbereich*, worauf der Diagramm-Assistent bis auf das Feld *Datenbereich* (Datenquelle) vom Bildschirm verschwindet. Wir markieren jetzt im Tabellenblatt *Häufigkeitsverteilung* die Zellen B2:B8 und klicken erneut auf die Schaltfläche rechts im Feld *Datenbereich*, worauf der Diagramm-Assistent wieder erscheint. Wir lassen die Standardeinstellung *Reihe in: Spalten* und wählen zur Beschriftung der Rubrikenachse das Register *Reihe*. Die Rubrikenachse soll mit den verschiedenen Ausprägungen unseres Merkmals beschriftet werden, diese Ausprägungen stehen im Tabellenblatt *Häufigkeitsverteilung* unmittelbar links neben den absoluten Häufigkeiten, also in den Zellen A2:A8. Um einen Bezug zu diesem Zellenbereich herzustellen, klicken wir wie immer auf die Schaltfläche rechts im Feld *Beschriftung der Rubrikenachse (X):* und markieren anschließend die Zellen A2:A8. Durch nochmaliges Klicken auf die Schaltfläche rechts im Feld für die Beschriftung kehren wir zum Diagramm-Assistenten zurück.

E.2.1 Diskrete Merkmale

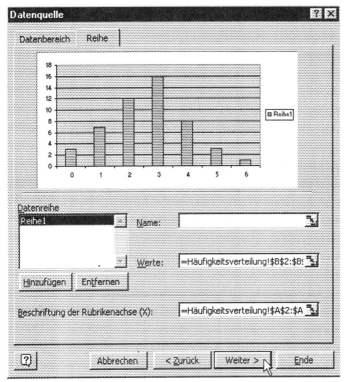

Abb. E.2.1: Diagramm-Assistent zur Erstellung eines Säulendiagramms

Im Diagramm-Assistenten wird übrigens dauernd eine aktuelle Vorschau auf die gerade erstellte Grafik angezeigt. Man kann also sofort sehen, wie sich die Eintragungen oder Änderungen, die man gerade vornimmt, auf das Erscheinungsbild des Diagramms auswirken. Im Übrigen sind die gewählten Eintragungen nicht endgültig, entdeckt man während der Eingabe einen Fehler, so kann man durch Klicken auf die Schaltfläche <*Zurück* immer auch zu den Dialogfeldern der vorherigen Schritte zur Erstellung der Grafik zurückkehren. Wir klicken auf *Weiter*> und kommen zum Schritt 3 der Diagrammerstellung, zur Einstellung der Diagrammoptionen:
Im Register *Titel* schreiben wir ins Feld *Diagrammtitel* „Stabdiagramm", und ins Feld *Rubrikenachse(X):* schreiben wir den Variablennamen *Anzahl der Oberflächenfehler eines verzinkten Stahlblechs*. Die *Größenachse(Y):* beschriften wir mit *absolute Häufigkeiten* und wählen anschließend das Register *Legende*, wo wir auf *Legende anzeigen* klicken, worauf das Häkchen im Feld daneben verschwindet und die Legende im Diagramm nicht angezeigt wird. Im Register *Datenbeschriftung* ändern wir die Eintragung von *keine* auf *Wert anzeigen* und klicken auf die Schaltfläche *Weiter*>. Im letzten Schritt der Diagrammerstellung müssen wir uns entscheiden, wo das Diagramm eingefügt werden soll. Zur Auswahl stehen Einfügen als eigenes Diagrammblatt in der Arbeitsmappe oder als Objekt in ein beliebiges Blatt (also auch in ein bereits bestehendes Diagrammblatt) der Arbeitsmappe. Wir entscheiden uns für die Einbindung des Stabdiagramms in das Tabellenblatt *Häufigkeitsverteilung*.

Man kann ein Diagramm, nachdem man es markiert hat, durch Klicken und Ziehen mit der Maus an eine beliebige Position im Tabellenblatt verschieben. Dass ein Diagramm markiert ist, erkennt man an kleinen schwarzen Quadraten an den Ecken und in der Mitte der Seitenkanten der Diagrammfläche. Diese schwarz ausgefüllten Quadrate benutzt man auch, um die Größe des Diagramms zu ändern: Man geht dazu mit dem Maus-Zeiger zu einem der Quadrate, der Mauszeiger verändert sich zu einem Doppelpfeil (↔). Jetzt drückt man die linke Maustaste, hält die Taste gedrückt und zieht die Maus in die gewünschte Richtung, um die Größe des Diagramm-Objektes zu ändern. Man sieht dabei an einer gestrichelten Linie immer die momentane Größe des Diagramms. Will man das Seitenverhältnis der Grafik gleich lassen, so muss man mit dem Maus-Zeiger zu einem Quadrat an einer Ecke des Diagramms gehen. Will man das Diagramm nur in eine Richtung dehnen bzw. stauchen, muss man ein Quadrat an einer Seitenkante der Diagrammfläche verwenden.

Man kann aber nicht nur das gesamte Diagramm, sondern auch die einzelnen Objekte innerhalb des Diagramms (also Titel, Achsenbeschriftungen, Legende, Zeichnungsfläche usw.) verschieben und deren Größe ändern. Die Zeichnungsfläche und die Legende verschiebt und vergrößert (bzw. verkleinert) man genauso wie das gesamte Diagramm. Achsentitel können an eine beliebige Stelle im Diagramm verschoben werden, zum Ändern der Schriftgröße muss man den Titel mit der rechten Maustaste anklicken und aus dem erscheinenden Popup-Menü den Punkt

Achsentitel formatieren ...

wählen. Im Register *Schrift* des darauf erscheinenden Dialogfeldes kann man dann die gewünschten Veränderungen vollziehen.

Wir wollen noch die Stärke der Balken in unserem Diagramm ändern, dazu klicken wir mit der rechten Maustaste auf einen der Balken und wählen aus dem sich öffnenden Popup-Menü

Datenreihen formatieren ...

Es erscheint das Dialogfeld *Datenreihen formatieren*, wir ändern im Register *Optionen* die Eintragung im Feld *Abstand* von 150 auf 100. Dadurch werden die Balken breiter und der Abstand zwischen den Balken kleiner.

Abb. E.2.2: Stabdiagramm

E.2.1 Diskrete Merkmale

Wie in Abschn. S.2.1 sind die hier beschriebenen Modifikationen des Diagramms nur beispielhaft zu sehen. Wie man ein Diagramm im Einzelnen gestaltet, ist schlussendlich Geschmacksache, und es ist hier auch nicht die geeignete Stelle, alle Änderungsmöglichkeiten für Excel-Diagramme zu besprechen. Das Stabdiagramm sollte schließlich in etwa wie in Abb. E.2.2 aussehen.

Zur Erstellung eines Kreisdiagramms geht man völlig analog vor (Diagrammtyp *Kreis* wählen). Blendet man die Legende aus, wählt als Diagrammtitel *Kreisdiagramm* und bei Datenbeschriftung *Beschriftung und Prozent anzeigen*, dann müsste das Kreisdiagramm wie in Abb. E.2.3 aussehen.

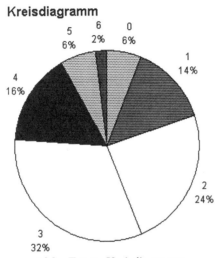

Abb. E.2.3: Kreisdiagramm

Zum Zeichnen der Summenhäufigkeitsfunktion verwenden wir das Stabdiagramm. Wir kopieren zuerst das Diagramm-Objekt, in dem unser Stabdiagramm gezeichnet ist. Dazu markieren wir die Diagrammfläche und wählen über das Menü

Bearbeiten ▷
    Kopieren

oder über die Tastatur *Strg* und *C*. Anschließend markieren wir eine beliebige Zelle in einem Tabellenblatt. Beim Einfügen des Diagramms mit

Bearbeiten ▷
    Einfügen

oder *Strg* und *V* wird das Diagramm-Objekt so platziert, dass seine linke obere Ecke genau über der markierten Zelle liegt. Wir ändern als nächstes den Titel bzw. den Achsentitel der Größenachse des kopierten Stabdiagramms auf *Summenhäufigkeitsfunktion* bzw. *kumulierte Häufigkeit*. Der Inhalt eines Titels wird geändert, indem man auf den bereits markierten Titel klickt. Es erscheint dann ein blinkender Text-Cursor, und man kann über die Tastatur beliebig Zeichen löschen und einfügen. Jetzt ändern wir die Datenquelle für das Diagramm, am leichtesten geht das durch Verschieben des markierten Bereichs in der Häufigkeitstabelle mit der Maus:

- Wir markieren die gesamte Diagrammfläche und sehen uns anschließend die Häufigkeitstabelle an. Es fällt auf, dass der Datenbereich für das Diagramm in der Tabelle einen blauen Rand und der Bereich für die Beschriftung der Rubrikenachse einen lila Rand hat.
- Wir verschieben den Datenbereich mit der Maus: Dazu gehen wir mit dem Maus-Zeiger zum blauen Rand des Bereichs in der Häufigkeitstabelle, der Maus-Zeiger ändert sich von einem dicken Plus-Zeichen zu einem Pfeil.

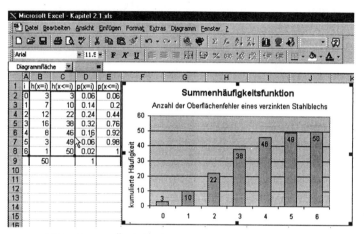

Abb. E.2.4: Ändern des Datenbereichs einer Grafik

Jetzt müssen wir die linke Maustaste drücken, gedrückt halten und den blau markierten Bereich durch Ziehen mit der Maus verschieben. Ist die blaue Markierung über dem gewünschten Datenbereich für die neue Grafik (es sind dies die Zellen C2:C8), lässt man die linke Maustaste wieder aus, worauf das Diagramm geändert wird.

Damit das Diagramm auch wie eine Summenhäufigkeitsfunktion aussieht, ändern wir wie schon zuvor beim Stabdiagramm den Abstand zwischen den Balken auf 0 (siehe oben).

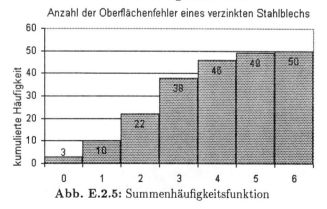

Abb. E.2.5: Summenhäufigkeitsfunktion

E.2.2 Stetige Merkmale

Bevor man mit der tabellarischen und grafischen Darstellung eines stetigen Merkmals beginnen kann, muss man eine Intervalleinteilung für die darzustellende Variable wählen. Wir demonstrieren die Vorgehensweise anhand des Beispiels aus [HAFN 00], Abschn. 2.2.

Für die Körpergrößen der 60 Studenten dieses Beispiels wählen wir die Intervalleinteilung (145;150], (150;155], ..., (190;195] und kodieren die Daten wie in Abschn. E.1.6 (z.B. mit der Funktion OBERGRENZE) in die neue Variable *Intervallmitte* um. Die Tabelle der absoluten, relativen und kumulierten Häufigkeiten der Intervalle erhält man, indem man die Häufigkeitstabelle für die diskrete Größe *Intervallmitte* bestimmt (siehe Abschn. E.2.1). Man hätte mit der Funktion HÄUFIGKEIT natürlich auch direkt die Häufigkeitstabelle des stetigen Merkmals *Körpergröße* bestimmen können, die Variable *Intervallmitte* haben wir nur erzeugt, damit wir später Maßzahlen für gruppierte Daten bestimmen können.

Damit die Zeilen der Tabelle passend beschriftet sind, fügen wir vor die erste Spalte der Tabelle noch die Variable *Intervall* ein. Die Werte dieser Spalte werden wir auch zur Beschriftung der Rubrikenachsen der Diagramme verwenden.

	A	B	C	D	E	F
1	Intervall	Intervallmitte	abs. Häufigkeit	kumuliert	rel. Häufigkeit	kumuliert
2	(145;150]	147.5	1	1	0.016666667	0.016666667
3	(150;155]	152.5	4	5	0.066666667	0.083333333
4	(155;160]	157.5	8	13	0.133333333	0.216666667
5	(160;165]	162.5	13	26	0.216666667	0.433333333
6	(165;170]	167.5	12	38	0.2	0.633333333
7	(170;175]	172.5	10	48	0.166666667	0.8
8	(175;180]	177.5	6	54	0.1	0.9
9	(180;185]	182.5	3	57	0.05	0.95
10	(185;190]	187.5	1	58	0.016666667	0.966666667
11	(190;195]	192.5	2	60	0.033333333	1
12			60		1	

Abb. E.2.6: Häufigkeitstabelle eines stetigen Merkmals

Das Histogramm der Verteilung erstellt man genauso wie das Stabdiagramm einer diskreten Variablen. Als Beschriftung für die Rubrikenachse nehmen wir die Spalte *Intervall*. In der fertigen Grafik setzen wir den Abstand zwischen den Balken auf 0 (siehe Abschn. E.2.1) und formatieren die Zeichnungsfläche so, dass sie weiß bleibt (Zeichnungsfläche markieren; rechte Maustaste; **Zeichnungsfläche formatieren...**; *Ausfüllen, Ohne*).

Für das Häufigkeitspolygon kopieren wir das Histogramm (siehe Abschn. E.2.1, Summenhäufigkeitsfunktion) und ändern den Diagrammtitel auf *Häufigkeitspolygon*. Dann ändern wir den Diagrammtyp entweder durch Klicken mit der rechten

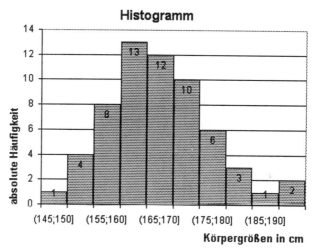
Abb. E.2.7: Histogramm eines stetigen Merkmals

Maustaste auf die Diagrammfläche, worauf ein Popup-Menü erscheint, aus dem wir den Punkt Diagrammtyp ... wählen, oder über das Menü durch
Diagramm ▷
    Diagrammtyp ...

Jetzt erscheint das erste Fenster des Diagramm-Assistenten, wir wählen aus dem Register *Standardtypen* den Diagrammtyp *Fläche* und bestätigen unsere Entscheidung durch Klicken auf *OK*. Nun löschen wir die Datenbeschriftung durch Markieren und Drücken der *Entf*-Taste. Zuletzt zeichnen wir noch Bezugslinien für die Rubrikenachse: Wir markieren dazu die Fläche der Datenreihe (Polygonfläche) und öffnen entweder mit der rechten Maustaste ein Popup-Menü, aus dem wir Datenreihen formatieren ... wählen, oder wir benutzen das Menü:
Format ▷
    Markierte Datenreihe ...

Aus dem erscheinenden Dialogfeld wählen wir das Register *Optionen* und Klicken auf das Kästchen neben *Bezugslinien*.

Zur Erstellung der Summenhäufigkeitskurve kopieren wir das Häufigkeitspolygon und ändern den Diagrammtyp auf *Linie* (siehe oben). Anschließend ändern wir die Datenquelle auf die Spalte der kumulierten relativen Häufigkeiten der Häufigkeitstabelle (siehe Summenhäufigkeitsfunktion). Das Diagramm wäre schon brauchbar, was jetzt folgt, ist reine Kosmetik. Wir ändern zuerst die Skalierung der Größenachse. Dazu klicken wir mit der rechten Maustaste auf die Achse oder deren Beschriftung und wählen aus dem erscheinenden Popup-Menü Achse formatieren .... Im Register *Skalierung* des sich jetzt öffnenden Dialogfeldes ändern wir die Eintragung im Feld *Höchstwert* von 1.2 auf 1.

Nun ändern wir noch das Aussehen der Diagrammlinie: Dazu klicken wir mit der rechten Maustaste auf die Diagrammlinie und wählen aus dem Popup-Menü den Punkt Datenreihen formatieren ... . Im Register *Muster* des sich öffnenden Dia-

E.2.2 Stetige Merkmale

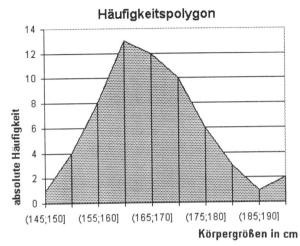

Abb. E.2.8: Häufigkeitspolygon des Merkmals *Körpergröße*

logfeldes ändern wir die *Stärke* der *Linie* (dicker) und die *Markierung* auf *Ohne*. Damit auf der Rubrikenachse etwas mehr als das Variationsintervall der Körpergrößen angezeigt wird, klicken wir anschließend im Register *Optionen* auf *Pos./Neg. Abweichung*.

Zu guter Letzt ändern wir die Formatierung der Rubrikenachse (mit rechter Maustaste auf die Beschriftung der Achse klicken; **Achse formatieren** ...): Im Register *Muster* ändern wir die Auswahl unter *Hauptteilstriche* auf *Ohne*, und im Register *Ausrichtung* wählen wir eine Textneigung von 30 Grad. Schließlich sollte man auf die Änderung des Diagramm- und des Größenachsentitels nicht vergessen. Voilà, die Summenhäufigkeitskurve ist fertig!

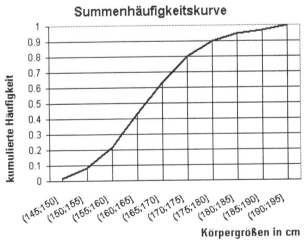

Abb. E.2.9: Summenhäufigkeitskurve

Zur Berechnung des p-Fraktils der Häufigkeitsverteilung verwendet man in Excel die QUANTIL-Funktion (siehe Abschn. E.1.6). Zur Demonstration wollen wir eine kleine Tabelle erzeugen, in welcher wir einige Fraktile der Originaldaten bestimmen. Wir verwenden die Spaltenbeschriftungen p und *p-Fraktil(xls)*. In die Spalte p schreiben wir die Werte des Arguments *Alpha* der QUANTIL-Funktion, in die zweite Spalte kommen die durch die Excel-Formel berechneten Fraktilwerte (Will man die Formel kopieren, muss man für das Argument *Matrix* der QUANTIL-Funktion absolute Bezüge verwenden!).
Betrachtet man die Ergebnisse in Abb. E.2.10, so sieht man, dass Microsoft Excel etwas anderes unter dem p-Fraktil versteht als wir, die Ergebnisse unterscheiden sich zudem von jenen, die SPSS liefert (siehe Abschn. S.2.2). Hier kann allerdings Abhilfe geschaffen werden. Excel berechnet das p-Fraktil x_p offensichtlich als Ordnungsstatistik $x_{(p(N-1)+1)}$ und interpoliert, falls p nicht ein Vielfaches von $\frac{1}{N-1}$ ist. Wir berechnen das p-Fraktil allerdings nach $x_p = x_{(\lceil N \cdot p \rceil)}$, wobei $\lceil N \cdot p \rceil$ die kleinste natürliche Zahl $\geq N \cdot p$ ist. Wir müssen jetzt die Werte der Spalte p nur so umrechnen, dass uns die QUANTIL-Funktion von Excel die gewünschten Ergebnisse liefert. Nach kurzer Überlegung sieht man, dass man anstelle von p den Wert $\lceil N \cdot p \rceil / (N-1)$ als Argument *Alpha* der QUANTIL-Funktion verwenden muss. Wir erzeugen also eine Spalte mit der Beschriftung *Hilfs-p*. Steht der Wert von p in Zelle A15, so berechnet man den Hilfs-p-Wert mit der Formel

=AUFRUNDEN(A15*60-1;0)/59

Die Werte dieser Spalte *Hilfs-p* verwenden wir dann als Argument der QUANTIL-Funktion.

p	p-Fraktil(xls)	Hilfs-p	p-Fraktil
0.05	153.445	0.033898305	152.4
0.10	157.28	0.084745763	157.1
0.25	161.8	0.237288136	161.5
0.30	162.57	0.288135593	162.5
0.50	165.85	0.491525424	165.8
0.70	170.8	0.694915254	170.8
0.75	172.025	0.745762712	171.9
0.80	173.56	0.796610169	173.1
0.88	178.428	0.881355932	178.5
0.90	179.87	0.898305085	179.6
0.95	184.575	0.949152542	184.5

Abb. E.2.10: p-Fraktile der Verteilung der Körpergrößen

Betrachtet man die obige Tabelle, so sieht man, dass die „exakten" Ergebnisse kaum von jenen der ursprünglichen Excel-Funktion abweichen, welche man daher auch mit gutem Gewissen verwenden kann.

E.2.3 Darstellung der Häufigkeitsverteilung mit Analyse-Funktionen

Insbesondere die tabellarische Darstellung von Häufigkeitsverteilungen kann bei der Verwendung von sogenannten Analyse-Funktionen vereinfacht werden. Man muss dazu allerdings zuerst diese Funktionen installieren.

Extras ▷
    Add-In-Manager ...

Es öffnet sich das Dialogfeld *Add-In-Manager*, wir müssen die Add-Ins *Analyse-Funktionen* und *Analyse-Funktionen-VBA* installieren. Dazu müssen die Kästchen links neben den beiden Eintragungen in der Liste *Verfügbare Add-Ins* angehakt sein, dies erledigen wir falls nötig durch Klicken auf die Kästchen. Anschließend klicken wir auf *OK*, die Analyse-Funktionen sind jetzt installiert.

Zur Demonstration erzeugen wir die Häufigkeitstabelle, das Stabdiagramm und die Summenhäufigkeitsfunktion für das diskrete Merkmal „Anzahl der Oberflächenfehler eines verzinkten Stahlblechs" aus Abschn. E.2.1. Die Darstellung stetiger Merkmale funktioniert völlig analog. Bevor wir die Analyse-Funktion aufrufen, müssen wir irgendwo im Tabellenblatt *Daten* eine Liste der Klassenobergrenzen (im stetigen Fall Intervallobergrenzen) der darzustellenden Variablen anlegen. In unserem Fall ist jede der verschiedenen Ausprägungen unseres Merkmals eine Klassenobergrenze, wir schreiben also z.B. in C2:C8 die Zahlen 0, 1, 2, ..., 6. Als Spaltenbeschriftung schreiben wir in C1 „Anzahl der Oberflächenfehler". Jetzt wählen wir über das Menü

Extras ▷
    Analyse-Funktionen ...

markieren dann im sich öffnenden Dialogfeld *Histogramm* aus der Liste der zur Verfügung stehenden Analyse-Funktionen und klicken auf *OK*. Es öffnet sich nun das Dialogfeld *Histogramm*. Im Feld *Eingabebereich* müssen wir einen Bezug zu den zu analysierenden Daten eingeben. Wir machen das, indem wir auf die Schaltfläche rechts im Feld *Eingabebereich* klicken, den Zellenbereich A1:A51 mit der Maus markieren und nochmals auf die Schaltfläche rechts im Feld *Eingabebereich* klicken. Im Feld *Klassenbereich* werden die Obergrenzen für die Klassen (Intervalle) der Häufigkeitstabelle festgelegt, die Grenzen müssen in aufsteigender Reihenfolge angegeben werden. Wir stellen im Feld *Klassenbereich* einen Bezug zu den Zellen C1:C8 her, z.B. durch Markieren der Zellen. Da wir Spaltenbeschriftungen verwenden, klicken wir auf *Beschriftungen*.

Die Ausgabe der Analyse-Funktion soll in einem eigenen Tabellenblatt stehen, darum klicken wir auf *Neues Tabellenblatt* und schreiben in das Feld unmittelbar rechts davon die Bezeichnung des Blattes, z.B. „Analyse-Funktion Histogramm". Anschließend klicken wir auf *Kumulierte Häufigkeit* und *Diagrammdarstellung*, sonst würden nämlich in der Häufigkeitstabelle keine Summenhäufigkeiten angezeigt und auch kein Stabdiagramm und keine Summenhäufigkeitsfunktion gezeichnet. Wir klicken zum Schluß auf *OK* und die Tabelle der Häufigkeiten und die Diagramme werden ins neue Tabellenblatt gestellt.

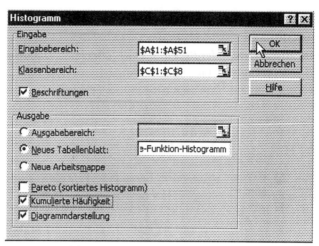

Abb. E.2.11: Dialogfeld *Histogramm*

Die Häufigkeitstabelle ist schon in brauchbarer Form, wir löschen lediglich die letzte Zeile („und größer"...). Dazu markieren wir die gesamte Zeile, indem wir auf die Zeilennummer am linken Rand der Tabelle klicken, und geben anschließend über das Menü

Bearbeiten ▷
    Zellen löschen ...

ein. Die grafische Darstellung der Häufigkeitsverteilung muss allerdings genauso wie bei der herkömmlichen Erzeugung der Diagramme nachbearbeitet werden. Insbesondere muss die Summenhäufigkeitsfunktion – in der Legende des Diagramms mit „Kumuliert %" bezeichnet – eine Treppenfunktion werden, wir stellen hier schließlich ein diskretes Merkmal dar. Am besten ist es, wenn man Stabdiagramm und Summenhäufigkeitsfunktion in getrennte und nicht wie die Analyse-Funktion *Histogramm* in ein einziges Koordinatensystem zeichnet.

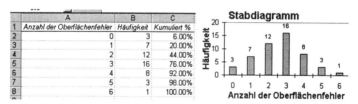

Abb. E.2.12: Häufigkeitstabelle und Stabdiagramm

Wir markieren die gesamte Diagrammfläche, drücken *Strg* und *C*, klicken dann auf eine beliebige Stelle in der Tabelle außerhalb des Diagramms und drücken *Strg* und *V*. Damit haben wir die Grafik dupliziert. Aus einer Grafik löschen wir die Datenreihe „Häufigkeit", indem wir auf einen der Balken klicken und dann *Entf* drücken, aus der anderen löschen wir die Datenreihe „Kumuliert %", indem wir auf einen Datenpunkt oder die Verbindungslinie von „Kumuliert %" klicken und dann die *Entf*-Taste drücken.
Aus dem Linienzug „Kumuliert %" machen wir eine Treppenfunktion, indem wir die Grafik an irgendeiner Stelle anklicken und dann den Diagrammtyp ändern.

Diagramm ▷
  Diagrammtyp ...

Wir wählen im Register *Standardtypen* des sich öffnenden Dialogfeldes den Diagrammtyp *Säulen (gruppiert)* und klicken auf *OK*. Die restlichen Bearbeitungsschritte zur Erzeugung von Diagrammen wie in Abb. E.2.12 und E.2.13 wurden bereits in den vorhergehenden Abschnitten besprochen.

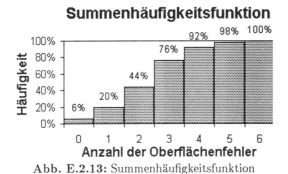

Abb. E.2.13: Summenhäufigkeitsfunktion

E.2.4 Übungsaufgaben

Ü.E.2.1:

a. Verwenden Sie die Daten aus Ü.E.1.1 und erstellen Sie eine Häufigkeitstabelle mit absoluten und relativen Häufigkeiten für das Merkmal *geszst*.

b. Bestimmen Sie die kumulierten absoluten und relativen Häufigkeiten für das Merkmal *geszst*.

c. Fertigen Sie für die absoluten Häufigkeiten aus Punkt a. ein Stabdiagramm und für jene aus Punkt b. eine Summenhäufigkeitsfunktion mit sinnvollen Beschriftungen an und fügen Sie die Grafiken als eigene Diagrammblätter in die Arbeitsmappe ein.

Ü.E.2.2:

Aufgabenstellungen wie in Ü.E.2.1. Verwenden Sie anstatt des Merkmals *geszst* das in Intervalle eingeteilte Merkmal *pulsint* aus Aufgabe Ü.E.1.3.

E.3 Zweidimensionale Häufigkeitsverteilungen

E.3.1 Diskrete Merkmale

Wir verwenden die Daten aus [HAFN 00], Abschn. 3.1 und stellen die zweidimensionale Verteilung von (Rechennote, Deutschnote) zunächst tabellarisch dar. Dazu müssen wir unser Datenfile nach einer der beiden Variablen sortieren. Es muss dies jene Variable sein, deren Ausprägungen in den Spalten der Häufigkeitstabelle zu finden sein sollen.

Daten ▷
    Sortieren

Die gesamte Tabelle wird daraufhin markiert, und es öffnet sich ein Dialogfeld. Nachdem wir in unserer Tabelle Spaltenbeschriftungen verwenden, klicken wir auf *Liste enthält Überschriften*, wählen anschließend unter *Sortieren nach* z.B. *Note in Deutsch* und bestätigen unsere Eingabe durch Klicken auf *OK*. Für die sortierten Daten können wir jetzt eine Häufigkeitstabelle anlegen, und zwar in einem Tabellenblatt, das wir *Häufigkeiten* nennen.
Zuerst beschriften wir unsere Tabelle: In den Zeilen sollen die Rechennoten, in den Spalten die Deutschnoten stehen, also schreiben wir in A3 *Rechnen* und in C1 *Deutsch*. Die 5 Ausprägungen der Rechennote stehen in B3:B7, die der Deutschnote in C2:G2. Alle Häufigkeiten mit Deutsch =1 müssen in der ersten Spalte der Tabelle stehen, wir markieren also C3:C7 und öffnen die Formelpalette. Wir wählen die Funktion HÄUFIGKEIT und stellen im Feld *Daten* den Bezug zu jenen Rechennoten her, wo die Deutschnote 1 ist. Nachdem wir die Daten nach der Variablen *Deutsch* sortiert haben, sind dies die Zellen Daten!B2:B11. Im Feld *Klassen* geben wir die „Intervallgrenzen" 1, 2, 3, 4 ein, z.B. durch einen Bezug auf B3:B6. Da es sich hier um eine Matrixfunktion handelt, beenden wir die Eingabe durch gleichzeitiges Drücken der Tasten *Strg, Umschalt* und *Eingabe*.

Die erste Spalte unserer Häufigkeitstabelle ist fertig. Um noch die Randverteilung der Deutschnoten zu bekommen, schreiben wir in C8 die Formel =SUMME(C3:C7) und kopieren die Formel gleich auf D8:H8. Für die Randverteilung der Rechennote schreiben wir in H3 die Formel =SUMME(C3:G3) und kopieren sie auf H4:H7. Zu den absoluten Häufigkeiten der Rechennote bei einer Deutschnote von 2, 3, 4 bzw. 5 gelangt man, indem man das eben beschriebene Prozedere für die Rechennote bei Deutsch =1 analog wiederholt.

Die Tabelle der relativen Häufigkeiten erhält man, indem man die Eintragungen der Tabelle der absoluten Häufigkeiten durch $N = 50$ dividiert. Genauso einfach kommt man zu den bedingten Verteilungen, man muss nur die Zeilen bzw. Spalten durch die Zeilen- bzw. Spaltensummen dividieren. Soll z.B. die bedingte Verteilung von (Deutsch|Rechnen) in den Zellen L3:P7 stehen, und stehen die Häufigkeiten des zweidimensionalen Merkmals in C3:G7, so markiert man zuerst L3:P7, öffnet anschließend die Formelpalette, markiert C3:G7, gibt das Divisionszeichen (/) ein und markiert H3:H7 (die Zeilensummen). Da es sich hier um eine Matrixfunktion handelt, beendet man die Formeleingabe mit *Strg, Umschalt* und *Eingabe*.

E.3.1 Diskrete Merkmale

	A	B	C	D	E	F	G	H	I	J	K	L	M	N	O	P	Q
1	absolute		Deutsch							Deutsch		Deutsch					
2	Häufigkeiten		1	2	3	4	5	Σ		Rechnen	1	1	2	3	4	5	Σ
3	Rechnen	1	4	5	2	0	0	11			1	0.36	0.45	0.18	0	0	1
4		2	4	5	3	2	0	14			2	0.29	0.36	0.21	0.14	0	1
5		3	2	3	6	2	0	13			3	0.15	0.23	0.46	0.15	0	1
6		4	0	1	4	2	2	9			4	0	0.11	0.44	0.22	0.22	1
7		5	0	0	1	1	1	3			5	0	0	0.33	0.33	0.33	1
8		Σ	10	14	16	7	3	50									
9																	
10	relative		Deutsch							Rechnen		Deutsch					
11	Häufigkeiten		1	2	3	4	5	Σ		Deutsch	1	1	2	3	4	5	
12	Rechnen	1	0.08	0.1	0.04	0	0	0.22		Rechnen	1	0.4	0.36	0.13	0	0	
13		2	0.08	0.1	0.06	0.04	0	0.28			2	0.4	0.36	0.19	0.29	0	
14		3	0.04	0.06	0.12	0.04	0	0.26			3	0.2	0.21	0.38	0.29	0	
15		4	0	0.02	0.08	0.04	0.04	0.18			4	0	0.07	0.25	0.29	0.67	
16		5	0	0	0.02	0.02	0.02	0.06			5	0	0	0.06	0.14	0.33	
17		Σ	0.2	0.28	0.32	0.14	0.06	1			Σ	1	1	1	1	1	

Abb. E.3.1: Häufigkeitstabellen für (Rechnen, Deutsch)

Für das dreidimensionale Stabdiagramm wählen wir nach

Einfügen ▷
  Diagramm ...

den Diagrammtyp *Säule*, Untertyp *Säulen (3D)*. Der Datenbereich ist die Tabelle der absoluten Häufigkeiten, bei uns also die Zellen C3:G7. Im Register *Reihe* des Diagramm-Assistenten – *Diagramm Quelldaten* geben wir den Datenreihen *Reihe1, ... , Reihe5* die Namen 1, 2, 3, 4 bzw. 5. Die Datenreihen entsprechen den Zeilen der Häufigkeitstabelle, in *Reihe1* stehen also die Häufigkeiten der Deutschnote bei fester Rechennote =1 usw. Wir klicken auf *Weiter>* und kommen zum nächsten Dialogfeld.

Im Register *Titel* der *Diagrammoptionen* geben wir den Diagrammtitel *Stabdiagramm* ein und beschriften die Rubrikenachse mit *Deutsch*, die Reihenachse mit *Rechnen* und die Größenachse mit *absolute Häufigkeiten*. Im Register *Gitternetzlinien* wählen wir ein *Hauptgitternetz* für alle Achsen. Im Register *Legende* sorgen wir dafür, dass die Legende nicht angezeigt wird. Schließlich binden wir das Diagramm als Objekt in das Tabellenblatt *Häufigkeiten* ein.

Wir werden jetzt kurz einige Modifikationen des Diagramms beschreiben, die in Abschn. E.2 nicht behandelt wurden. Zunächst ändern wir die Farbe der Diagrammwände und der Bodenfläche: Dazu markieren wir die Wände bzw. die Bodenfläche durch Klicken mit der Maus und wählen über das Menü

Format ▷
  Markierte Diagrammwände ...
  (**Markierte Bodenfläche ...**)

und klicken unter *Ausfüllen* auf *Ohne*. Man kann das Diagramm drehen und kippen bzw. die perspektivische Verzerrung ändern, um einen möglichst guten Überblick über die Verteilung zu bekommen:

Diagramm ▷
  3D-Ansicht ...

Für das Stabdiagramm in Abb. E.3.2 haben wir im Dialogfeld *3D-Ansicht* die Betrachtungshöhe auf 35, die Drehung auf 160, Perspektive auf 45 und Höhe der Größenachse auf 65% der Basis geändert. Die restlichen Änderungsmöglichkeiten erfährt man am besten durch Ausprobieren, Ziel sollte eine ästhetisch ansprechende und gleichzeitig übersichtliche Grafik sein.

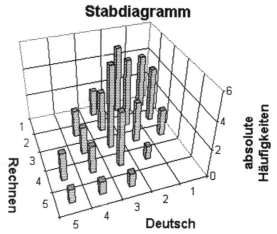

Abb. E.3.2: Dreidimensionales Stabdiagramm

Zur grafischen Darstellung der Rand- bzw. der bedingten Verteilungen zeichnen wir die Häufigkeiten mehrerer Datenreihen in ein Diagramm, zunächst die Randverteilungen:

Einfügen ▷
    Diagramm ...

Diagrammtyp: *Säulen (gruppiert)*; *Weiter>*. Jetzt wählen wir das Register *Reihe* und klicken auf Datenreihe *Hinzufügen*. **Reihe 1** soll die Randverteilung der Rechennote sein, wir schreiben also ins Feld *Name* „*Rechnen*" und geben im Feld *Werte* durch Markieren des Zellenbereichs mit der Maus den Bezug Häufigkeiten!$H$3:$H$7 ein. Nun fügen wir eine weitere Datenreihe hinzu, nämlich die Randverteilung der Deutschnote. Wir klicken nochmals auf *Hinzufügen*, geben der **Reihe 2** den Namen „*Deutsch*" und stellen unter *Werte* den Bezug zum Zellenbereich Häufigkeiten!$C$8:$G$8 her. Der Rest der Diagrammerstellung verläuft wie in Kapitel E.2.

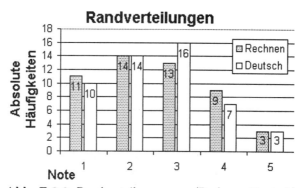

Abb. E.3.3: Randverteilungen von (Rechnen, Deutsch)

Für die Grafik der bedingten relativen Häufigkeiten verwenden wir die Tabelle der bedingten Verteilungen, wir demonstrieren die wichtigsten Schritte für die Verteilung von (Deutsch|Rechnen):

E.3.2 Stetige Merkmale

Einfügen ▷
   Diagramm ...

Diagrammtyp: *Säulen (gruppiert)*; *Weiter>*. Im Register *Datenbereich* stellen wir den Bezug Häufigkeiten!$L$3:$P$7 her und klicken auf *Reihe in: Spalten*, denn die Häufigkeiten derselben Deutschnoten stehen in den Spalten der Tabelle. Im Register *Reihe* vergeben wir für die Datenreihen *Reihe1, ..., Reihe5* die Namen *Deutsch=1, ..., Deutsch=5*, sonst gehen wir wie bei der Diagrammerstellung für die Randverteilungen vor.

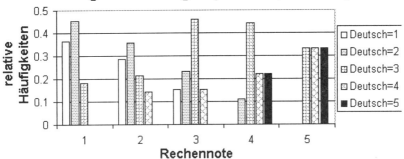

Abb. E.3.4: Bedingte Verteilungen von (Deutsch|Rechnen)

E.3.2 Stetige Merkmale

Zunächst zeichnen wir ein Streudiagramm für die Daten aus [HAFN 00], Abschn. 3.2:

Einfügen ▷
   Diagramm ...

Diagrammtyp: *Punkt (XY)*, Untertyp: *Punkte; Weiter>*. Für den Datenbereich stellen wir den Bezug Daten!$B$2:$C$51 her, außerdem muss *Reihe in: Spalten* eingestellt sein, denn die Körpergrößen stehen in Spalte B (B2:B51) und die Gewichte in Spalte C (C2:C51). Wir klicken auf *Weiter>*, vergeben Diagramm- und Achsentitel, lassen auch für die Größenachse (X) ein Hauptgitternetz anzeigen und blenden die Legende aus, *Weiter>*. Schließlich binden wir das Streudiagramm als Objekt ins Tabellenblatt *Häufigkeiten* ein. Wir müssen jetzt noch die Skalierung der Achsen ändern, dazu markieren wir zuerst die Größenachse (X).

Format ▷
   Markierte Achse ...

Im Dialogfeld *Achsen formatieren* ändern wir die Eintragungen im Register *Skalierung*, und zwar: Kleinstwert: 140; Höchstwert: 200; Hauptintervall: 10. Analog verfahren wir mit der Größenachse (Y): Damit auch hier die von uns gewählte Intervalleinteilung sichtbar wird, setzen wir Kleinstwert: 35; Höchstwert: 85; Hauptintervall: 10.
Die restlichen Modifikationen, die man benötigt, um zu einem Streudiagramm wie in Abb. E.3.5 zu kommen, wurden bereits in früheren Kapiteln besprochen.

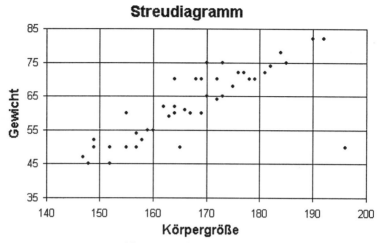

Abb. E.3.5: Streudiagramm

Um zur tabellarischen Darstellung der zweidimensionalen Verteilung von (Körpergröße, Gewicht) zu kommen, müssen wir zuerst die Variable *Körpergröße* entsprechend der Intervalleinteilung (140;150], (150;160], ..., (190;200] und die Variable *Gewicht* entsprechend (35;45],(45;55], ..., (75;85] umkodieren. Damit wir als Ergebnis die Intervallmitten bekommen, verwenden wir für die Körpergrößen die Formel =OBERGRENZE(B2;10)-5 und kopieren die Formel von D2 auf D3:D51, bei den Gewichten verwenden wir die Formel =OBERGRENZE(C2-5;10).

Achtung: Da wir zum Umkodieren die OBERGRENZE-Funktion verwenden, können wir nicht wie in [HAFN 00], Abschn. 3.2 für das erste Intervall [45;55] wählen. Zwei der Studenten unseres Datensatzes haben ein Gewicht von genau 45 kg. Diese beiden Beobachtungen bekommen nach der obigen Umkodierung die Intervallmitte 40 kg zugewiesen. Damit die Darstellung der Häufigkeitsverteilungen aber nicht von jener aus [HAFN 00] abweicht, behandeln wir sie so, als ob sie zum Intervall mit Mittelpunkt 50 kg gehören würden.

	A	B	C	D	E	F	G	H	I	J	K	L	M	N	O	P	Q
1	absolute Häufigkeiten		Gewicht							relative Häufigkeiten		Gewicht					
2		Intervall		[45;55]	(55;65]	(65;75]	(75;85]				Intervall		[45;55]	(55;65]	(65;75]	(75;85]	
3			Mitte	50	60	70	80	Σ				Mitte	50	60	70	80	Σ
4		[140;150]	145	5	0	0	0	5			[140;150]	145	0.1	0	0	0	0.1
5		[150;160]	155	10	1	0	0	11			[150;160]	155	0.2	0.02	0	0	0.22
6	Körpergröße	[160;170]	165	1	10	4	0	15		Körpergröße	[160;170]	165	0.02	0.2	0.08	0	0.3
7		[170;180]	175	0	2	10	0	12			[170;180]	175	0	0.04	0.2	0	0.24
8		[180;190]	185	0	0	3	2	5			[180;190]	185	0	0	0.06	0.04	0.1
9		[190;200]	195	1	0	0	1	2			[190;200]	195	0.02	0	0	0.02	0.04
10			Σ	17	13	17	3	50				Σ	0.34	0.26	0.34	0.06	1
11																	
12	Gewicht|Körpergröße		Gewicht							Körpergröße|Gewicht		Gewicht					
13		Intervall		[45;55]	(55;65]	(65;75]	(75;85]				Intervall		[45;55]	(55;65]	(65;75]	(75;85]	
14			Mitte	50	60	70	80	Σ				Mitte	50	60	70	80	
15		[140;150]	145	1	0	0	0	1			[140;150]	145	0.2941	0	0	0	
16		[150;160]	155	0.9091	0.0909	0	0	1			[150;160]	155	0.5882	0.0769	0	0	
17	Körpergröße	[160;170]	165	0.0667	0.6667	0.2667	0	1		Körpergröße	[160;170]	165	0.0588	0.7692	0.2353	0	
18		[170;180]	175	0	0.1667	0.8333	0	1			[170;180]	175	0	0.1538	0.5882	0	
19		[180;190]	185	0	0	0.6	0.4	1			[180;190]	185	0	0	0.1765	0.6667	
20		[190;200]	195	0.5	0	0	0.5	1			[190;200]	195	0.0588	0	0	0.3333	
21												Σ	1	1	1	1	

Abb. E.3.6: Häufigkeitstabellen von (Körpergröße, Gewicht)

E.3.2 Stetige Merkmale

Bei der Erstellung der Häufigkeitstabellen gehen wir völlig analog zum diskreten Fall vor. Wir bestimmen also die Häufigkeitsverteilung des zweidimensionalen diskreten Merkmals (Intervallmitte Körpergröße, Intervallmitte Gewichte). Damit die Tabellen passend beschriftet sind, fügen wir allerdings noch eine Zeile und eine Spalte ein, in die wir die Intervalle eintragen. Die Werte in diesen Zellen verwenden wir dann auch zur Beschriftung der Rubrikenachsen der Diagramme.

Das dreidimensionale Histogramm erstellt man wie das dreidimensionale Stabdiagramm in E.3.1. Im Schritt 2 des Diagramm-Assistenten wählen wir den Datenbereich durch Markieren mit der Maus aus und Klicken auf *Reihe in Spalten* (jede Datenreihe entspricht dann einer Spalte der Häufigkeitstabelle). Im Register *Reihe* bezeichnen wir die Reihe, indem wir Bezüge zu den Intervallbezeichnungen der Häufigkeitstabelle herstellen, also für *Reihe1* den Bezug Häufigkeiten!$D$2 ([45;55]) usw.

Für die Beschriftung der Rubrikenachse nehmen wir die Intervalle der Körpergrößen, also Häufigkeiten!$B$4:$B$9. Das Histogramm in Abb. E.3.7 wurde mit den 3D-Ansicht-Einstellungen Betrachtungshöhe: 40; Drehung: 150; Perspektive: 30 und Höhe: 70% der Basis gezeichnet.

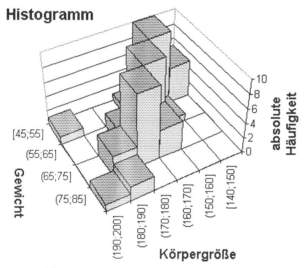

Abb. E.3.7: Dreidimensionales Histogramm

Auch die Darstellung der bedingten Verteilungen erfolgt genau wie bei diskreten Merkmalen, in Abb. E.3.7 sind die bedingten Verteilungen von (Körpergröße|Gewicht) zu sehen.

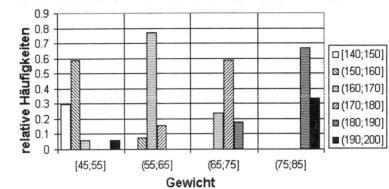

Abb. E.3.8: Histogramm von bedingten Verteilungen

E.3.3 Übungsaufgaben

Ü.E.3.1:

a. Erstellen Sie die Häufigkeitstabellen für das Merkmal (*rdtemp, geszst*) (Daten aus Aufgabe Ü.E.1.1 und Ü.E.1.2).

b. Zeichnen Sie ein dreidimensionales Stabdiagramm.

c. Stellen Sie die Randverteilungen und die bedingten Verteilungen von (*rdtemp|geszst*) bzw. (*geszst|rdtemp*) in geeigneter Form grafisch dar.

Ü.E.3.2:

a. Zeichnen Sie mit den Daten der Aufgabe Ü.E.1.1 ein Streudiagramm der Merkmale *syst* und *diast*.

b. Bestimmen Sie die Häufigkeitstabellen des zweidimensionalen Merkmals (*systint, diastint*) aus Aufgabe Ü.E.1.3.

c. Fertigen Sie ein 3D-Histogramm der beiden untersuchten Merkmale an.

d. Erzeugen Sie ein Diagramm der bedingten Verteilung von (*systint|diastint*).

E.4 Maßzahlen für eindimensionale Verteilungen

E.4.1 Metrische Merkmale

Wir werden für die Variable *Körpergröße* des Datenfiles aus Abschn. E.3.2 Lage-, Streuungs- und Formparameter berechnen. Dazu legen wir ein Tabellenblatt an, das wir mit *Maßzahlen* bezeichnen. Die Körpergrößen stehen im Tabellenblatt *Daten* in den Zellen B2:B51.

Lageparameter

Zuerst berechnen wir das arithmetische Mittel der Körpergrößen, dazu verwenden wir die Funktion MITTELWERT aus der Funktionenkategorie *Statistik*. Die Argumente dieser Funktion sind *Zahl1, Zahl2, ...*. Für das Feld *Zahl1* stellen wir durch Markieren mit der Maus den Bezug zu Daten!B2:B51 her, die Formel für die Berechnung des Mittels lautet dann:

=MITTELWERT(Daten!B2:B51)

Nun zur Berechnung des Medians: Hier verwenden wir aus der Funktionenkategorie *Statistik* die Funktion MEDIAN, ansonsten verläuft alles wie bei der Berechnung des Mittels. Die Formel für den Median der 50 Körpergrößen lautet:

=MEDIAN(Daten!B2:B51)

Für das $(1-p)$-p-Fraktilmittel benutzen wir die QUANTIL-Funktion (siehe Abschn. E.2.2). Wir schreiben zuerst in eine Zelle (z.B. E3) den Wert von p. Jetzt berechnen wir in Zelle E4 den Wert des $(1-p)$-Fraktils mit der Formel

=QUANTIL(Daten!B2:B51;1-E3)

Für die Zelle E5 berechnen wir das p-Fraktil:

=QUANTIL(Daten!B2:B51;E3)

In Zelle E6 steht schließlich das $(1-p)$-p-Fraktilmittel:

=MITTELWERT(E4:E5)

Man hätte das Fraktilmittel für ein festes p auch in einer Formel eingeben können, so wie wir es gemacht haben, braucht man aber nur den p-Wert in Zelle E3 zu ändern, und die Fraktile und das Fraktilmittel werden automatisch angepasst.

Für die Berechnung von $\bar{x}$ für gruppierte Daten verwenden wir die Tabelle der relativen Häufigkeiten des zweidimensionalen Merkmals (Körpergröße, Gewicht), hier ist die gewünschte Intervalleinteilung bereits getroffen. Ist p_i die relative Häufigkeit des i-ten Intervalls mit den Intervallgrenzen $e_{i-1} < e_i$, dann ist das Mittel für gruppierte Daten bekanntlich

$$\bar{x}_{\text{gr}} = \sum_{i=1}^{k} \frac{e_{i-1} + e_i}{2} \cdot p_i \ ,$$

wobei k die Anzahl der Intervalle ist. Im Tabellenblatt *Häufigkeiten* stehen die Intervallmitten $(e_{i-1} + e_i)/2$ in den Zellen L4:L9 und die relativen Häufigkeiten p_i in Q4:Q9. Zur Berechnung des Mittels $\bar{x}_{\text{gr}}$ verwenden wir die SUMME-Funktion, für das Argument *Zahl1* von SUMME benutzen wir Bereichsbezüge: Wir klicken auf die Schaltfläche rechts im Feld *Zahl1* und markieren im Tabellenblatt *Häufigkeiten* die Zellen L4:L9. Jetzt geben wir das Multiplikationszeichen (*) ein und markieren anschließend die Zellen Q4:Q9. Die Eingabe für das Argument der SUMME-Funktion ist damit abgeschlossen, wir klicken also wieder auf die Schaltfläche rechts im Feld *Zahl1*.

Achtung: Da es sich hier um eine Matrixfunktion handelt, müssen wir die Eingabe der Formel mit *Strg, Umschalt* und *Eingabe* beenden. Die Formel zur Berechnung von $\bar{x}_{gr}$ lautet:

$$\{=\text{SUMME(Häufigkeiten!L4:L9*Häufigkeiten!Q4:Q9)}\}$$

Bemerkung: Die Intervallmitten für die Intervalle, in welche die 50 Körpergrößen fallen, stehen im Tabellenblatt *Daten* in D2:D51. Wir hätten also das Mittel für die gruppierten Daten auch mit der folgenden Formel erhalten:

$$=\text{MITTELWERT(Daten!D2:D51)}$$

Falls die Originaldaten zur Verfügung stehen, wird aber niemand die Daten zuerst in Gruppen einteilen und dann $\bar{x}_{gr}$ berechnen. Manchmal steht jedoch nur eine Häufigkeitstabelle mit Intervalleinteilung zur Verfügung. Dann muss man $\bar{x}_{gr}$ mit der obigen Matrixformel berechnen, das so bestimmte Mittel ist aber bei vernünftiger Intervalleinteilung sehr genau.

Damit im Tabellenblatt *Maßzahlen* nicht die bloßen Zahlen stehen, wird man nach eigenem Ermessen erläuternde Beschriftungen hinzufügen.

	A	B	C	D	E
1	**Lageparameter:**				
2					
3	arithmetisches Mittel:	167.02		p:	0.1
4	Median:	166.5		(1-p)-Fraktil:	182.2
5				p-Fraktil:	151.7
6	Mittel für gruppierte Daten:	166.4		(1-p)-p-Fraktilmittel:	166.95

Abb. E.4.1: Lageparameter des Merkmals Körpergröße

Um die Empfindlichkeit der Maßzahlen gegen grobe Ausreißer zu demonstrieren, gehen wir ins Tabellenblatt *Daten* und ändern z.B. die Körpergröße von *Briksi E.* von 147 cm auf 1470 cm und kehren zum Blatt *Maßzahlen* zurück. Microsoft Excel hat die Maßzahlen bereits aktualisiert, man sieht: Das arithmetische Mittel ist enorm angewachsen (193,48), der Median (167,5) und das Fraktilmittel (168,05) haben sich aber kaum geändert. Dass sich das Mittel für gruppierte Daten auch fast nicht geändert hat, liegt daran, dass wir in der Häufigkeitstabelle für die Körpergröße 1470 nicht ein eigenes Intervall (1460;1470] angelegt haben. 1470 wird bei uns dem Intervall der größten Körpergrößen (190;200] zugewiesen.

Streuungsparameter

Zur Berechnung der Standardabweichung verwenden wir die Funktion STABWN, diese Funktion bestimmt die Standardabweichung einer Grundgesamtheit.

Achtung: Die Funktion ist leicht zu verwechseln mit STABW, mit der man die Standardabweichung ausgehend von einer Stichprobe schätzt. Diese Funktion werden wir aber erst in der mathematischen Statistik benützen.

Die Formel für die Standardabweichung lautet:

E.4.1 Metrische Merkmale

$$=\text{STABWN(Daten!B2:B51)}$$

Zur Berechnung der Varianz könnte man entweder das Ergebnis der Standardabweichung quadrieren (=B11^2; falls die Standardabweichung in Zelle B11 steht) oder die Funktion VARIANZEN verwenden (**nicht** VARIANZ, siehe oben):

$$=\text{VARIANZEN(Daten!B2:B51)}$$

Für die $(1-p)$-p-Fraktildistanz verwenden wir die Fraktile, die bereits für das Lagemaß $(x_{1-p}+x_p)/2$ berechnet wurden, die Formel lautet

$$=\text{E4-E5}$$

Die Spannweite R berechnen wir mit den Funktionen MIN und MAX:

$$=\text{MAX(Daten!B2:B51)} - \text{MIN(Daten!B2:B51)}$$

Hat man nur gruppierte Daten, wie im Tabellenblatt *Häufigkeiten* zur Verfügung, so kann man die Varianz nach folgender Formel näherungsweise berechnen:

$$S_{\text{gr}}^2 = \sum_{i=1}^{k} \left(\frac{e_{i-1}+e_i}{2}\right)^2 \cdot p_i - \bar{x}_{\text{gr}}^2 = \overline{x^2}_{\text{gr}} - \bar{x}_{\text{gr}}^2$$

$\overline{x^2}_{\text{gr}}$ berechnet man analog zu $\bar{x}_{\text{gr}}$ (Achtung Matrixformel, siehe oben). Die Formel zur Berechnung der Varianz aus gruppierten Daten lautet ($\bar{x}_{\text{gr}}$ steht in Zelle B6):

$$\{=\text{SUMME(Häufigkeiten!L4:L9^2 * Häufigkeiten!Q4:Q9)-B6^2}\}$$

Wie bei der Berechnung von $\bar{x}_{\text{gr}}$ könnte man hier auch die Varianz für gruppierte Daten einfacher berechnen.

$$=\text{VARIANZEN(Daten!D2:D51)}$$

Den Variationskoeffizienten bestimmen wir naheliegenderweise aus der bereits berechneten Standardabweichung (B11) und dem Mittel (B3):

$$=\text{B11/B3}$$

Wieder untersuchen wir die Empfindlichkeit der Streuungsmaßzahlen gegen grobe Ausreißer, indem wir die Körpergröße 147 cm auf 1470 cm ändern. Standardabweichung und Varianz reagieren enorm (182,72 cm bzw. 33388 cm^2), genauso natürlich die Spannweite R (1322 cm) und der Variationskoeffizient (0,9444), hingegen erweist sich die $(1-p)$-p-Fraktildistanz als robust (32,1 cm). Die Streuungsmaßzahlen mit den korrekten Daten sind in der Abb. E.4.2 zu sehen.

Streuungsparameter:			
Standardabweichung:	11.88527	(1-p)-p-Fraktil-Distanz:	30.5
Varianz:	141.2596	Spannweite:	49
Varianz für gruppierte Daten:	160.04	Variationskoeffizient:	0.071161

Abb. E.4.2: Streuungsparameter des Merkmals Körpergröße

Formparameter

Das Schiefemaß der Verteilung bestimmen wir mit der SCHIEFE-Funktion:

=SCHIEFE(Daten!B2:B51)

Wir wollen den Wert des errechneten Schiefemaßes (in Zelle B19) noch erläutern, und zwar mit Hilfe einer verschachtelten WENN-Funktion:

=WENN(B19<0;„linksschief";WENN(B19=0;„symmetrisch";„rechtsschief"))

Zur Errechnung des Wölbungskoeffizienten verwenden wir die Funktion KURT:

=KURT(Daten!B2:B51)

Auch hier erläutern wir den Wert des errechneten Koeffizienten (in Zelle B20)

=WENN(B20<0;„breitschultrig";
WENN(B20=0;„Normalverteilung";„schmalschultrig"))

17	**Formparameter:**		
18			
19	Schiefemaß:	0.315939	rechtsschief
20	Wölbungskoeffizient:	-0.36734	breitschultrig

Abb. E.4.3: Formparameter des Merkmals Körpergröße

E.4.2 Ordinale Merkmale

Typische ordinale Merkmale sind die Schulnoten aus Abschn. E.3.1. Das arithmetische Mittel ist zur Beschreibung der Lage eines ordinalen Merkmals nicht geeignet. Brauchbar sind eigentlich nur Fraktile, insbesondere der Median und unter Umständen der Modalwert, der häufigste Wert der Verteilung. Wir werden die Maßzahlen für die Rechennote (Spalte B im Blatt *Daten*) und für die Deutschnote (Spalte C in *Daten*) bestimmen.

Die Berechnung des Medians wurde schon in Abschn. E.4.1 besprochen. Für den Modus verwenden wir die MODALWERT-Funktion:

=MODALWERT(Daten!B2:B51)

Die obige Formel liefert den häufigsten Wert der Rechennoten und steht in der Zelle B5 des Tabellenblattes *Maßzahlen*. Um zum Modus für die Deutschnoten zu kommen, kopieren wir die Formel auf C5.

Die Streuungsinformation liefert uns bei ordinalen Daten ein sogenanntes $(1-\alpha)$-Toleranzintervall. Es ist dies jenes Intervall, das die mittleren $(1-\alpha) \cdot 100\%$ der Datenverteilung enthält, die Intervallgrenzen sind offensichtlich die Fraktile $x_{\alpha/2}$ und $x_{1-\alpha/2}$. Man bestimmt sie analog zu Abschn. E.4.1 mit der QUANTIL-Funktion.

E.4.3 Nominale Merkmale

	A	B	C
1	**Lageparameter**		
2			
3		Rechnen	Deutsch
4	Median:	2.5	3
5	Modalwert:	2	3
6			
7			
8	**Streuungsparameter:**		
9			
10	$1-\alpha$:	0.8	
11	$(1-\alpha)$-Toleranzintervall :		
12	Untergrenze:	1	1
13	Obergrenze:	4	4

Abb. E.4.4: Parameter für ordinale Merkmale

E.4.3 Nominale Merkmale

Für nominale Merkmale hat es keinen Sinn, Lage- bzw. Streuungsparameter zu berechnen, lediglich der Modalwert, der häufigste Wert der Verteilung, verliert hier nicht seine Bedeutung. Besser, als nur den Modalwert anzugeben, ist es aber meistens, die k häufigsten Werte zu bestimmen oder jene (häufigsten) Ausprägungen, auf die $(1-\alpha) \cdot 100\%$ fallen.

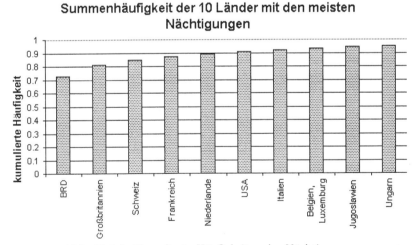

Abb. E.4.5: Kumulierte Häufigkeiten der Nächtigungen

Zur Demonstration verwenden wir das Beispiel aus [HAFN 00], Abschn. 4.3, das Merkmal ist hier das Herkunftsland der Gästenächtigungen im Mai 1985 in Oberösterreich. Nachdem die Herkunftsländer und die zugehörigen Nächtigungszahlen eingegeben sind, brauchen wir die Tabelle nur nach den Nächtigungen absteigend zu sortieren (siehe Abschn. E.3.1). Damit die Zeilen *Übriges Afrika*, *Übriges Asien* und *Übriges Ausland* nicht mitsortiert werden, markieren wir vor dem Sortieren nur die Zeilen *Arabische Länder Asiens, ..., Vereinigte Staaten von Amerika* (Zeilen 2 bis 39). Jetzt brauchen wir nur noch wie in Beispiel E.1.3 die relativen und die Summenhäufigkeiten zu bestimmen. Zur Veranschaulichung kann man z.B. ein Balkendiagramm der kumulierten Häufigkeiten für die ersten zehn Herkunftsländer zeichnen.

E.4.4 Verteilungsmaßzahlen mit Analyse-Funktionen

Insbesondere bei metrischen Merkmalen kommt man sehr viel schneller zu den Maßzahlen für eindimensionale Verteilungen, wenn man die Analyse-Funktion *Populationskenngrößen* verwendet. Wir bestimmen die Maßzahlen für die Variablen *Körpergröße* und *Gewicht* des Datenfiles aus Abschn. E.3.2:

Extras ▷
    Analyse-Funktionen ...

(findet man den Submenüpunkt **Analyse-Funktionen** ... nicht, dann muss man die Analyse-Funktionen vorher installieren, siehe Abschn. E.2.3). Wir markieren die Analyse-Funktion *Populationskenngrößen* und klicken auf *OK*.

Im Feld *Eingabebereich* des Dialogfeldes *Populationskenngrößen* muss der Zellenbezug für den zu analysierenden Datenbereich stehen. Aus unerfindlichen Gründen muss der Bezug aus mindestens zwei angrenzenden Datenbereichen bestehen, die in Zeilen oder Spalten angeordnet sind. Für unser Beispiel ist das kein Problem, denn die Körpergrößen stehen in B2:B51 und die Gewichte in C2:C51. Wir stellen den Bezug durch Markieren des Bereiches B1:C51 im Tabellenblatt *Daten* her.

Stehen die Merkmale, für die Maßzahlen berechnet werden sollen, nicht in benachbarten Spalten, dann muss man die Spalten vorher entsprechend verschieben (siehe Kapitel E.1). Will man nur die Maßzahlen für eine Variable berechnen, so kann man z.B. die Spalte der Variablen kopieren und die Maßzahlen doppelt berechnen lassen.

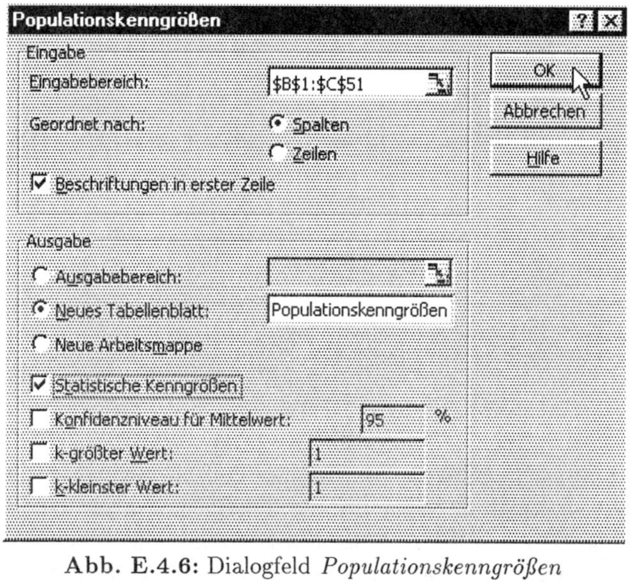

Abb. E.4.6: Dialogfeld *Populationskenngrößen*

E.4.4 Verteilungsmaßzahlen mit Analyse-Funktionen

Bei uns stehen verschiedene Variablen in verschiedenen Spalten, also muss man die Standardeinstellung *Geordnet nach: Spalten* verwenden, und da wir Spaltenbeschriftungen benutzen, müssen wir die Option *Beschriftungen in erster Zeile* aktivieren.

Wir wollen die Ausgabe in ein *Neues Tabellenblatt:* schreiben lassen, das wir mit *Populationskenngrößen* bezeichnen. Schließlich klicken wir auf *Statistische Kenngrößen* und dann auf die Schaltfläche *OK*.

Eine Tabelle mit den Maßzahlen der beiden Merkmale wird ins neue Blatt geschrieben. In der Zeile *Mittelwert* finden wir die arithmetischen Mittel. Die nächste Zeile *Standardfehler* wäre nur von Interesse, wenn wir die Maßzahlen für eine Stichprobe und nicht für eine Gesamtheit berechnen würden, dann wären hier die Schätzer für die Standardabweichungen der geschätzten Mittelwerte. Wir können diese Zeile ignorieren oder komplett löschen.

Es folgen die Zeilen mit den Medianen und Modalwerten (häufigsten Werten) der Verteilungen, dann die Standardabweichungen (und zwar die Stichprobenstandardabweichungen) und Stichprobenvarianzen. Zu den Varianzen und Standardabweichungen für die untersuchte Gesamtheit kommt man, indem man die Stichprobenvarianz mit $\frac{N-1}{N}$ multipliziert (N findet man in der Zeile *Anzahl*) und für die Standardabweichungen noch die Wurzeln aus den Ergebnissen zieht.

Es folgen Kurtosis (Wölbung) und Schiefe, unter Wertebereich ist die Spannweite des Merkmals gemeint, die restlichen Ausgabewerte brauchen nicht erklärt zu werden.

	A	B	C	D
1	Körpergröße		Gewicht	
2				
3	Mittelwert	167.02	Mittelwert	62.28
4	Standardfehler	1.697895456	Standardfehler	1.445623938
5	Median	166.5	Median	62
6	Modus	164	Modus	50
7	Standardabweichung	12.00593391	Standardabweichung	10.2221049
8	Stichprobenvarianz	144.142449	Stichprobenvarianz	104.4914286
9	Kurtosis	-0.367344998	Kurtosis	-1.111647198
10	Schiefe	0.315938571	Schiefe	0.023804313
11	Wertebereich	49	Wertebereich	37
12	Minimum	147	Minimum	45
13	Maximum	196	Maximum	82
14	Summe	8351	Summe	3114
15	Anzahl	50	Anzahl	50

Abb. E.4.7: Verteilungsmaßzahlen für zwei metrische Merkmale

E.4.5 Übungsaufgaben

Ü.E.4.1:

Berechnen Sie vernünftige Lageparameter für die Merkmale *puls*, *syst* und *diast* und vergleichen Sie die Ergebnisse mit den Maßzahlen für die gruppierten Variablen *pulsint*, *systint* und *diastint* (Daten aus Ü.E.1.1 und Ü.E.1.3).

Ü.E.4.2:

Bestimmen Sie für die Variablen *puls*, *syst* und *diast* Varianz, Standardabweichung und 0,95−0,05-Fraktilabstand.

Ü.E.4.3:

Berechnen Sie Lage- und Streuungsparameter für die Merkmale *temp* und *geszst*. Hinweis: Beide Merkmale sind ordinal.

Ü.E.4.4:

Bestimmen Sie Lage-, Streuungs- und Formparameter für die Originaldaten und die gruppierten Daten des Beispiels aus [HAFN 00], Abschn. 2.2 (siehe E.2.2) und vergleichen Sie die Ergebnisse.

E.5 Maßzahlen für mehrdimensionale Verteilungen

E.5.1 Metrische Merkmale

Zur Bestimmung des linearen Zusammenhangs zweier metrischer Merkmale verwendet man den Korrelationskoeffizienten ρ, es gilt:

$$\rho_{xy} = \frac{S_{xy}}{S_x S_y},$$

wobei S_{xy} die Kovarianz zwischen den Variablen x und y ist und S_x bzw. S_y die Standardabweichungen von x bzw. y. Wir demonstrieren die Berechnung der Kovarianz und des Korrelationskoeffizienten anhand der Daten des Beispiels in [HAFN 00], Abschn. 3.2: Zur Berechnung der Kovarianz verwenden wir die Funktion KOVAR aus der Kategorie *Statistik*. Die Argumente dieser Funktion sind *Matrix*1 und *Matrix*2, in *Matrix*1 und *Matrix*2 stehen die Bezüge zu den beiden Datenreihen, für die wir die Kovarianz berechnen wollen. Die Körpergrößen stehen im Tabellenblatt *Daten* in B2:B51, die Gewichte in C2:C51, also muss die Formel zur Berechnung der Kovarianz folgendermaßen aussehen:

=KOVAR(Daten!B2:B51; Daten!C2:C51)

Die Bereichsbezüge stellt man wie in Kapitel E.4 am besten durch Markieren der Zellen mit der Maus her. Die Berechnung des Korrelationskoeffizienten funktioniert völlig gleich, man verwendet dazu die Funktion KORREL der Funktionenkategorie *Statistik*.

=KORREL(Daten!B2:B51; Daten!C2:C51)

Wenn man möchte, kann man wie in [HAFN 00] noch die Mittel und Varianzen der beiden Merkmale bestimmen (siehe Kapitel E.4), man erhält dann das in Abb. E.5.1 angezeigte Ergebnis.

Maßzahlen für zweidimensionale Merkmale		
	Größe	Gewicht
Mittel:	167.02	62.28
Varianzen:	141.2596	102.4016
Kovarianz:	95.0744	
Korrelationskoeffizient:	0.790499	

Abb. E.5.1: Zusammenhang zwischen Körpergröße und Gewicht

E.5.2 k-dimensionale metrische Merkmale

Will man Maßzahlen für den linearen Zusammenhang von k metrischen Merkmalen (eines k-dimensionalen metrischen Merkmals), so bestimmt man die Kovarianzen bzw. Korrelationen aller möglichen Paare, die man aus den k Merkmalen bilden kann. Schreibt man die Ergebnisse übersichtlich in eine Tabelle, und zwar so, dass die Eintragung der i-ten Zeile und der j-ten Spalte die Kovarianz bzw.

die Korrelation zwischen dem i-ten und dem j-ten Merkmal ist, dann nennt man das Ergebnis *Varianz-Kovarianz-Matrix* bzw. *Korrelationsmatrix*.

Bemerkungen:
1. Die Kovarianz bzw. Korrelation zwischen dem i-ten und dem j-ten Merkmal ist natürlich dasselbe wie die Kovarianz bzw. Korrelation zwischen dem j-ten Merkmal und dem i-ten Merkmal. Daraus folgt, dass die Varianz-Kovarianz-Matrix und die Korrelationsmatrix symmetrische Matrizen sind.

2. Die Kovarianz des i-ten Merkmals mit sich selbst ist die Varianz des i-ten Merkmals. In der Diagonale der Varianz-Kovarianz-Matrix stehen also die Varianzen der k Merkmale (deshalb der Name Varianz-Kovarianz-Matrix). Die Korrelation des i-ten Merkmals mit sich selbst ist nach Definition

$$\rho_{x_i x_i} = \frac{KOV(x_i, x_i)}{S_{x_i} S_{x_i}} = \frac{S_{x_i}^2}{S_{x_i}^2} = 1 \ .$$

In der Diagonalen der Korrelationsmatrix stehen daher lauter Einsen.

Beispiel E.5.1: In der folgenden Tabelle ist der Dow-Jones-Index, der WTI-Ölpreis/Barrel, der Wiener Devisenkurs für 1 US-Dollar und der Preis für eine Unze Gold für die Zeit vom 15.1. bis zum 25.1.1991 gegeben:

	Dow Jones	*$/bbl Öl*	*ÖS/$*	*ÖS/oz Gold*
Di 15.1.	2483,91	30	10,826	4390
Mi 16.1.	2490,59	30	10,822	4450
Do 17.1.	2508,91	32	10,659	4200
Fr 18.1.	2623,51	21,44	10,637	4150
Mo 21.1.	2646,78	19,15	10,509	4100
Di 22.1.	2629,21	21,6	10,421	4100
Mi 23.1.	2603,22	24,83	10,492	4100
Do 24.1.	2619,06	24,1	10,409	4020
Fr 25.1.	2643,07	25,45	10,407	4020

Wir berechnen die Varianz-Kovarianz-Matrix und die Korrelationsmatrix für die vier Merkmale. Dabei könnte man so vorgehen, dass man die Kovarianzen und Korrelationen einzeln wie in Abschn. E.5.1 berechnet und zu zwei Matrizen zusammenstellt. Wir wählen aber eine elegantere Lösung. Dazu benötigen wir die INDEX-Funktion und die ZEILE- bzw. SPALTE-Funktion.

Die Funktion INDEX verwendet man, um aus einer Matrix einen oder mehrere Werte auszuwählen (wir benutzen die Syntax-Version *Matrix; Zeile; Spalte* der Funktion). Das Argument *Matrix* gibt den Zellenbereich an, aus dem die ausgewählten Elemente kommen sollen. Die Argumente *Zeile* bzw. *Spalte* teilen der Funktion die Zeilen- bzw. Spaltennummer der gewünschten Elemente in der Matrix mit. Steht die Matrix im Zellenbereich A2:D10, dann liefert

=INDEX(A2:D10;2;4)

das Element der 2. Zeile und 4. Spalte der Matrix, also D3. Will man eine Zeile bzw. Spalte der Matrix auswählen, so darf man für das Argument *Spalte* bzw. *Zeile* der INDEX-Funktion nichts angeben:

=INDEX(A2:D10; ;3)

E.5.2 k-dimensionale metrische Merkmale

liefert also die 3. Spalte der Matrix, das sind die Zellen C2:C10.
Die Funktionen ZEILE bzw. SPALTE geben die Zeilen- bzw. Spaltennummer einer Zelle zurück.

=ZEILE(C7) liefert als Ergebnis die Zahl 7,

=SPALTE(C7) liefert als Ergebnis die Zahl 3.

Wir wollen jetzt mit Hilfe dieser Funktionen das Element der ersten Zeile und ersten Spalte der Varianz-Kovarianz-Matrix bzw. der Korrelationsmatrix so bestimmen, dass wir danach die anderen Kovarianzen bzw. Korrelationen bequem durch Kopieren der Formel erzeugen können.

In der ersten Zeile und ersten Spalte der Korrelationsmatrix steht die Korrelation des ersten Merkmals mit sich selbst. Die Werte des ersten Merkmals stehen in der ersten Spalte der Datenmatrix, wir verwenden für das Argument *Matrix*1 der KORREL-Funktion die Funktion:

INDEX(Daten!$A$2:$D$10;;SPALTE(A1))

und für *Matrix*2:

INDEX(Daten!$A$2:$D$10;;ZEILE(A1))

Die Zellenbezüge für die Matrix der INDEX-Funktion müssen absolut sein, damit sich der Zellenbereich beim späteren Kopieren der Formel nicht ändert, die Datenmatrix steht ja immer an derselben Stelle im Tabellenblatt *Daten*. Die Bezüge der Funktionen ZEILE und SPALTE müssen jedoch relativ sein, beim Kopieren der Funktion sollen ja später die Korrelationen zwischen jeweils anderen Spalten der Datenmatrix berechnet werden.

Sind die beiden Argumente der KORREL-Funktion wie oben korrekt eingegeben (entweder über die Tastatur oder durch Auswählen der jeweiligen Funktionen und Zellenbereiche mit der Maus), dann muss als Ergebnis der Formel die Zahl 1 herauskommen. Steht das Ergebnis in Zelle B13, dann erhalten wir die restlichen Korrelationen, indem wir die Formel durch Markieren und Ziehen mit der Maus zunächst auf C13:E13 und im zweiten Schritt auf B14:E16 kopieren. Die Berechnung der Varianz-Kovarianz-Matrix erfolgt völlig analog.

	A	B	C	D	E
1	Varianz-Kovarianz-Matrix				
2					
3		D-J	$/bbl	ATS/$	ATS/oz Gold
4	D-J	4112.16416	-239.992478	-8.94350889	-8249.07778
5	$/bbl	-239.992478	17.4534889	0.42801259	389.788889
6	ATS/$	-8.94350889	0.42801259	0.02507173	21.8855556
7	ATS/oz Gold	-8249.07778	389.788889	21.8855556	20866.6667
8					
9					
10	Korrelationsmatrix				
11					
12		D-J	$/bbl	ATS/$	ATS/oz Gold
13	D-J	1	-0.89582109	-0.88080665	-0.89051992
14	$/bbl	-0.89582109	1	0.64702831	0.6458948
15	ATS/$	-0.88080665	0.64702831	1	0.95683907
16	ATS/oz Gold	-0.89051992	0.6458948	0.95683907	1

Abb. E.5.2: Korrelations- und Varianz-Kovarianz-Matrix

Die Ergebnisse sind betragsmäßig enorm hohe Korrelationen. Doch bei der Interpretation der Ergebnisse ist Vorsicht geboten, in Wirklichkeit hängen die vier Merkmale des Beispiels niemals so stark zusammen. Hier haben wir einen typischen Fall von sogenannten Scheinkorrelationen: Die vier Variablen hängen zwar untereinander nicht stark zusammen, werden aber in unserem Beispiel stark von einer fünften, letztlich kausalen Variablen gesteuert. In der Nacht zwischen 16. und 17.1.1991 begann der Golfkrieg, was zur Folge hatte, dass der Dow-Jones-Index stieg und der Ölpreis ebenso wie der $-Kurs und der Goldpreis sank. Man kann keinesfalls etwa sagen, dass der Dow-Jones-Index stieg, weil der Goldpreis sank oder umgekehrt ($\rho = -0{,}89$), die beobachteten Änderungen in den vier Merkmalen waren allein die Folge des Kriegsausbruchs.

E.5.3 Ordinale Merkmale

Für ordinale Merkmale hat es keinen Sinn, Kovarianzen und normale Korrelationskoeffizienten zu berechnen, man muss hier sogenannte Rangkorrelationskoeffizienten verwenden. Wir zeigen anhand des Beispiels aus [HAFN 00], Abschn. 5.3 die Berechnung der Rangkorrelationskoeffizienten von Spearman und von Kendall. Bei den Daten des Beispiels handelt es sich um 20 Körpergrößen und Gewichte, also um metrische Merkmale. Man kann aber ohne schlechtes Gewissen immer auch für metrische Merkmale Rangkorrelationen berechnen, hingegen darf man umgekehrt für Rangmerkmale nicht auch den gewöhnlichen Korrelationskoeffizienten verwenden.

Der Rangkorrelationskoeffizient von Spearman

Dieser Koeffizient ist nichts anderes als der gewöhnliche Korrelationskoeffizient errechnet aus den Rangzahlen der beiden Merkmale. Wir müssen also zuerst die Rangreihen für die Körpergrößen und Gewichte bestimmen, und zwar mit der Funktion RANG.
Diese Funktion hat drei Argumente:

1. *Zahl:* Hier muss man angeben, für welche Zahl bzw. Zahlen der Messreihe man den Rang bzw. die Ränge berechnen will.

2. *Bezug:* Hier ist die Reihe von Messwerten einzugeben, bezüglich welcher der Rang bestimmt werden soll.

3. *Reihenfolge:* Bei diesem Argument wird nur unterschieden, ob die Eintragung 0 (Null) ist (gleichwertig ist keine Eintragung) oder ob es sich um einen Wert ungleich 0 handelt. Im ersten Fall werden die Daten in absteigender Reihenfolge durchnummeriert (größter Wert hat Rang 1), im zweiten umgekehrt.

Unsere Daten stehen im Bereich A2:B21, wir markieren zunächst C2:C21 und öffnen die Formelpalette. Jetzt wählen wir die Funktion RANG (Kategorie *Statistik*) und geben für die Argumente *Zahl* und *Bezug* z.B. durch Markieren mit der Maus jeweils den Zellenbezug A2:A21 ein. Ins Feld Reihenfolge geben wir 1 ein, wir wollen ja aufsteigend durchnummerieren. Da es sich hier um eine Matrixformel handelt, schließen wir die Formel mit *Strg*, *Umschalt* und *Eingabe*.
Wir haben gerade die Rangreihe für die Zellen A2:A21, also für die Körpergrößen

E.5.4 Nominale Merkmale   55

bestimmt. Um zur Rangreihe für die Gewichte zu kommen, kopieren wir die Formel durch Ziehen mit der Maus auf D2:D21. Schließlich muss man für die beiden Rangreihen wie in Abschn. E.5.1 den gewöhnlichen Korrelationskoeffizienten berechnen.

Der Rangkorrelationskoeffizient von Kendall

Zur Bestimmung dieses Koeffizienten müssen wir die Daten zunächst nach einer der beiden Variablen sortieren, z.B. nach Körpergröße. Hier taucht ein kleines Problem auf: Wir haben zuvor zur Berechnung des Koeffizienten nach Spearman bereits die beiden Rangreihen bestimmt, sie stehen in C2:D21 und sind Matrizen. Matrizen zählen als geschlossene Einheiten, man kann deren Elemente nicht einfach sortieren. Wir sortieren daher nur den Zellenbereich der Originaldaten A2:B21. Die Ränge in C2:D21 sind Funktionen der Zellen A2:B21 und werden nach dem Sortieren aktualisiert, also schließlich auch sortiert. Wir markieren daher A1:B21 und verfahren dann wie beim normalen Sortieren (siehe Abschn. E.3.1).

Die Anzahl z der Punktpaare, die im Streudiagramm eine nach rechts ansteigende Verbindungslinie haben, bestimmen wir folgendermaßen:

Wir bestimmen die Anzahl der nach rechts ansteigenden Verbindungslinien des Punktes mit der kleinsten Körpergröße, das Ergebnis steht in Zelle E2:

{=SUMME(WENN(B2<B3:B$21;1;0))}

(Achtung Matrixformel!). Die Anzahl der nach rechts ansteigenden Verbindungslinien für die restlichen Punkte erhalten wir durch Kopieren der Formel auf E3:E21.
Der Rangkorrelationskoeffizient von Kendall ist gegeben durch

$$\rho_k = 2 \cdot z / \binom{N}{2} - 1$$

Wir geben im Tabellenblatt *Maßzahlen* die entsprechende Excel-Formel ein:

=2*SUMME(Daten!E:E)/KOMBINATIONEN(ANZAHL(Daten!E:E);2)-1

	A	B	C
1	Rangkorrelationskoeffizienten		
2			
3	Spearman:		0.91278195
4	Kendall:		0.8

Abb. E.5.3: Korrelationskoeffizienten von Kendall und Spearman

E.5.4 Nominale Merkmale

Wir verwenden wie in [HAFN 00] die Daten aus Abschn. E.3.1. Die Merkmale Rechennote und Deutschnote sind zwar ordinal, ordinale Merkmale sind aber immer auch nominal, die Umkehrung gilt hingegen nicht. Bei nominalen Merkmalen kann man mit statistischen Mitteln nur mehr feststellen, ob ein Zusammenhang zwischen zwei Merkmalen besteht und wie stark dieser Zusammenhang ausgeprägt ist. Besteht kein Zusammenhang, so sagt man, die Merkmale sind statistisch unabhängig. Umgekehrt spricht man von statistisch abhängigen Merkmalen, wenn ein Zusammenhang besteht.

Die statistische Abhängigkeit beurteilt man am einfachsten mithilfe einer Tabelle der bedingten Verteilungen (siehe Abschn. E.3.1). Sind zwei Merkmale x und y unabhängig, so müssten sämtliche bedingten Verteilungen von $(x|y)$ gleich sein, ebenso die Verteilungen von $(y|x)$.

Mithilfe der Randverteilungen der beiden Merkmale kann man errechnen, wie die Häufigkeitstabelle aussehen müsste, wenn die Merkmale x und y unabhängig wären. Hier rechnet man am leichtesten mit relativen Häufigkeiten, es gilt

$$p_{ij}^{\text{erw}} = p_{i+} \cdot p_{+j}$$

wobei p_{ij}^{erw} die relative Häufigkeit von $(x = i, y = j)$ ist, die man **erw**arten würde, wenn x und y unabhängig wären. Wir wollen die Tabelle der p_{ij}^{erw} für unsere Daten errechnen:

Stehen die beiden Randverteilungen in H12:H16 bzw. in C17:G17 im Tabellenblatt *Häufigkeiten* (in H17 steht 1), so erhalten wir die gesuchten erwarteten Häufigkeiten, indem wir einen Zellenbereich mit 6 Zeilen und 6 Spalten markieren und die Matrixformel

{=Häufigkeiten!C17:H17 * Häufigkeiten!H12:H17}

eingeben.

	A	B	C	D	E	F	G	H
1	Erwartete Häufigkeiten bei statistischer Unabhängigkeit							
2								
3	relative		Deutsch					
4	Häufigkeiten		1	2	3	4	5	Σ
5		1	0.044	0.0616	0.0704	0.0308	0.0132	0.22
6		2	0.056	0.0784	0.0896	0.0392	0.0168	0.28
7	Rechnen	3	0.052	0.0728	0.0832	0.0364	0.0156	0.26
8		4	0.036	0.0504	0.0576	0.0252	0.0108	0.18
9		5	0.012	0.0168	0.0192	0.0084	0.0036	0.06
10		Σ	0.2	0.28	0.32	0.14	0.06	1

Abb. E.5.4: Tabelle der erwarteten Häufigkeiten

Vergleicht man die obige Tabelle mit den beobachteten Häufigkeiten, so sieht man ebenso wie bei den Tabellen der bedingten Verteilungen sofort, dass die beiden Merkmale abhängig sind. Ob diese Abhängigkeit signifikant ist, könnte man mit einem χ^2-Homogenitätstest feststellen (siehe Abschn. E.14.2).

E.5.5 Korrelation und Kovarianz mit Analyse-Funktionen

Den linearen Zusammenhang zwischen k metrischen Merkmalen kann man mit Hilfe von Analyse-Funktionen sehr viel einfacher beurteilen. Wir bestimmen zur Demonstration die Korrelationsmatrix und die Varianz-Kovarianz-Matrix für die Daten aus Beispiel E.5.1.

Extras ▷
    Analyse-Funktionen ...

Wir klicken zuerst auf die Analyse-Funktion *Kovarianz* und anschließend auf *OK*. Wie bei der Analyse-Funktion *Populationskenngrößen* muss im Feld *Eingabebereich* ein Bezug zu mindestens zwei angrenzenden Datenbereichen, die in

E.5.5 Korrelation und Kovarianz mit Analyse-Funktionen

Zeilen oder Spalten angeordnet sind, hergestellt werden. Unsere vier Variablen stehen spaltenweise in A1:D10 des Tabellenblattes *Daten*, also stellen wir für das Feld *Eingabebereich* den Bezug zu diesen Zellen her (z.B. durch Markieren des Zellenbereiches) und wählen die (Standard-)Option *Geordnet nach: Spalten*. Wir verwenden Spaltenbeschriftungen, also klicken wir auch auf *Beschriftungen in erster Zeile*. Die Ausgabe lassen wir in ein neues Tabellenblatt schreiben, das wir z.B. mit *Kovarianzen-Korrelationen* bezeichnen.

Wir klicken auf *OK*, und nachdem wir die berechnete Varianz-Kovarianz-Matrix mit Abb. E.5.2 vergleichen, vermuten wir sofort, dass Varianzen und Kovarianzen für eine Stichprobe und nicht für eine Gesamtheit berechnet wurden. So ist es auch. Wir trösten uns mit der Tatsache, dass dieses Problem bei der Korrelationsmatrix nicht auftauchen kann (warum?).

Wir bestimmen die Korrelationsmatrix mit der Analyse-Funktion *Korrelation* und stellen die Parameter für diese Funktion wie bei der Bestimmung der Varianz-Kovarianz-Matrix ein. Der einzige Unterschied ist, dass wir die Ausgabe nicht in ein eigenes Tabellenblatt schreiben lassen, also klicken wir auf *Ausgabebereich* und stellen für das Feld unmittelbar rechts davon einen Bezug zu A9 im Tabellenblatt *Kovarianzen-Korrelationen* her (z.B. durch Markieren der Zelle mit der Maus). Für den Ausgabebereich muss man einen Bezug für die linke obere Zelle der Ausgabetabelle herstellen. Nachdem wir die beiden Matrizen, die mit den Analyse-Funktionen erzeugt wurden, noch mit *Kovarianzen* und *Korrelationen* beschriften, sieht das Blatt *Kovarianzen-Korrelationen* wie in Abb. E.5.5 aus.

	A	B	C	D	E
1	**Kovarianzen**				
2		Dow Jones	Ölpreis	ATS / US-$	Gold
3	Dow Jones-Index	4626.184675			
4	WTI-Ölpreis/Barrel	-269.9915375	19.635175		
5	Wiener Devisenkurs USD	-10.0614475	0.481514167	0.028205694	
6	ATS/oz Gold	-9280.2125	438.5125	24.62125	23475
7					
8	**Korrelationen**				
9		Dow Jones	Ölpreis	ATS / US-$	Gold
10	Dow Jones-Index	1			
11	WTI-Ölpreis/Barrel	-0.895821087	1		
12	Wiener Devisenkurs USD	-0.880806649	0.647028309	1	
13	ATS/oz Gold	-0.890519918	0.645894801	0.956839067	1

Abb. E.5.5: Kovarianz- und Korrelationsmatrix mit Analyse-Funktionen

Da die beiden Matrizen symmetrisch sind, sind in der Ausgabe nur untere Dreiecksmatrizen zu sehen.

E.5.6 Übungsaufgaben

Ü.E.5.1:

Gegeben seien folgende Daten von 20 Wetterstationen: Die Anzahl der Mitarbeiter *mitarb*, das jährliche Budget *budget* in 1000 Euro, die Raumfläche der Wetterwarten *fläche* in Quadratmeter, die gemessenen Früh- und Tageshöchsttemperaturen eines bestimmten Tages *ftemp* bzw. *htemp* in Grad Celsius und eine nominale Beschreibung des Wetters *beschr* ($1 \,\widehat{=}\,$ Sonnenschein, $2 \,\widehat{=}\,$ Bewölkung, $3 \,\widehat{=}\,$ Regen).

mitarb	budget	fläche	ftemp	htemp	beschr
4	90	100	8,67	12,08	3
10	108	97	8,42	12,67	2
6	92	120	9,83	12,85	2
5	89	106	9,67	13,08	3
8	91	113	8,44	13,79	1
9	94	109	9,44	14,79	2
3	96	77	10,19	17,32	1
2	97	107	11,51	18,14	1
4	100	98	11,19	18,32	1
5	106	109	11,88	21,15	1
5	107	104	12,88	22,15	1
6	84	99	12,05	24,33	1
7	112	101	13,12	24,89	1
8	111	95	14,12	25,89	1
9	93	103	8,83	11,85	2
2	86	127	6,83	10,67	3
8	110	85	5,69	10,68	3
10	114	88	7,42	11,67	3
7	109	102	6,69	11,68	3
3	132	136	5,83	9,67	2

Speichern Sie die Daten unter „Übung_e.5.1.xls", und berechnen Sie für die Merkmale *mitarb*, *budget* und *fläche* die Varianz-Kovarianz-Matrix und die Korrelationsmatrix.

Ü.E.5.2:

Berechnen Sie die Rangkorrelationskoeffizienten nach Kendall und Spearman für die Merkmale *ftemp* und *htemp*.

Ü.E.5.3:

Teilen Sie das Merkmal *htemp* in 3 Gruppen: weniger als 12 °C; 12 °C bis 20 °C; mehr als 20 °C, und benennen Sie das neue Merkmal mit *htempgr*. Bestimmen Sie dann die Tabellen der (beobachteten) relativen Häufigkeiten und der bei statistischer Unabhängigkeit erwarteten relativen Häufigkeiten des zweidimensionalen Merkmals (*htempgr, beschr*). Sind die beiden Merkmale statistisch unabhängig?

E.6 Die Lorenzkurve

In diesem Kapitel zeigen wir, wie man die ungleiche Verteilung einer Gesamtmasse auf eine Gruppe von Merkmalsträgern messen und darstellen kann. Die relativen Häufigkeiten des Merkmals, von dem wir die Konzentration messen wollen, bezeichnen wir mit q_i.

Man kann z.B. die Konzentration des Einkommens für die (oder gemessen an den) Einwohner(n) eines Landes bestimmen, oder die Konzentration der Agrarproduktion gemessen an der Bodenfläche. Wir brauchen also immer eine zweite Variable, die angibt, bezüglich welcher Größe die Konzentration gemessen wird, man könnte ja auch die Konzentration der Agrarproduktion gemessen an den Einwohnern bestimmen. Die relativen Häufigkeiten der Variablen, an der man die Konzentration misst, bezeichnen wir mit p_i.

Zur Demonstration der Bestimmung des Konzentrationsmaßes und der Lorenzkurve verwenden wir die Daten aus [HAFN 00], Kapitel 6. Es sind dies die Mitarbeiterzahlen von 8 Betrieben, wir wollen die Konzentration der Mitarbeiter (gemessen an den Betrieben) feststellen.

- Wir legen eine Arbeitstabelle an, die erste Spalte beschriften wir mit *Anzahl der Betriebe* die zweite mit *Anzahl der Mitarbeiter*. Aus Gründen, die wir später sehen werden, beginnen wir mit unseren Eintragungen nicht in der zweiten, sondern erst in der dritten Zeile. In der ersten Spalte stehen 8 Einsen, in der zweiten die Mitarbeiterzahlen 100, 125, ... , 2600. Wir berechnen jetzt die Summe für die beiden Spalten, dazu schreiben wir in A11 die Formel

  $$=\text{SUMME}(A3:A10)$$

  und kopieren die Formel auf B11.

- Jetzt bestimmen wir die relativen Häufigkeiten p_i und q_i, sie sollen in den Spalten C und D stehen. Wir schreiben in Zelle C3 die Formel

  $$=A3/A\$11$$

  Den absoluten Zeilenbezug brauchen wir, weil wir die Formel zuerst auf C4:C11 und dann auf D3:D11 kopieren.

- Für die nächste Spalte berechnen wir die Quotienten q_i/p_i. Wir schreiben in die Zelle E3

  $$=D3/C3$$

  und kopieren die Formel auf E4:E10. Diese Spalte zeigt uns, ob die Erhebungseinheiten in der richtigen Reihenfolge in die Tabelle eingetragen wurden, es muss gelten

  $$\frac{q_i}{p_i} \leq \frac{q_{i+1}}{p_{i+1}}$$

- Um die Zeilen der Tabelle in die richtige Reihenfolge zu bringen, markieren wir die Zeilen 3 bis 10 und geben anschließend über das Menü

  Daten ▷
      Sortieren

ein. Im Dialogfeld, das sich jetzt öffnet, wählen wir *Sortieren nach Spalte E, Aufsteigend, keine Überschriften.*

- Jetzt bestimmen wir die kumulierten relativen Häufigkeiten P_i und Q_i. Dazu schreiben wir zuerst in die Zellen F2 und G2 jeweils eine Null (0) und anschließend in F3 die Formel

$$=C3+F2$$

Diese Formel kopieren wir zuerst auf F4:F10 und dann auf G3:G10.

- In der nächsten Spalte berechnen wir $Q_i + Q_{i-1}$, und zwar indem wir in H3 die Formel

$$=G3+G2$$

eingeben und die Formel auf H4:H10 kopieren.

- Die letzte Spalte unserer Arbeitstabelle beschriften wir mit $p_i * (Q_i + Q_{i-1})$ und schreiben in I3

$$=C3*H3$$

Wir kopieren die Formel auf I4:I10 und berechnen in I11 die Spaltensumme

$$=SUMME(I3:I10)$$

- Das Konzentrationsmaß K ist schließlich

$$=1-I11$$

	A	B	C	D	E	F	G	H	I
1	Anzahl der Betriebe	Anzahl der Mitarbeiter	p_i	q_i	q_i/p_i	P_i	Q_i	Q_i+Q_{i-1}	$p_i*(Q_i+Q_{i-1})$
2						0	0		
3	1	100	0.125	0.02	0.16	0.125	0.02	0.02	0.0025
4	1	125	0.125	0.025	0.2	0.25	0.045	0.065	0.008125
5	1	150	0.125	0.03	0.24	0.375	0.075	0.12	0.015
6	1	175	0.125	0.035	0.28	0.5	0.11	0.185	0.023125
7	1	250	0.125	0.05	0.4	0.625	0.16	0.27	0.03375
8	1	450	0.125	0.09	0.72	0.75	0.25	0.41	0.05125
9	1	1150	0.125	0.23	1.84	0.875	0.48	0.73	0.09125
10	1	2600	0.125	0.52	4.16	1	1	1.48	0.185
11	8	5000	1	1				Σ	0.41
12									
13								K=	0.59

Abb. E.6.1: Arbeitstabelle zur Bestimmung des Konzentrationsmaßes

Für die Lorenzkurve muss man die Punkte (P_i, Q_i) in ein Koordinatensystem eintragen und miteinander verbinden.

Einfügen ▷
  Diagramm

Wir wählen den Diagrammtyp *Punkt (XY)* und den Untertyp *Punkte mit Linien*. Nachdem wir auf *Weiter>* geklickt haben, wählen wir für den Datenbereich durch Markieren mit der Maus die Zellen F2:G10 *(Reihe in Spalten)*. Wir wollen zusätzlich zur Lorenzkurve die 45°-Gerade ins Diagramm einzeichnen, also klicken

E.6 Die Lorenzkurve

wir im Register *Reihe* auf die Schaltfläche *Hinzufügen*. Für die Eintragungen in die Felder *X-Werte:* und *Y-Werte:* markieren wir mit der Maus zweimal denselben Zellenbereich, nämlich F2:F10, und klicken anschließend auf *Weiter>*. Wir sind jetzt im Dialogfold *Diagrammoptionen*. Im Register *Titel* tragen wir den Diagrammtitel *Lorenzkurve* ein und beschriften Rubriken- bzw. Größenachse mit *P* bzw. *Q*. Im Register *Gitternetzlinien* blenden wir alle Gitternetze aus, ebenso die Legende im Register *Legende*. Schließlich klicken wir auf *Weiter>* und dann auf *Ende*. Das Diagramm wird gezeichnet.

Wir ändern zunächst die Skalierung der Größenachse (Y) auf Kleinstwert: 0, Höchstwert: 1 und Hauptintervall: 0,2 (siehe Abschn. E.3.2). Wir wiederholen den Vorgang für die Größenachse (X), dazu markieren wir die Achse und wählen über das Menü

Bearbeiten ▷
    Wiederholen: Achsen formatieren

oder über die Tastatur *Strg* und *Y*.

Jetzt markieren wir die Zeichnungsfläche und wählen anschließend über das Menü

Format ▷
    Markierte Zeichnungsfläche ...

oder über die Tastatur *Strg* und *1*. Im erscheinenden Dialogfeld klicken wir auf *Ausfüllen, Ohne* und bestätigen unsere Eingabe durch Klicken auf *OK*. Zuletzt markieren wir die 45°-Gerade und drücken gleichzeitig die Tasten *Strg* und *1*. Im Register *Muster* des sich öffnenden Dialogfeldes wählen wir unter *Markierung* den Punkt *Ohne*. Die Lorenzkurve müsste jetzt in etwa aussehen wie in Abb. E.6.2.

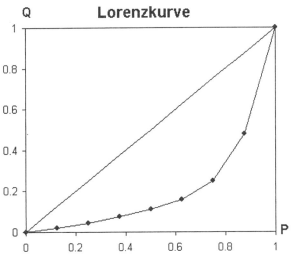

Abb. E.6.2: Lorenzkurve für die Konzentration der Mitarbeiter in 8 Betrieben

E.6.1 Übungsaufgaben

Ü.E.6.1:

Bestimmen Sie für die Daten aus Beispiel 6.1 in [HAFN 00], Kapitel 6 das Konzentrationsmaß, und zeichnen Sie die Lorenzkurve.

Ü.E.6.2:

a. Zeichnen Sie die Lorenzkurve für die Aufteilung des Budgets *budget* auf die Mitarbeiter *mitarb* der 20 Wetterstationen aus Aufgabe Ü.E.5.1 und interpretieren Sie das Ergebnis (schätzen Sie die Höhe der Konzentration).

b. Berechnen Sie das Konzentrationsmaß von Lorenz–Münzer.

E.7 Grundbegriffe der Wahrscheinlichkeitsrechnung

Wie in Kapitel S.7 demonstrieren wir den Übergang von Häufigkeiten zu Wahrscheinlichkeiten anhand von Simulationen von Zufallsexperimenten.

Beispiel E.7.1: Wir simulieren das Zufallsexperiment *Werfen einer Münze*. Dazu erzeugen wir eine Zufallsvariable, deren Werte 0 und 1 jeweils mit Wahrscheinlichkeit 0,5 realisiert werden, das Ergebnis 0 steht dann für Kopf, 1 für Zahl (oder umgekehrt). Unsere Zufallszahlen sollen in Spalte A stehen, wir markieren die Zelle A2 und öffnen die Formelpalette. Zunächst wählen wir die Funktion RUNDEN aus der Funktionenkategorie *Math. & Trigonom*. Diese Funktion hat die Argumente *Zahl* und *Anzahl_Stellen* und rundet *Zahl* auf *Anzahl_Stellen* Dezimalstellen genau. Wir benutzen diese Funktion, weil wir zur Erzeugung von Pseudozufallszahlen die Funktion ZUFALLSZAHL() verwenden. Diese Funktion hat keine Argumente und erzeugt eine auf dem Intervall [0;1] gleichverteilte Pseudozufallszahl.

Damit wir durch Runden mit gleicher Wahrscheinlichkeit auf die beiden Versuchsausgänge 0 und 1 kommen, brauchen wir eine auf [–0,5; 1,5] gleichverteilte Zufallszahl. Also wählen wir als Argument *Zahl* der Funktion RUNDEN den Ausdruck ZUFALLSZAHL()*2-0.5 und für *Anzahl_Stellen* die Zahl 0. Die gesamte Formel lautet dann:

$$=\text{RUNDEN}(\text{ZUFALLSZAHL}()*2-0.5;0)$$

Bemerkung: Wir hätten das gleiche Ergebnis auch mit =RUNDEN(ZUFALLSZAHL();0) erhalten, wir haben aber die obere, längere Formel in Hinblick auf die Erzeugung der Zufallszahlen für Beispiel E.7.2 gewählt.

Wir interessieren uns für die Häufigkeitsverteilungen bei $n = 10, 100, 1000$ bzw. 10000 Versuchswiederholungen, also kopieren wir die Formel auf A3:A10001. Jetzt erstellen wir die Häufigkeitstabellen, und zwar bestimmen wir zuerst die absoluten Häufigkeiten für $n = 10$ Versuchswiederholungen. Wir markieren die Zellen D4:D5 und geben die Matrixformel

$$\{=\text{HÄUFIGKEIT}(A2:A11;0)\}$$

ein. Zu den relativen Häufigkeiten kommen wir, indem wir in E4 die Formel

$$=D4/\text{SUMME}(D\$4:D\$5)$$

eingeben und die Formel auf E5 kopieren. Bei jeder anderen Anzahl von Versuchswiederholungen n gehen wir völlig analog vor, nur dass das Argument *Daten* der HÄUFIGKEIT-Funktion A2:A101, A2:A1001 bzw. A2:A10001 sein muss. Spätestens jetzt muss dem aufmerksamen Anwender aufgefallen sein, dass sich die Werte im Tabellenblatt dauernd ändern. Der Grund ist folgender:

Alle Zufallszahlen in der Tabelle werden bei jedem Aktualisieren der Tabelle neu berechnet. Microsoft Excel ist ereignisgesteuert, d.h. die Tabelle wird bei bestimmten Ereignissen aktualisiert. Solche Ereignisse sind z.B. die Eingabe von Daten in irgendeine Zelle oder das Speichern der Tabelle. Das heißt, immer beim Auslösen solcher Ereignisse werden alle Zufallszahlen und über die Bezüge zu den Zellen, in denen Zufallszahlen stehen, auch alle Berechnungen aus den Zufallszahlen neu bestimmt. Mit Excel erleben wir den Zufall, das Veränderliche, sich dauernd Ändernde sozusagen hautnah.

Häufigkeiten					
n=10	absolut	relativ	n=1000	absolut	relativ
Kopf	3	0.3	Kopf	507	0.507
Zahl	7	0.7	Zahl	493	0.493
n=100			n=10000		
Kopf	46	0.46	Kopf	4953	0.4953
Zahl	54	0.54	Zahl	5047	0.5047

Abb. E.7.1: Simulationsergebnisse des Münzwurfexperiments

Wir stellen nun die Ergebnisse unserer Simulationen grafisch dar. Dazu verwenden wir ein Diagramm vom Typ *Säulen (gruppiert)*, in das wir die vier Datenreihen der relativen Häufigkeiten für $n = 10, 100, 1000$ bzw. 10000 einzeichnen (siehe Abschn. E.3.1, Randverteilungen). Für die Beschriftung der Rubrikenachse stellen wir einen Bezug zur Beschriftung der Häufigkeitstabellen (Kopf, Zahl) her, für die Datenreihen vergeben wir die Namen $n=10$, $n=100$, $n=1000$ und $n=10000$. Die restlichen Punkte der Diagrammerstellung müssten schon Routine sein, sie wurden zumindest bereits in den vorangehenden Kapiteln besprochen.

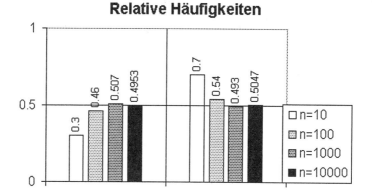

Abb. E.7.2: Folgen relativer Häufigkeiten mit ihrem Grenzwert

Beispiel E.7.2: Hier ist unser Zufallsexperiment das *Werfen eines Würfels*, die Anzahl der Versuchswiederholungen soll $n = 100$ bzw. $n = 10000$ sein. Der einzige Unterschied dieses Beispiels zum Zufallsexperiment *Werfen einer Münze* ist die Anzahl der Elementarereignisse. Die Ereignisse sind genauso wie in Beispiel E.7.1 gleich wahrscheinlich, also verwenden wir als Formel zur Simulation für das Werfen eines Würfels

=RUNDEN(ZUFALLSZAHL()*6+0.5;0)

und kopieren das Ergebnis von A2 auf A3:A10001. Auch die Häufigkeitstabellen und die Diagramme zur Darstellung der Verteilungen erzeugt man wie in Beispiel E.7.1.

E.7 Grundbegriffe der Wahrscheinlichkeitsrechnung 65

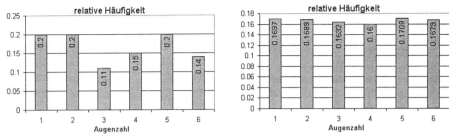

Abb. E.7.3: Relative Häufigkeiten beim 100- bzw. 10000maligen Würfeln

Bemerkung: Das dauernde Aktualisieren und Neuberechnen der Zufallszahlen ist sehr rechenintensiv. Es kann daher sein, dass beim Erstellen der Häufigkeitstabellen die Ergebnisse nicht sofort sichtbar sind. Je nach der Rechenleistung des verwendeten PC's kann die Wartezeit bis zum Anzeigen der Ergebnisse variieren. Zum Beispiel betrug die Wartezeit bis zum Anzeigen der Häufigkeiten für das folgende Beispiel bei einem PC mit Pentium II-Prozessor, 233 MHz immerhin 1 min und 45 sec (siehe dazu auch Abschn. E.7.1).

Beispiel E.7.3: Unsere Zufallsvariable ist die Augensumme beim Werfen von 5 Würfeln. Die Wahrscheinlichkeitsverteilung dieser Zufallsvariablen kann durch die Häufigkeitsverteilung des simulierten Zufallsexperimentes mit $n = 9996$ Wiederholungen schon gut approximiert werden. Wir verwenden die Simulationsergebnisse des letzten Beispiels: In A2:A10001 stehen die simulierten Augenzahlen für das Werfen eines Würfels. Die neue Zufallsvariable „Summe der Augenzahlen von 5 Würfeln" ist leicht erzeugt, wir schreiben in B2 die Formel
$$=SUMME(A2:A6)$$
und kopieren sie auf B3:B9997. Wie man zur Tabelle bzw. zum Diagramm der relativen Häufigkeiten kommt, ist klar.

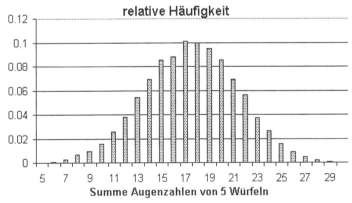

Abb. E.7.4: Häufigkeitsverteilung der Summe der Augenzahlen von 5 Würfeln

E.7.1 Erzeugen von Zufallszahlen mit Analyse-Funktionen

Zur Erzeugung von Pseudozufallszahlen kann man auch die Analyse-Funktion *Zufallszahlengenerierung* verwenden. Die Verwendung der Analyse-Funktion hat gegenüber der Funktion ZUFALLSZAHL den Vorteil, dass die Zufallszahlen nicht bei jedem Aktualisieren der Tabelle neu berechnet werden. Man kann mit der Analyse-Funktion Zufallszahlen aus einer stetigen Gleichverteilung, einer Normalverteilung, einer Bernoulli- oder Alternativ-Verteilung, einer Binomialverteilung, einer Poisson-Verteilung und einer beliebigen diskreten Verteilung, die durch Angabe der Elementarereignisse und der zugehörigen Dichtefunktion zu definieren ist, generieren.

Zufallszahlen zur Simulation des Münzwurfexperiments (siehe Beispiel E.7.1) erzeugt man folgendermaßen:

Extras ▷
    Analyse-Funktionen ...

Wir markieren die Funktion *Zufallszahlengenerierung* und klicken auf *OK*. Im sich öffnenden Dialogfeld müssen wir jetzt einige Felder ausfüllen: Unter *Anzahl der Variablen* geben wir an, in wieviele Spalten der Ausgabe die Pseudozufallszahlen geschrieben werden sollen. Unter *Anzahl der Zufallszahlen* schreiben wir, wieviele Zeilen die Ausgabe haben soll, es werden insgesamt *(Anzahl der Variablen)·(Anzahl der Zufallszahlen)* Pseudozufallszahlen generiert. Wollen wir das Werfen einer Münze 1000-mal simulieren, können wir in die beiden Felder entweder 1 und 1000, oder 10 und 100, oder 20 und 50 usw. schreiben.

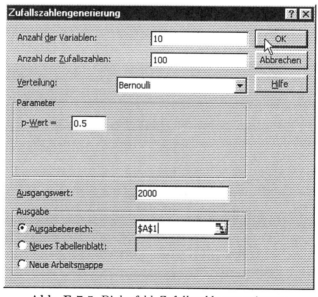

Abb. E.7.5: Dialogfeld *Zufallszahlengenerierung*

Als nächstes müssen wir die Verteilung angeben, aus der die Zufallszahlen kommen sollen. Wir klicken auf die Schaltfläche ▼ neben dem Feld *Verteilung* und wählen aus der Dropdown-Liste *Bernoulli*. Wir simulieren also Zufallszahlen aus

E.7.1 Erzeugen von Zufallszahlen mit Analyse-Funktionen

der Alternativ- oder Bernoulli-Verteilung, diese Verteilung hat die Ausprägungen 0 und 1, wobei die Wahrscheinlichkeit für 1 gleich dem Parameter der Verteilung p ist.

Unter *Parameter* müssen wir einen p-*Wert* zwischen 0 und 1 eingeben, das Versuchsergebnis *Kopf* ($\widehat{=}0$) soll gleich wahrscheinlich sein wie *Zahl* ($\widehat{=}1$), also wählen wir für p den Wert 0.5.

Will man dieselben „Zufallszahlen" irgendwann ein zweites Mal erzeugen, so muss man unter *Ausgangswert* einen Startwert für den Zufallszahlengenerator angeben. Bei Verwendung desselben Ausgangswertes werden dieselben „Zufallszahlen" erzeugt (siehe Kapitel S.7). Wir wählen den Ausgangswert 2000.

Die Zufallszahlen können entweder in ein neues Tabellenblatt geschrieben werden, für das man dann im Feld rechts neben *Neues Tabellenblatt:* einen Namen vergeben kann, oder in einen Zellenbereich des aktiven Tabellenblattes. Für den zweiten Fall hat man *Ausgabebereich* anzuklicken und im Feld rechts daneben einen Bezug zur linken oberen Ecke des Zellenbereiches herzustellen, in den die Zufallszahlen geschrieben werden sollen. Wir geben für den Ausgabebereich den Bezug \$A\$1 (durch Markieren mit der Maus) ein und klicken dann auf *OK*. Die Zufallszahlen werden berechnet und in die Zellen A1:J100 des Tabellenblattes geschrieben, ihr Wert ändert sich beim Aktualisieren der Arbeitsmappe nicht mehr. Mit der Analyse-Funktion *Histogramm* kann man noch die Häufigkeitsverteilung des Zufallsexperiments darstellen (siehe Abschn. E.2.3), das Ergebnis ist in Abb. E.7.6 zu sehen.

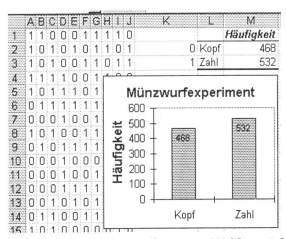

Abb. E.7.6: Häufigkeitsverteilung von 1000 Münzwürfen

Im folgenden Beispiel simulieren wir Zufallszahlen aus einer allgemeinen diskreten Wahrscheinlichkeitsverteilung.

Beispiel E.7.4: Das gelbe *Schatztruhe-Rubbellos* der Österreichischen Lotterien hat eine Auflage von 15000000 Stück und kostet ATS 20,–. Die Auszahlungsbeträge dieses Loses (oftmals fälschlich als Gewinne bezeichnet, denn was hat man gewonnen, wenn man ein Los mit einem Auszahlungsbetrag von ATS 20,– gezogen hat?) verteilen sich wie in Tabelle E.7.1.

Häufigkeit	Betrag	Häufigkeit	Betrag
11764650	0	10000	500
1765000	20	5000	1000
930000	40	200	5000
410000	100	100	10000
100000	200	30	50000
15000	300	20	300000

Tabelle E.7.1: Verteilung der Auszahlungsbeträge beim Schatztruhe-Rubbellos

Wir werden jetzt das Zufallsexperiment *Ziehen eines Rubbelloses* simulieren. Das ist vielleicht nicht ganz so spannend wie die Realität, es ist aber auf jeden Fall weitaus billiger, besonders dann, wenn man 1000 Versuchswiederholungen macht. Wir müssen zuerst die Häufigkeitstabelle der Auszahlungsbeträge in ein Tabellenblatt eingeben, das wir mit *Schatztruhe* bezeichnen. Wir beschriften die Spalten A, C, D, E bzw. H mit *Simulationen, Häufigkeit, Auszahlung, Wahrscheinlichkeit* bzw. *Gewinn*, die Werte der Tabelle E.7.1 tragen wir in C2:D13 ein. Für Zelle C14 berechnen wir die Anzahl aller Rubbellose N mit der Formel

=SUMME(C2:C13)

Jetzt können wir die Wahrscheinlichkeiten für die unterschiedlichen Auszahlungsbeträge beim Ziehen eines Rubbelloses berechnen, zuerst in Zelle E2 die Wahrscheinlichkeit für die Auszahlung von ATS 0,-:

=C2/C$14

Für die restlichen Wahrscheinlichkeiten kopieren wir die Formel auf E3:E13. Jetzt können wir das Ziehen von 1000 Rubbellosen simulieren:

Extras ▷
    Analyse-Funktionen ...

Wir wählen wieder die Funktion *Zufallszahlengenerierung* und klicken auf *OK*. Im sich öffnenden Dialogfeld setzen wir *Anzahl der Variablen:* auf 1 und *Anzahl der Zufallszahlen:* auf 1000 und wählen unter *Verteilung* die Eintragung *Diskrete*. Unter *Parameter* erscheint jetzt das Feld *Werte und Wahrscheinlichkeiten-Eingabebereich:*. Hier muss ein Bezug zu einem zweispaltigen Zellenbereich hergestellt werden, und zwar müssen in der linken Spalte die verschiedenen (nummerischen) Ausprägungen der diskreten Zufallsvariablen stehen und in der rechten Spalte die jeweils zugehörigen Wahrscheinlichkeiten für die Ausprägungen. Die Summe der Wahrscheinlichkeiten muss 1 sein.
Unsere Ausprägungen (Auszahlungsbeträge) und Wahrscheinlichkeiten stehen in den Zellen D2:E13, also stellen wir für *Werte und Wahrscheinlichkeiten-Eingabebereich* einen Bezug zu diesen Zellen her. Die Ausgabe der Zufallszahlen soll im selben Tabellenblatt stehen, wir geben im Feld *Ausgabebereich* einen Bezug zu A2 ein. Schließlich klicken wir noch auf *OK*, und die zufälligen Auszahlungsbeträge werden in die Spalte A unter *Simulationen* geschrieben. Zur Darstellung der Häufigkeitsverteilung der Simulationen verwenden wir die Analyse-Funktion *Histogramm* (siehe Abschn. E.2.3) ohne *Kumulierte Häufigkeit* und ohne *Diagrammdarstellung*. Wir lassen die Ausgabe in die Spalten F und G schreiben, stellen also für den *Ausgabebereich* einen Zellenbezug zu F1 her. In Spalte F stehen die Auszahlungsbeträge, in Spalte G die zugehörigen absoluten Häufigkeiten,

zum fiktiven Gewinn der 1000 simulierten Rubbellose gelangen wir, indem wir für H2 die Formel
$$=G2*(F2-20)$$
eingeben und die Formel dann von H2 auf H3:H13 kopieren. Um den Gesamtgewinn zu erhalten, müssen wir noch die Zahlen der Spalte H addieren, wir schreiben in H14:
$$=SUMME(H2:H13)$$
Das Ergebnis ATS −8880,− ist einigermaßen ernüchternd, und wir sind froh, dass wir die 1000 Rubbellose nur simuliert und nicht tatsächlich gekauft haben. Die exakte Gewinnerwartung beim Kauf von 1000 Rubbellosen ist ATS −9500,−, wir haben bei unseren Simulationen also sogar noch „Glück" gehabt.

	A	B	C	D	E	F	G	H
1	Simulationen	Häufigkeit	Auszahlung	Wahrscheinlichkeit	Auszahlung	Häufigkeit	Gewinn
2	20	11764650	0	0.78431	0	774	-15480
3	0	1765000	20	0.117666667	20	126	0
4	0	930000	40	0.062	40	55	1100
5	0	410000	100	0.027333333	100	35	2800
6	0	100000	200	0.006666667	200	8	1440
7	100	15000	300	0.001	300	1	280
8	0	10000	500	0.000666667	500	0	0
9	0	5000	1000	0.000333333	1000	1	980
10	20	200	5000	1.33333E-05	5000	0	0
11	0	100	10000	6.66667E-06	10000	0	0
12	20	30	50000	0.000002	50000	0	0
13	0	20	300000	1.33333E-06	300000	0	0
14	0	15000000		1		1000	-8880

Abb. E.7.7: Simulation des Ziehens von Rubbellosen

E.7.2 Übungsaufgaben

Ü.E.7.1:

Schätzen Sie wie in Ü.S.7.1 durch Simulationen ($n = 10000$) die Wahrscheinlichkeit, dass beim Roulettespiel 3-mal hintereinander Schwarz kommt. Erzeugen Sie dazu mit der Analyse-Funktion *Zufallszahlengenerierung* eine Zufallsvariable aus der diskreten Wahrscheinlichkeitsverteilung mit den Ausprägungen 0 ($\hat{=}$ nicht Schwarz) und 1 ($\hat{=}$ Schwarz) und den zugehörigen Wahrscheinlichkeiten für die beiden Ausprägungen.

E.8 Diskrete Wahrscheinlichkeitsverteilungen

Wie in Kapitel S.8 berechnen und zeichnen wir in diesem Kapitel Dichte- und Verteilungsfunktionen der wichtigsten diskreten Wahrscheinlichkeitsverteilungen.

E.8.2 Die Alternativverteilung (Bernoulli-Verteilung)

Bei dieser Verteilung werden die Ausprägungen $x = 1$ mit Wahrscheinlichkeit p und $x = 0$ mit Wahrscheinlichkeit $1-p$ angenommen.

Wir werden ein Tabellenblatt anlegen, in dem nur der Wert des Parameters p anzugeben ist und dann Dichte und Verteilungsfunktion automatisch berechnet und gezeichnet werden.

Wir schreiben in C1 den Text $p=$, die Zelle D1 halten wir für die Eintragung des Parameters p frei. Dann bestimmen wir eine Tabelle für Dichte und Verteilungsfunktion der Verteilung: In A5:A8 schreiben wir die x-Werte $-1, 0, 1, 2$; in B5:B8 kommen die zu x gehörigen Werte der Dichtefunktion: 0; =1–D1; =D1; 0. Für die Verteilungsfunktion müssen wir nur die Werte der Dichtefunktion kumulieren, wir schreiben in C5 die Zahl 0 und in C6 die Formel

$$=C5+B6$$

Die Formel kopieren wir dann auf C7:C8. Man wird die Tabelle durch geeignete Beschriftungen noch kommentieren, z.B. wie in Abb. E.8.1.

Die Dichte und die Verteilungsfunktion zeichnet man genauso wie das Stabdiagramm und die Summenhäufigkeitsfunktion von diskreten Häufigkeitsverteilungen.

Schließlich setzen wir den Parameter p z.B. 0,66, indem wir die Zahl in D1 schreiben.

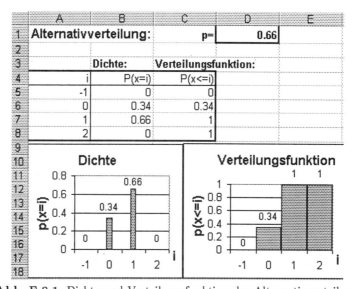

Abb. E.8.1: Dichte und Verteilungsfunktion der Alternativverteilung

E.8.3 Die Gleichverteilung

Der Wertebereich der diskreten Gleichverteilung ist $\Omega_x = \{1, 2, \ldots, N\}$, d.h., die Verteilung ist durch die Angabe des Parameters N vollständig beschrieben. Wir legen nun ein Tabellenblatt an, in dem alleine durch die Angabe des Parameters N Dichte und Verteilungsfunktion automatisch berechnet werden. Für den Parameter N reservieren wir die Zelle E1, die Tabelle von Dichte und Verteilungsfunktion kommt wieder in die Spalten A, B und C. Zuerst schreiben wir in A5:C5 jeweils 0 (Null). Für A6 wählen wir die Formel

=A5+1,

in B6 steht die Formel für die Dichtefunktion:

=WENN(A5<E$1;1/E$1;0),

in C6 die Verteilungsfunktion, also die kumulierte Dichte

=C5+B6

Jetzt müssen wir in D1 einen Wert für N einschreiben, z.B. die Zahl 7. Wir markieren dann die Zellen A6:C6 und kopieren die Formeln durch Ziehen mit der Maus auf A7:C13. Die grafische Darstellung der Wahrscheinlichkeitsverteilung ist wieder analog zur Darstellung von Häufigkeitsverteilungen.

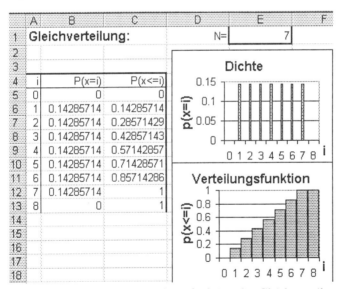

Abb. E.8.2: Dichte und Verteilungsfunktion der Gleichverteilung

E.8.4 Die hypergeometrische Verteilung

Wir legen ein Tabellenblatt an, das Dichte und Verteilungsfunktion einer hypergeometrischen Verteilung mit allgemeinen Parametern N, A und n berechnet. Für die Parameterwerte von N, A bzw. n reservieren wir die Zellen B3:B5, in die erste Zeile der Tabelle von Dichte und Verteilungsfunktion, das sind z.B. die Zellen A9:C9, schreiben wir die Zahlen -1, 0 und 0. Für die zweite Zeile der Tabelle schreiben wir in A10 die Formel

$$=A9+1,$$

in die Spalte B kommt die Dichte der Wahrscheinlichkeitsverteilung, also schreiben wir in die Zelle B10 die Formel

$$=\text{WENN}(A9<\text{MIN}(B\$4:B\$5);\text{HYPGEOMVERT}(A10;B\$5;B\$4;B\$3);0)$$

Die Funktion HYPGEOMVERT(*Erfolge_S; Umfang_S; Erfolge_G; Umfang_G*) berechnet die Dichte p_j der hypergeometrischen Verteilung mit $N=Umfang\_G$, $A=Erfolge\_G$ und $n=Umfang\_S$ an der Stelle *Erfolge_S*. Die WENN-Funktion verwenden wir, damit die Dichte nur für $x \in \Omega_x$ berechnet wird. Die Verteilungsfunktion soll wieder in Spalte C stehen, also schreiben wir in die Zelle C10 die Formel

$$=C9+B10$$

Jetzt müssen wir konkrete Parameterwerte in die Zellen B3:B5 schreiben, z.B. $N=10$, $A=4$, $n=3$. Anschließend markieren wir die Zellen A10:C10 und kopieren die Formeln dieser Zellen durch Ziehen mit der Maus auf den Bereich A11:C14. Dichte und Verteilungsfunktion zeichnet man wie bei den anderen Wahrscheinlichkeitsverteilungen.

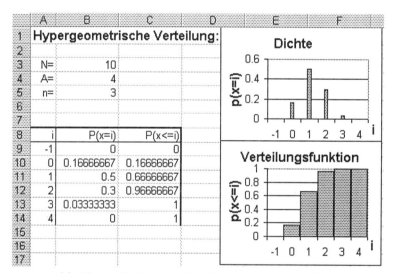

Abb. E.8.3: Dichte und Verteilungsfunktion der $H_{10;4;3}$

E.8.5 Die Binomialverteilung

Für die Parameter der Binomialverteilung n bzw. p reservieren wir die Zellen B4 bzw. B5 und erzeugen ein Tabellenblatt, in dem Dichte und Verteilungsfunktion der Binomialverteilung nach der Angabe der beiden Parameter automatisch berechnet werden. Wie bei der hypergeometrischen Verteilung schreiben wir in die Zellen A9:C9 die Zahlen –1, 0 und 0 und in A10 die Formel

$$=A9+1$$

In Zelle B10 berechnen wir die Dichtefunktion der Binomialverteilung an der Stelle $x = 0$:

E.8.6 Die Poissonverteilung

$$=\text{WENN}(A9<B\$4;\text{BINOMVERT}(A10;B\$4;B\$5;\text{FALSCH});0)$$

Die Funktion BINOMVERT(*Zahl_Erfolge; Versuche; Erfolgswahrsch; Kumuliert*) berechnet für den Fall, dass man *Kumuliert* gleich FALSCH setzt die Dichte der Binomialverteilung mit *n=Versuche* und *p=Erfolgswahrsch* an der Stelle *Zahl_Erfolge*. Setzt man den Parameter *Kumuliert* gleich WAHR, dann wird die Verteilungsfunktion an derselben Stelle berechnet. Wir verwenden zur Berechnung der Verteilungsfunktion nicht die BINOMVERT-Funktion, sondern kumulieren die Dichtefunktion selbst, in Zelle C10 schreiben wir also

$$=\text{C9}+\text{B10}$$

Jetzt geben wir konkrete Parameterwerte für n und p in die Zellen B4 und B5 ein, z.B. $n = 3$ und $p = 0{,}4$. Anschließend markieren wir A10:C10 und kopieren die Formeln dieser Zellen auf A11:C14.

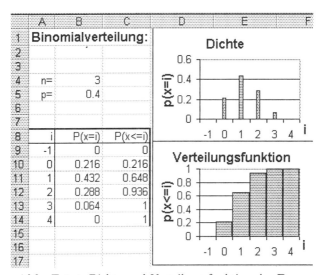

Abb. E.8.4: Dichte und Verteilungsfunktion der $B_{3;0,4}$

E.8.6 Die Poissonverteilung

Wie bei den anderen diskreten Verteilungen legen wir ein Tabellenblatt an, in dem nur ein konkreter Wert für den Parameter μ der Verteilung eingegeben werden muss, damit Dichte und Verteilungsfunktion berechnet werden. Für den Parameterwert von μ reservieren wir die Zelle B3, in die Zellen A6:C6 schreiben wir die Zahlen −1, 0, 0 und in A7 die Formel

$$=\text{A6}+1$$

Für die Dichtefunktion der Poissonverteilung verwenden wir die Funktion POISSON(*X; Mittelwert; Kumuliert*). Setzt man *Kumuliert*=FALSCH, dann wird die Dichte der Poissonverteilung mit μ=*Mittelwert* an der Stelle X berechnet. Setzt man hingegen *Kumuliert*=WAHR, dann gibt die Funktion den Wert der Verteilungsfunktion an derselben Stelle zurück. In die Zelle B7 kommt daher die Formel

$$=\text{POISSON}(A7;B\$3;\text{FALSCH})$$

Die Verteilungsfunktion erhalten wir wieder durch Kumulieren der Dichte, also kommt in C7 die Formel

=C6+B7

Nachdem wir in B3 einen konkreten Parameterwert für μ, z.B. 5, eingegeben haben, markieren wir A7:C7 und kopieren die Formeln dieser Zellen durch Ziehen mit der Maus auf die gewünschte Anzahl von Zeilen.

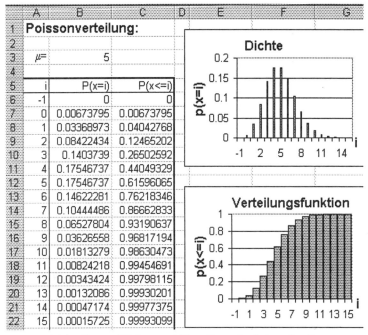

Abb. E.8.5: Dichte und Verteilungsfunktion der P_5

E.8.7 Übungsaufgaben

Ü.E.8.1:

Simulieren Sie mit der Analyse-Funktion *Zufallszahlengenerierung* 100 Zufallszahlen aus der Binomialverteilung $B_{3;0,4}$ und stellen Sie das Ergebnis tabellarisch und grafisch dar. Vergleichen Sie die Häufigkeitsverteilung der Simulation mit der Wahrscheinlichkeitsverteilung $B_{3;0,4}$ (siehe Abb. E.8.4).

Ü.E.8.2:

Simulieren Sie wie in Aufgabe Ü.E.8.1 100 Zufallszahlen der hypergeometrischen Verteilung $H_{10;4;3}$ und vergleichen Sie die Häufigkeitsverteilung der Simulationen mit der Wahrscheinlichkeitsverteilung.
Hinweis: Verwenden Sie bei der Analyse-Funktion *Zufallszahlengenerierung* die Verteilung *Diskrete* (siehe Beispiel E.7.4).

Ü.E.8.3:

    a. Sei $x \sim B_{12;0,3}$. Bestimmen Sie die Wahrscheinlichkeit $P(x > 5)$.
    b. Sei $x \sim P_{6,7}$. Berechnen Sie $P(x < 8)$.

E.9 Stetige Wahrscheinlichkeitsverteilungen

Wir werden in diesem Kapitel einige stetige Wahrscheinlichkeitsverteilungen darstellen und Wahrscheinlichkeiten für Zufallsvariablen aus diesen Verteilungen berechnen. Für die grafische Darstellung bestimmen wir die stetige Dichte und Verteilungsfunktion nur an einigen diskreten Punkten und interpolieren dazwischen.

E.9.2 Die stetige Gleichverteilung

Der Wertebereich dieser Verteilung ist ein Intervall: $\Omega_x = [A; B]$. Die einzig interessanten Punkte bei der Darstellung der $\mathbf{G}_{[A;B]}$ sind die Intervallgrenzen A und B, für die beiden Parameterwerte reservieren wir die Zellen B3 und B4. In A8:A13 stehen die x-Werte, für welche die Dichte $f(x)$ und die Verteilungsfunktion $F(x)$ berechnet werden, und zwar berechnen wir

für A8: =B3-(B4-B3)/5,	für A11: =B4,
für A9: =B3-0.00001,	für A12: =B4+0.00001,
für A10: =B3,	und für A13: =B4+(B4-B3)/5

In den Zellen B8:B13 stehen die zugehörigen Werte der Dichtefunktion, und zwar in B10 und B11 jeweils

$$=1/(B4-B3)$$

und in den restlichen Zellen, also B8, B9, B12 und B13, jeweils 0 (Null). Für die Verteilungsfunktion schreiben wir in C8:C10 jeweils 0 und in C11:C13 jeweils 1.

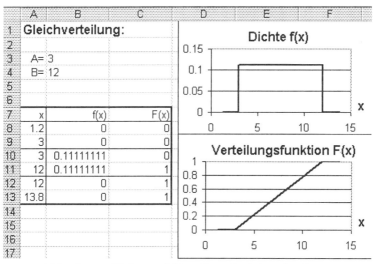

Abb. E.9.1: Dichte und Verteilungsfunktion der $\mathbf{G}_{[3;12]}$

Wir setzen jetzt beliebige konkrete Werte für die Parameter $A < B$ in die Zellen B3 und B4 ein, z.B. $A = 3$, $B = 12$, und zeichnen anschließend Dichte und Verteilungsfunktion:

Einfügen ▷
    Diagramm ...

Wir wählen den Diagrammtyp *Punkt (XY)*, Untertyp *Punkte mit Linien ohne Datenpunkte*. Im Register *Reihe* des Dialogfeldes *Diagramm-Quelldaten* stellen wir für *X-Werte:* einen Bezug zu A8:A13 her und für *Y-Werte:* bei der Dichtefunktion einen Bezug zu B8:B13 (bei der Verteilungsfunktion einen Bezug zu C8:C13). Die restlichen Schritte zur Diagrammerstellung müssten schon bekannt sein.

Bei stetigen Wahrscheinlichkeitsverteilungen kann man nur Wahrscheinlichkeiten für ein Intervall $[a; b]$ bestimmen. Für die Werte von a und b reservieren wir die Zellen B20 und B21, in D20 steht die Wahrscheinlichkeit $P(x \leq a)$:

=WENN(B20<B$3;0;WENN(B20<B$4;(B20-B$3)/(B$4-B$3);1))

Wir kopieren die Formel durch Ziehen mit der Maus auf D21, in dieser Zelle steht dann die Wahrscheinlichkeit $P(x \leq b)$. $P(a < x \leq b)$ ist dann die Differenz $P(x \leq b) - P(x \leq a)$, wir schreiben also in D22

=D21-D20

Für die Wahrscheinlichkeiten $P(x > a)$ und $P(x > b)$ schreiben wir in F20 die Formel

=1-D20

und kopieren sie auf F21. Für eine erläuternde Beschriftung der Tabelle kann jeder Anwender nach eigenem Ermessen sorgen. Man braucht jetzt nur noch konkrete Werte für a und b in die Zellen B20 und B21 zu schreiben, und die Wahrscheinlichkeiten werden automatisch berechnet.

18	Wahrscheinlichkeiten:		
19			
20	a= 4.25	P(x<a)= 0.13888889	P(x>a)= 0.86111111
21	b= 7.69	P(x<b)= 0.52111111	P(x>b)= 0.47888889
22		P(a<x<b)= 0.38222222	

Abb. E.9.2: Wahrscheinlichkeiten einer gleichverteilten Zufallsvariablen

E.9.3 Die Normalverteilung

Die Normalverteilung ist durch die Angabe ihrer Parameter μ und σ^2 vollständig bestimmt. Für konkrete Werte von μ und σ^2 reservieren wir die Zellen B3 und B4. Wir berechnen Dichte und Verteilungsfunktion für die Werte –3; –2,5; –2; ... ; 3 der Standardisierten (siehe [HAFN 00], Seite 105). Die Standardisierte soll in Spalte B stehen, also schreiben wir in B7 bzw. B8 die Zahlen –3 bzw. –2,5. Wir markieren B7:B8 und erweitern die Markierung durch Ziehen mit der Maus auf B7:B19, die Zellen B9:B19 werden dadurch automatisch mit den richtigen Werten für die Standardisierte ausgefüllt. Als nächstes bestimmen wir die zugehörigen Werte der (nicht standardisierten) normalverteilten Zufallsvariablen x, dazu schreiben wir in A7 die Formel

=B7*WURZEL(B$4)+B$3

Wir kopieren die Formel durch Ziehen mit der Maus auf A8:A19 (wir haben gerade die Umkehrtransformation der Standardisierung durchgeführt). Nun berechnen wir die Dichtefunktion $f(x)$, dazu schreiben wir in C7 die Formel

E.9.3 Die Normalverteilung

=NORMVERT(A7;B$3;WURZEL(B$4);FALSCH)

und kopieren die Formel auf C8:C19. Die Funktion NORMVERT(*X, Mittelwert, Standabwn, Kumuliert*) berechnet, wenn man *Kumuliert*=FALSCH setzt, die Dichtefunktion der Normalverteilung mit μ=*Mittelwert* und σ=*Standabwn* an der Stelle X. Setzt man *Kumuliert*=WAHR, dann wird die Verteilungsfunktion anstelle der Dichte berechnet. Für die Verteilungsfunktion können wir daher entweder die Funktion NORMVERT verwenden, oder aber STANDNORMVERT (Z), diese Funktion liefert den Wert der Verteilungsfunktion der Standardnormalverteilung an der Stelle Z. Wir schreiben in D7 die Formel

=STANDNORMVERT(B7)

und kopieren die Formel auf D8:D19. Wir müssen jetzt nur noch konkrete Werte für μ und σ^2 in B3 und B4 schreiben, z.B. $\mu = 2$ und $\sigma^2 = 4$, und die Dichtefunktion mit den zugehörigen x-Werten wird automatisch berechnet.
Dichte und Verteilungsfunktion zeichnen wir wie in Abschn. E.9.2, nur dass wir den Diagramm-Untertyp *Punkte mit interpolierten Linien ohne Datenpunkte* wählen. Dadurch wird ein geglätteter und nicht wie bei der Gleichverteilung ein eckiger Linienzug für Dichte und Verteilungsfunktion gezeichnet.

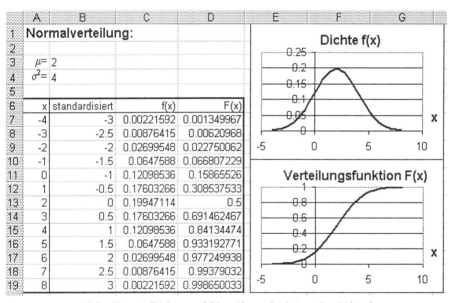

Abb. E.9.3: Dichte und Verteilungsfunktion der N(2; 4)

Wie in Abschn. E.9.2 bereiten wir ein Tableau für die Berechnung der Wahrscheinlichkeit für ein allgemeines Intervall $[a, b]$ vor, für die Werte von a und b reservieren wir B23 und B24. In D23 steht die Formel zur Berechnung von $P(x \leq a)$

=NORMVERT(B23;B$3;WURZEL(B$4);WAHR)

Wir kopieren die Formel durch Ziehen mit der Maus auf D24 und erhalten dadurch $P(x \leq b)$. Die Differenz

=D24-D23

steht in D25 und berechnet die Wahrscheinlichkeit $P(a < x \leq b)$. Wir schreiben in F23 noch die Formel

$$=1\text{-}D23$$

und kopieren sie auf F24, wodurch auch die Wahrscheinlichkeiten $P(x > a)$ und $P(x > b)$ berechnet werden.

Häufig benötigt man auch die p-Fraktile x_p der Normalverteilung. Die Funktion NORMINV(*Wahrsch,Mittelwert,Standabwn*) liefert das p-Fraktil mit p=*Wahrsch* der Normalverteilung mit den Parametern μ=*Mittelwert* und σ=*Standabwn*. Wir schreiben in B29, C29, D29 usw. verschiedene p-Werte und berechnen eine Zeile darunter die zugehörigen p-Fraktile x_p. Dazu schreiben wir in die Zelle B30

$$=\text{NORMINV(B29;\$B3;WURZEL(\$B4))}$$

und kopieren die Formel durch Ziehen mit der Maus auf die entsprechenden Zellen der Zeile 30.

21	**Wahrscheinlichkeiten:**					
22						
23	a= 5.26	P(x<a)=	0.948449263	P(x>a)=	0.05155074	
24	b= 7.94	P(x<b)=	0.998510932	P(x>b)=	0.00148907	
25		P(a<x<b)=	0.05006167			
26						
27	**Fraktile:**					
28						
29	p	0.01	0.05	0.1	0.95	0.975	0.999
30	x_p	-2.65268386	-1.289706	-0.56310159	5.289706	5.91992216	8.18048944

Abb. E.9.4: Wahrscheinlichkeiten und Fraktile der $N(2;4)$

Simulation von Zufallszahlen

Eine Anwendung, zu der man Fraktile benötigt, ist das Simulieren von Zufallszahlen aus einer bestimmten Wahrscheinlichkeitsverteilung. Es gilt bekanntlich: Ist p eine Zufallszahl aus der stetigen Gleichverteilung auf dem Intervall [0;1], dann ist x_p eine Zufallszahl aus der stetigen Verteilung $\mathcal{P}$, wobei x_p das p-Fraktil der Verteilung $\mathcal{P}$ ist.

Um 100 Zufallszahlen aus der Normalverteilung $N(2;4)$ zu erzeugen, benötigt man also zuerst 100 Zufallszahlen aus der Gleichverteilung $G_{[0;1]}$. Diese Zufallszahlen erhält man mit der Analyse-Funktion *Zufallszahlengenerierung* (siehe Abschn. E.7.1). Wir setzen im Dialogfeld *Zufallszahlengenerierung* die *Anzahl der Variablen* auf 1, *Anzahl der Zufallszahlen* auf 100, und wählen unter *Verteilung: Gleichverteilt zwischen 0 und 1*. Damit die Pseudozufallszahlen reproduziert werden können, setzen wir den *Ausgangswert* auf 2000, und schließlich geben wir für die linke obere Ecke des *Ausgabebereichs* einen Bezug zu B36 ein.

Die gleichverteilten Zufallszahlen stehen in B36:B135, wir berechnen jetzt die Zufallszahlen aus der Normalverteilung $N(2;4)$, indem wir in die Zelle C36

$$=\text{NORMINV(B36;B\$3;WURZEL(B\$4))}$$

eingeben und die Formel auf C37:C135 kopieren. Das Ergebnis der Simulation können wir mit der Analyse-Funktion *Histogramm* darstellen (siehe Abschn. E.2.3): Für den Eingabebereich stellen wir einen Bezug zu C36:C135 her, für

E.9.4 Die Chi-Quadrat-Verteilung

den Wertebereich einen Bezug zu A7:A19 (hier stehen die x-Werte, für welche die Dichte und die Verteilungsfunktion der Normalverteilung berechnet wurden). Wir klicken auf *Diagrammdarstellung* und geben für die linke obere Ecke des *Ausgabebereiches* einen Bezug zu D35 ein. Nach einigen kosmetischen Korrekturen sieht die Ausgabe wie in Abb. E.9.5 aus.

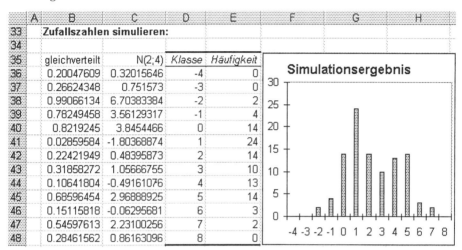

Abb. E.9.5: Simulation von 100 normalverteilten Zufallszahlen

Bemerkung: Wir hätten die 100 Zufallszahlen aus der Normalverteilung $N(2; 4)$ auch direkt mit der Analyse-Funktion *Zufallszahlengenerierung; Verteilung: Standard; Mittelwert= 2; Standardabweichung= 2* erzeugen können.

E.9.4 Die Chi-Quadrat-Verteilung

Die χ^2-Verteilung hat den Parameter n, die sogenannten Freiheitsgrade. Wir erstellen eine Tabelle, die Dichte und Verteilungsfunktion der χ^2-Verteilung mit beliebigem Parameter n berechnet, für n reservieren wir die Zelle B3.
Wir beginnen dieses Mal mit der Spalte der Verteilungsfunktion, berechnen dann die zu $F(x)$ gehörenden x-Werte und anschließend die zugehörigen Werte der Dichtefunktion $f(x)$. Für die Werte der Verteilungsfunktion wählen wir 0,001; 0,005; 0,01; 0,025; 0,05; 0,1; 0,3; 0,5; 0,7; 0,9; 0,95; 0,975; 0,99; 0,995; 0,999 und schreiben die Werte in die Zellen C6:C20. Wie kommt man zu den zu $F(x)$ gehörenden x-Werten?
Antwort: Ist $F(x) = p$, dann ist $x = x_p$, wir müssen also die p-Fraktile der χ^2-Verteilung berechnen, wobei p die Werte der Verteilungsfunktion sind. Dazu schreiben wir in A6

=GAMMAINV(C6;B$3/2;2)

und kopieren die Formel auf A7:A20. Die Funktion GAMMAINV(*Wahrsch; Alpha; Beta*) berechnet die p-Fraktile ($p=$*Wahrsch*) der sogenannten Gammaverteilung mit Parametern *Alpha* und *Beta*. Die χ^2-Verteilung ist ein Spezialfall der Gammaverteilung, die χ^2-Verteilung mit n Freiheitsgraden ist dasselbe wie die Gammaverteilung mit den Parametern $Alpha = n/2$ und $Beta = 2$.
Für die Dichtefunktion schreiben wir in B6 die Formel

=GAMMAVERT(A6;B$3/2;2;FALSCH)

und kopieren die Formel auf B7:B20. Die Funktion GAMMAVERT(X; *Alpha; Beta; Kumuliert*) liefert, wenn man *Kumuliert*=FALSCH setzt, die Dichte der Gammaverteilung mit Parametern *Alpha* und *Beta* (wir setzen für die χ^2-Verteilung *Alpha* $= n/2$ und *Beta* $= 2$). Setzt man *Kumuliert*=WAHR, so erhält man die Verteilungsfunktion.

Jetzt setzen wir für die Freiheitsgrade n der χ^2-Verteilung in die Zelle B3 einen konkreten Wert ein, z.B. $n = 8$, und die Werte von x und $f(x)$ werden automatisch berechnet.

Die grafische Darstellung der Wahrscheinlichkeitsverteilung erfolgt wie bei der Normalverteilung. Wie man Wahrscheinlichkeiten für Intervalle $[a;b]$ berechnet, wurde schon in den Abschn. E.9.2 und E.9.3 gezeigt, hier muss man für die Verteilungsfunktion die Funktion GAMMAVERT verwenden (siehe oben).

Auch die Erzeugung von Zufallszahlen aus einer χ^2-Verteilung dürfte kein Problem mehr darstellen: Wir wissen, wie man gleichverteilte Zufallszahlen generiert, und wir wissen, wie man Fraktile der χ^2-Verteilung berechnet (GAMMAINV), die Vorgehensweise ist analog zur Erzeugung von normalverteilten Zufallszahlen (siehe Abschn. E.9.3).

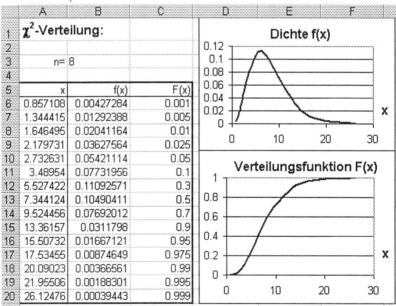

Abb. E.9.6: Dichte und Verteilungsfunktion der χ^2_8

E.9.5 Die Student-Verteilung (t-Verteilung)

Die t-Verteilung hat wie die χ^2-Verteilung nur den Parameter n, die Freiheitsgrade. Wie bei den anderen stetigen Verteilungen erstellen wir eine Tabelle, in der Dichte und Verteilungsfunktion der t-Verteilung nach der Angabe des Parameterwertes von n automatisch berechnet werden, für n reservieren wir die Zelle B3. Wie bei der χ^2-Verteilung geben wir die Werte der Verteilungsfunktion vor, berechnen über die Fraktile der Student-Verteilung die zugehörigen x-Werte und

E.9.5 Die Student-Verteilung (t-Verteilung)

anschließend für die x-Werte die Dichtefunktion. Wir wählen dieselben Werte für die Verteilungsfunktion wie bei der χ^2-Verteilung (siehe Abschn. E.9.4) und schreiben sie in den Zellenbereich C6:C20.
Ist der Wert der Verteilungsfunktion an der Stelle x gleich p, dann muss x das p-Fraktil der Verteilung sein. Die Fraktile der t-Verteilung erhält man mit der Funktion TINV(*Wahrsch; Freiheitsgrade*), bei der Benutzung dieser Funktion ist aber Vorsicht geboten: Ist der Wert von *Wahrsch*=α, dann berechnet TINV das $(1-\alpha/2)$-Fraktil der t-Verteilung mit dem Parameter n=*Freiheitsgrade*. Der Wert von *Wahrsch* muss aus dem Intervall [0;1] sein, also kann man mit TINV nur p-Fraktile für $p \in [0{,}5;1]$ berechnen. Die t-Verteilung ist aber symmetrisch um null, d.h., für die Fraktile der Verteilung gilt $x_p = -x_{1-p}$, also können wir auch die p-Fraktile für $p \in [0;0{,}5]$ berechnen.
Wir berechnen nun die zu den Werten der Verteilungsfunktion gehörenden x-Werte, dazu schreiben wir in A6

=WENN(C6<0.5;-TINV(C6*2;B$3);TINV((1-C6)*2;B$3))

und kopieren die Formel auf A7:A20. Für die Dichte der t-Verteilung gibt es keine eigene Excel-Funktion. Wenn man sich die Mühe machen will, dann kann man die Formel für die Dichtefunktion (siehe [HAFN 00], Abschn. 9.5) explizit in B6 eingeben

=EXP(GAMMALN((B$3+1)/2))/WURZELPI(B$3)/
EXP(GAMMALN(B$3/2))/(1+A6^2/B$3)^((B$3+1)/2)

und auf B7:B20 kopieren. Die t-Verteilung konvergiert mit wachsendem n relativ rasch gegen die Standardnormalverteilung, also kann man sich auch ohne die Eingabe der obigen Formel vorstellen, dass sich die Dichtefunktionen der beiden Verteilungen nicht sehr viel voneinander unterscheiden.

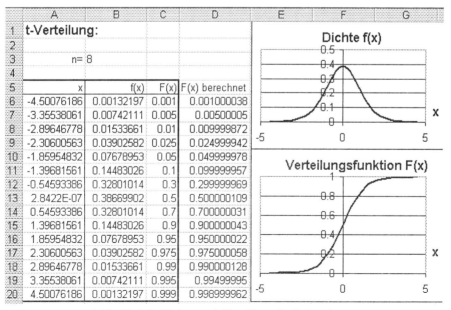

Abb. E.9.7: Dichte und Verteilungsfunktion der t_8

Wir setzen jetzt in B3 einen konkreten Wert für die Freiheitsgrade n ein, z.B. $n = 8$, und die x-Werte und eventuell auch die Dichtefunktion $f(x)$ werden zu den eingegebenen Werten der Verteilungsfunktion $F(x)$ automatisch berechnet. Die grafische Darstellung der t-Verteilung erfolgt wie bei der Normalverteilung. Zur Berechnung von Wahrscheinlichkeiten für Intervalle $[a;b]$ einer t-verteilten Zufallsvariablen benötigt man die Verteilungsfunktion der t-Verteilung. In Excel verwendet man dazu die Funktion TVERT(X, *Freiheitsgrade, Seiten*). Doch auch diese Funktion ist mit Vorsicht zu genießen: Setzt man den Parameter *Seiten*=1, dann berechnet TVERT (1−Verteilungsfunktion) der t-Verteilung mit Parameter n=*Freiheitsgrade* an der Stelle X. Zusätzlich muss das Argument X der Funktion TVERT ≥ 0 sein. Setzt man *Seiten*=2, dann berechnet TVERT den Wert

$$1 - F(|X| \mid \mathbf{t}_n) = 2 \cdot (1 - F(X|\mathbf{t}_n))$$

Damit man die Verteilungsfunktion der $\mathbf{t}_n$ auch für negative x-Werte berechnen kann, nützt man die Symmetrie der t-Verteilung aus, es gilt:

$$F(x|\mathbf{t}_n) = 1 - F(-x|\mathbf{t}_n)$$

Wir werden jetzt die Verteilungsfunktion für die x-Werte in A6:A20 berechnen, als Ergebnis müssten genau die Zahlen in C6:C20 herauskommen. Dazu schreiben wir in D6

=WENN(A6<0;TVERT(-A6;B$3;1);1-TVERT(A6;B$3;1))

und kopieren die Formel auf D7:D20. In Abb. E.9.7 sieht man, dass das Ergebnis bis auf Rundungsfehler mit den Zahlen in C6:C20 übereinstimmt.
Zur Erzeugung von t-verteilten Zufallszahlen geht man wie in Abschn. E.9.3 vor. Man braucht dazu also die Fraktile der t-Verteilung, und diese gewinnt man, wie oben beschrieben, mit der Funktion TINV.

E.9.6 Die F-Verteilung

Die F-Verteilung hat die beiden Parameter (Zähler-)Freiheitsgrade n_1 und (Nenner-)Freiheitsgrade n_2. Wir reservieren für n_1 und n_2 die Zellen B3 und B4, und berechnen ausgehend von der Verteilungsfunktion wie bei der χ^2- und t-Verteilung zuerst die zu $F(x)$ gehörenden x-Werte und dann die Dichtefunktion $f(x)$. Für die Werte von $F(x)$ wählen wir dieselben Zahlen wie bei der χ^2-Verteilung und schreiben die Zahlen in C7:C21.
Die zu $F(x)$ gehörenden x-Werte erhält man über die Fraktile der F-Verteilung (siehe Abschn. E.9.4, E.9.5), für die Fraktile der F-Verteilung verwenden wir die Funktion FINV(*Wahrsch; Freiheitsgrade1; Freiheitsgrade2*). Gibt man für *Wahrsch*=p ein, dann berechnet FINV das $(1-p)$-Fraktil der F-Verteilung mit den Parametern n_1=*Freiheitsgrade1* und n_2=*Freiheitsgrade2*, wir schreiben also in A7

=FINV(1-C7;B$3;B$4)

und kopieren die Formel auf A8:A21. Für die Dichte steht wie bei der t-Verteilung keine Excel-Funktion zur Verfügung. Wir müssen die Formel für die Dichte (siehe [HAFN 00], Abschn. 9.6) explizit in B7 eingeben:

E.9.6 Die F-Verteilung

=B$3/B$4*EXP(GAMMALN((B$3+B$4)/2))/EXP(GAMMALN(B$3/2))/
EXP(GAMMALN(B$4/2))*(B$3/B$4*A7)^(B$3/2-1)/
(1+B$3/B$4*A7)^((B$3+B$4)/2)

und die Formel auf B8:B21 kopieren. Wir setzen in B3 und B4 konkrete Werte für n_1 und n_2 ein, z.B. $n_1 = 5$ und $n_2 = 30$, und lassen Dichte und Verteilungsfunktion wie bei den anderen stetigen Wahrscheinlichkeitsverteilungen zeichnen.

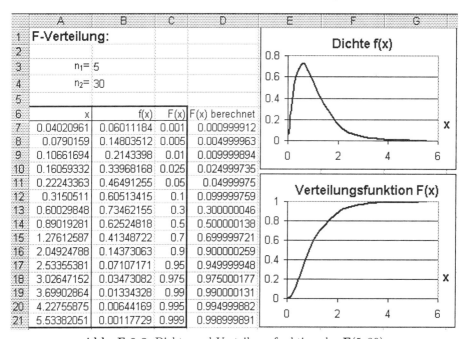

Abb. E.9.8: Dichte und Verteilungsfunktion der $\mathbf{F}(5; 30)$

Zur Berechnung von Wahrscheinlichkeiten benötigen wir für gegebene x-Werte die Verteilungsfunktion $F(x)$, dazu verwenden wir die Funktion FVERT(X; *Freiheitsgrade1*; *Freiheitsgrade2*). FVERT berechnet den Wert von 1−Verteilungsfunktion der F-Verteilung mit den Parametern n_1=*Freiheitsgrade1* und n_2=*Freiheitsgrade2* an der Stelle X. Berechnet man die Verteilungsfunktion für die x-Werte in A7:A21, so müssten die Zahlen aus C7:C21 herauskommen. Wir führen die Berechnung durch, also schreiben wir in D7

=1-FVERT(A7;B$3;B$4)

und kopieren die Formel auf D8:D21. Wie man in Abb. E.9.8 sieht, sind die Werte der Spalten C und D tatsächlich bis auf die siebte Dezimalstelle genau gleich.

Wir wissen, wie man zu den Fraktilen der F-Verteilung kommt, also darf es auch keine Schwierigkeiten bereiten, F-verteilte Pseudozufallszahlen zu berechnen.

E.9.7 Übungsaufgaben

Ü.E.9.1:

Sei $x \sim \chi^2_{17}$.

a. Bestimmen Sie die Wahrscheinlichkeiten $P(10 < x \leq 20)$ und $P(x > 12)$.

b. Erzeugen Sie 200 Pseudozufallszahlen der χ^2_{17} und stellen Sie das Simulationsergebnis grafisch dar.

Ü.E.9.2:

Sei $x \sim t_5$.

a. Berechnen Sie die Wahrscheinlichkeiten $P(-2 < x \leq 3)$ und $P(x > -1)$.

b. Simulieren Sie 500 Pseudozufallszahlen der t_5, und zwar nach zwei verschiedenen Methoden:

1. über die Fraktile der t-Verteilung mit der Funktion TINV;
2. indem Sie jeweils 500 Zufallszahlen y bzw. z der $N(0;1)$ bzw. der χ^2_5 erzeugen und anschließend die Quotienten $\frac{y}{\sqrt{z/5}}$ berechnen.

Vergleichen Sie die beiden Simulationsergebnisse.

E.10 Parameter von Wahrscheinlichkeitsverteilungen

E.10.1 Der Erwartungswert

Wir berechnen in diesem Kapitel Erwartungen oder die Erwartungswerte von Statistiken $t(x)$ einiger diskreter Wahrscheinlichkeitsverteilungen. Für diskretes x berechnet man den Erwartungswert von $t(x)$ nach

$$E(t(x)) = \sum_{i \in \Omega_x} t(i) \cdot p_i$$

(p_i ist die Dichte der diskreten Verteilung an der Stelle i).

Beispiel E.10.1: Wir verwenden das Tabellenblatt aus Beispiel E.7.4 und berechnen den erwarteten Gewinn (Auszahlungsbetrag − Kaufpreis) beim Kauf eines Rubbelloses. Die Auszahlungsbeträge stehen in D2:D13, die zugehörigen Wahrscheinlichkeiten in E2:E13. Wir berechnen zuerst die Produkte $t(i) \cdot p_i$, und zwar schreiben wir in J2

=(D2-20)*E2

und kopieren die Formel auf J3:J13. Den Erwartungswert erhalten wir durch Addieren der eben berechneten Beträge, wir geben dazu in J14 folgende Formel ein:

=SUMME(J2:J13)

Wir hätten den Erwartungswert für den Gewinn mit einer Matrixformel auch auf einmal berechnen können, die Formel dazu lautet:

{=SUMME((D2:D13-20)*E2:E13)}

oder, wenn man berücksichtigt, dass $E(\text{Gewinn}) = E(\text{Auszahlung}) - 20$:

{=SUMME(D2:D13*E2:E13)-20}

I	J
	t(i)*p_i
	-15.6862
	0
	1.24
	2.18666667
	1.2
	0.28
	0.32
	0.32666667
	0.0664
	0.06653333
	0.09996
	0.39997333
erwarteter Gewinn	-9.5

Abb. E.10.1: Gewinnerwartung beim Rubbellos *Schatztruhe*

Beispiel E.10.2: Wir berechnen Erwartungswert, Varianz, Schiefe und Wölbung einer poissonverteilten Zufallsvariablen und verwenden dazu das Tabellenblatt aus Abschn. E.8.6.

Der Wertebereich Ω_x ist bei der Poissonverteilung $\mathbb{N}_0$, also unendlich groß, man müsste also zur Berechnung der Erwartung von $t(x)$ unendlich viele Produkte $t(i) \cdot p_i$ aufsummieren. Für die in der Praxis verwendeten Statistiken $t(x)$ gilt, dass $t(i)$ mit wachsendem i meist sehr viel langsamer steigt, als p_i fällt. Also konvergiert $t(i) \cdot p_i$ relativ rasch gegen 0, und wir kommen zur Berechnung von $E(t(x))$ praktisch immer mit einer endlichen Summe aus. Für eine exakte Berechnung der Erwartungen sollte man aber darauf achten, dass die Anzahl der Summanden nicht allzu klein ist. So wird man z.B. bei der Berechnung von $E(x^4)$ der $\mathbf{P}_5$ sicher nicht mit nur 16 Summanden auskommen, denn $15^4 \cdot P(x = 15|\mathbf{P}_5) =$ 7,96, also noch lange nicht vernachlässigbar klein.

Wir werden also die Tabelle aus Abb. E.8.5 für die Berechnung der Erwartungen noch nach unten verlängern, indem wir die letzte Zeile (A22:C22) durch Ziehen mit der Maus auf A23:C37 kopieren.

Für die Berechnung der Erwartungen könnte man jetzt für alle Werte $x = i$ die Produkte $t(i) \cdot p_i$ berechnen und anschließend aufsummieren, wir werden die Erwartungen aber mit Hilfe von Matrixformeln ohne Zwischenergebnisse bestimmen. Zuerst errechnen wir $E(x) = \mu$, z.B. in Zelle F24:

Wir öffnen die Formelpalette und wählen die SUMME-Funktion. Für das Argument *Zahl1* der Funktion stellen wir einen Bezug zu A7:A37 her, geben das Multiplikationszeichen (*) ein und anschließend den Bezug zu B7:B37. Da es sich um eine Matrixformel handelt, beenden wir die Eingabe durch gleichzeitiges Drücken von *Strg, Umschalt* und *Eingabe*, die Formel lautet:

$$\{=\text{SUMME}(A7:A37*B7:B37)\}$$

Das Ergebnis stimmt mit dem überein, was wir gelernt haben, nämlich $E(x) = \mu = 5$ – ein beruhigendes Gefühl!

In den Zellen F26, F28 bzw. F31 berechnen wir $E((x - \mu)^2) = \sigma^2$, $E((x - \mu)^3)$ bzw. $E((x - \mu)^4)$, wir verwenden dazu die Matrixformeln

$$\{=\text{SUMME}((A7:A37-F24)\verb|^|2*B7:B37)\},$$
$$\{=\text{SUMME}((A7:A37-F24)\verb|^|3*B7:B37)\} \text{ bzw.}$$
$$\{=\text{SUMME}((A7:A37-F24)\verb|^|4*B7:B37)\}.$$

Für die Schiefe α schreiben wir in F29 die Formel

$$=\text{F28/F26}\verb|^|(3/2)$$

Die Wölbung γ berechnen wir in F32 nach der Formel

$$=\text{F31/F26}\verb|^|2-3$$

E.10.2 Übungsaufgaben

	A	B	C	D	E	F
24	17	1.4453E-05	0.99999458		$E(x)=\mu$	5
25	18	4.0146E-06	0.9999986			
26	19	1.0565E-06	0.99999965		$E((x-\mu)^2)=\sigma^2$	5
27	20	2.6412E-07	0.99999992			
28	21	6.2886E-08	0.99999998		$E((x-\mu)^3)$	5
29	22	1.4292E-08	1		α	0.4472136
30	23	3.107E-09	1			
31	24	6.4729E-10	1		$E((x-\mu)^4)$	80
32	25	1.2946E-10	1		γ	0.2

Abb. E.10.2: Erwartungen der P_5

E.10.2 Übungsaufgaben

Ü.E.10.1:
Verwenden Sie das Tabellenblatt aus Abschn. E.8.5 und berechnen Sie das Mittel $E(x)$ und die Varianz $E((x-\mu)^2)$ der Binomialverteilung $B_{3;0,4}$.

Ü.E.10.2:
Jemand verfolgt beim Roulettespiel folgende Spielstrategie: Er setzt 1000,- auf Schwarz. Kommt eine schwarze Zahl, so gewinnt er 1000,- und beendet das Spiel, kommt keine schwarze Zahl, dann setzt er wieder auf Schwarz, und zwar 2000,-. Ist die zweite Roulettezahl schwarz, dann hat er insgesamt 1000,- gewonnen, ist sie nicht schwarz, dann hat er insgesamt 3000,- verloren. Das Spiel wird nach 2-maligem Setzen auf jeden Fall beendet. Berechnen Sie den erwarteten Gewinn für diese Spielstrategie.

E.11 Relative Häufigkeiten

E.11.1 Schätzen relativer Häufigkeiten

Wir werden ein Tabellenblatt anlegen, in dem nach der Eingabe des Stichprobenumfanges n, der Anzahl x der Einheiten mit der fraglichen Eigenschaft und der Sicherheitswahrscheinlichkeit $(1-\alpha)$ automatisch der Punktschätzer $\hat{p}$ und das (exakte) $(1-\alpha)$-Konfidenzintervall für p berechnet werden.
Die Zelle B3 reservieren wir für n, B4 für den Wert von x und B5 für die Sicherheitswahrscheinlichkeit $(1-\alpha)$.
In Zelle B7 berechnen wir den Punktschätzer $\hat{p}$:

=B4/B3

Wir werden jetzt das exakte $(1-\alpha)$-Konfidenzintervall für p berechnen und dabei auf eine Herleitung der Formel zur Berechnung von $[\underline{p};\overline{p}]$ verzichten, es gilt

$$[\underline{p};\overline{p}] = [\frac{\xi}{1+\xi}; \frac{\eta}{1+\eta}]$$

wobei

$$\xi = \frac{x}{n-x+1} \cdot F_{\alpha/2}(2x; 2(n-x+1))$$
$$\eta = \frac{x+1}{n-x} \cdot F_{1-\alpha/2}(2(x+1); 2(n-x))$$

$F_p(df1; df2)$ ist das p-Fraktil der F-Verteilung mit $df1$ und $df2$ Freiheitsgraden.
Die Wahrscheinlichkeit $(1-\alpha/2)$ schreiben wir in die Zelle F10

=1-(1-B$5)/2

und kopieren die Formel auf F11.
Jetzt berechnen wir die Zwischenergebnisse ξ und η, wir schreiben in E6 die Formel

=B4/(B3-B4+1)*FINV(F10;2*B4;2*(B3-B4+1))

und in E7

=(B4+1)/(B3-B4)*FINV(1-F10;2*(B4+1);2*(B3-B4))

Die Unter- und die Obergrenze des $(1-\alpha)$-Konfidenzintervalls für p kommen schließlich in die Zellen B10 und B11, wir schreiben in B10

=E6/(1+E6)

und kopieren die Formel auf B11.
Wir wollen zum Vergleich noch das $(1-\alpha)$-Konfidenzintervall mit Normalverteilungsapproximation bestimmen. Zuerst berechnen wir dazu in Zelle E8 das Zwischenergebnis

$$u_{1-\alpha/2}\sqrt{\frac{\hat{p}(1-\hat{p})}{n}}$$

wobei $u_{1-\alpha/2}$ das $(1-\alpha/2)$-Fraktil der Standardnormalverteilung ist.

=STANDNORMINV(F10)*WURZEL(B7*(1-B7)/B3)

In B14 und B15 kommen die Unter- und Obergrenze des Vertrauensintervalls bei Normalverteilungsapproximation, die Formeln dazu sind

=B7-E8   und   =B7+E8

Jetzt brauchen wir in B3:B5 nur noch konkrete Werte für n, x und $(1-\alpha)$ einzusetzen, z.B. $n = 200$, $x = 91$ und $(1-\alpha) = 0{,}95$ wie in [HAFN 00], Beispiel 11.1.3, und Punkt- und Bereichschätzer werden automatisch berechnet. Für eine erläuternde Beschriftung der Tabelle kann jeder Anwender nach eigenem Ermessen sorgen.

	A	B	C	D	E	F
1	Punkt- und Bereichschätzer für Anteilswerte:					
2						
3		n=	200			
4	Anzahl der Einheiten mit der fraglichen Eigenschaft in der Stichprobe:	91				
5	Sicherheitswahrscheinlichkeit für Konfidenzintervall:	0.95			Zwischenergebnisse:	
6					0.62499398	
7	Punktschätzer:	0.455			1.113007048	
8					0.069013873	
9	Konfidenzintervall zur Sicherheit 0.95					
10	Untergrenze:	0.3846131	=untere Vertrauensschranke zur Sicherheit	0.975		
11	Obergrenze:	0.52674081	=obere Vertrauensschranke zur Sicherheit	0.975		
12						
13	Approximation mit der Normalverteilung:					
14	Untergrenze:	0.38598613				
15	Obergrenze:	0.52401387				

Abb. E.11.1: Punkt- und Bereichschätzer für Anteilswerte

Man sieht, dass im obigen Beispiel das Konfidenzintervall bei Normalverteilungsapproximation beinahe die exakten Werte liefert. Ist aber z.B. $n = 100$, $x = 4$ und $(1-\alpha) = 0{,}99$, dann sind die Werte der Näherungsformel alles andere als genau. Noch dazu wird für die Untergrenze des Konfidenzintervalls das theoretisch unmögliche Ergebnis $-0{,}0105$ berechnet. Warum sollte man hier also eine Näherungsformel verwenden, wenn deren Eingabe auch kaum kürzer ist als die der exakten Formel?

E.11.2 Testen von Hypothesen über relative Häufigkeiten

Wir erstellen ein Tabellenblatt, das für eine beliebige Eingabe des Stichprobenumfanges n, der Anzahl x der Einheiten mit der fraglichen Eigenschaft in der Stichprobe, des kritischen Anteilswertes p_0 und des Testniveaus α automatisch den statistischen Test durchführt und die Testentscheidung sowie das Grenzniveau des Tests ausgibt.
Wir reservieren die Zellen B3 und B4 für den Stichprobenumfang n und die Anzahl x der Einheiten mit der fraglichen Eigenschaft in der Stichprobe und behandeln zuerst zweiseitige Hypothesen.
Wir schreiben in die Zelle B6 „$H_0: p =$" und reservieren C6 für den kritischen Anteil p_0. In die Zelle B7 schreiben wir „Testniveau $\alpha =$" und reservieren C7 für den Wert von α.
Nun bestimmen wir das Konfidenzintervall zur Sicherheit $(1-\alpha)$ genau wie in E.11.1 beschreiben, die Zwischenergebnisse ξ bzw. η kommen in E6 bzw. E7, die

Unter- und Obergrenze des Konfidenzintervalls stehen in B10:B11.
Nun schreiben wir „H_0 kann zum Niveau α =" in die Zelle E10, und zwar rechtsbündig. Wir markieren dazu E10, wählen über das Menü

Format ▷
    Zellen . . .

und wählen im Register *Ausrichtung* des Dialogfeldes *Zellen* unter *Textanordnung, Horizontal* die Option *Rechts*.
In Zelle F10 schreiben wir =C7 und in G10 die Formel

$$=\text{WENN}(\text{UND}(B10<C6;C6<B11);\text{„nicht"};\text{„ "})$$

Diese Formel bewirkt, dass das Wort „nicht" in Zelle G10 geschrieben wird, falls $p_0 \in [\underline{p}; \overline{p}]$ ist. In Zelle E11 schreiben wir rechtsbündig „abgelehnt werden".

Nun zum Grenzniveau für den Test: Wir schreiben rechtsbündig in D12 „Grenzniveau, zu dem H_0 gerade nicht abgelehnt werden kann:" und berechnen das Grenzniveau in E12 mit der Formel

$$=\text{WENN}(C6<B4/B3;$$
$$2*(1-\text{FVERT}(C6/(1-C6)*(B3-B4+1)/B4;2*B4;2*(B3-B4+1)));$$
$$2*\text{FVERT}(C6/(1-C6)*(B3-B4)/(B4+1);2*(B4+1);2*(B3-B4)))$$

Wie man ausgerechnet auf diese Formel kommt, soll das Geheimnis der Statistiker bleiben, uns reicht, dass sie das richtige Ergebnis liefert.
Nun brauchen wir in B3, B4, C6 und C7 nur noch konkrete Werte einzusetzen, z.B. $n = 200$, $x = 91$, $p_0 = 0{,}52$ und $\alpha = 0{,}02$, und der Test wird durchgeführt, das Ergebnis ist in Abb. E.11.2 zu sehen.

	A	B	C	D	E	F	G
1	Testen von Hypothesen über Anteilswerte:						
2							
3		n=	200				
4	Anzahl der Einheiten mit der fraglichen Eigenschaft in der Stichprobe:		91				
5					Zwischenergebnisse:		
6	zweiseitige Hypothesen:	H_0: p=	0.52		0.592857529		
7		Testniveau: α=	0.02		1.172166837		
8							
9	Konfidenzintervall zur Sicherheit		0.98	Entscheidung:			
10	Untergrenze:	0.372197462		H_0 kann zum Niveau α=	0.02	**nicht**	
11	Obergrenze:	0.539630206		abgelehnt werden.			
12	Grenzniveau, zu dem H_0 gerade nicht abgelehnt werden kann:				0.076937083		

Abb. E.11.2: Zweiseitiger Hypothesentest über einen Anteilswert

Es sei betont, dass die Ergebnisse exakt sind, und nicht wie etwa bei SPSS auf Normalverteilungsnäherungen beruhen.
Das obige Tabellenblatt reicht an sich auch zum Testen einseitiger Hypothesen (siehe Beispiel S.11.2). Wir wollen aber die Phantasie und das Abstrahierungsvermögen unserer Leser nicht allzusehr strapazieren und legen im selben Blatt

E.11.2 Testen von Hypothesen über relative Häufigkeiten

eine eigene Tabelle für einseitige Tests an.
Wir schreiben in B14 den Text „H_0: $p <$" (rechtsbündig) und reservieren C14 für p_0, in B15 schreiben wir „Testniveau $\alpha =$" und reservieren C15 für einen konkreten Wert von α. Nun berechnen wir die untere Vertrauensschranke für p zur Sicherheit $(1-\alpha)$.
Das Zwischenergebnis

$$\xi' = \frac{x}{n-x+1} \cdot F_\alpha(2x; 2(n-x+1))$$

schreiben wir in die Zelle E15:

=B4/(B3-B4+1)*FINV(1-C15;2*B4;2*(B3-B4+1))

In B18 steht schließlich die untere Konfidenzschranke für p:

=E15/(1+E15)

Jetzt können wir die Testentscheidung ausgeben, wir schreiben in E18 „H_0 kann zum Niveau $\alpha =$" (rechtsbündig), in F18 steht =C15 und in G18 die Formel

=WENN(B18<C14;„nicht";„")

In E19 schreiben wir noch „abgelehnt werden". Zur Bestimmung des Grenzniveaus kopieren wir den Inhalt von D12 auf die Zelle D20 und schreiben in E20

=1-FVERT(C14/(1-C14)*(B3-B4+1)/B4;2*B4;2*(B3-B4+1))

Nun können wir konkrete Werte für n, x, p_0 und α einsetzen, z.B. wie in Beispiel S.11.2 $n = 200$, $x = 91$, $p_0 = 0{,}35$ und $\alpha = 0{,}05$.

14	einseitige Hypothesen:	H_0: p<	0.35	Zwischenergebnis:	
15		Testniveau: $\alpha=$	0.05	0.653927587	
16					
17	untere Vertrauensschranke zur Sicherheit	0.95		Entscheidung:	
18		0.395378608		H_0 kann zum Niveau $\alpha=$	0.05
19				abgelehnt werden.	
20	Grenzniveau, zu dem H_0 gerade nicht abgelehnt werden kann:			0.001391629	

Abb. E.11.3: Test einer einseitigen Hypothese über p

Schließlich legen wir völlig analog eine Tabelle für den zweiten einseitigen Test $H_0: p > p_0$ an. In B22 schreiben wir „H_0: $p >$", Zelle C22 reservieren wir für p_0. In B23 steht der Text „Testniveau $\alpha =$", und C23 ist für einen konkreten Wert von α reserviert. Wir bestimmen nun eine obere Vertrauensschranke zur Sicherheit $(1-\alpha)$, das Zwischenergebnis

$$\eta' = \frac{x+1}{n-x} \cdot F_{1-\alpha}(2(x+1); 2(n-x))$$

schreiben wir in die Zelle E23:

=(B4+1)/(B3-B4)*FINV(C23;2*(B4+1);2*(B3-B4))

Die obere Vertrauensschranke für p berechnen wir in B26:

=E23/(1+E23)

Für die Testentscheidung kopieren wir E18:F19 auf den Bereich E26:F27, und in G26 schreiben wir

=WENN(B26>C22;„nicht"; „ ")

Zur Bestimmung des Grenzniveaus kopieren wir D20 auf D28 und geben in E28 folgende Formel ein:

=FVERT(C22/(1-C22)*(B3-B4)/(B4+1);2*(B4+1);2*(B3-B4))

Wie in Beispiel S.11.3 geben wir die konkreten Zahlen $n = 200$, $x = 91$, $p_0 = 0{,}52$ ein und wählen für $\alpha = 2{,}5\%$.

22	H₀: p> 0.52	Zwischenergebnis:	
23	Testniveau: α= 0.025	1.113007048	
24			
25	obere Vertrauensschranke zur Sicherheit 0.975	Entscheidung:	
26	0.526740812	H₀ kann zum Niveau α= 0.025	nicht
27		abgelehnt werden.	
28	Grenzniveau, zu dem H₀ gerade nicht abgelehnt werden kann:	0.038468542	

Abb. E.11.4: Einseitiger Hypothesentest über p

E.11.3 Vergleich zweier relativer Häufigkeiten

In diesem Abschnitt erzeugen wir ein Tabellenblatt, in dem man nur die beiden Stichprobenumfänge n_1 und n_2, die beiden Anzahlen x_1 und x_2 von Einheiten mit der fraglichen Eigenschaft in den Stichproben und die Sicherheitswahrscheinlichkeit $(1 - \alpha)$ angeben muss und daraufhin automatisch das $(1-\alpha)$-Konfidenzintervall für die Differenz der Anteile in den beiden Gruppen $(p_1 - p_2)$ berechnet wird. Für n_1 und n_2 reservieren wir die Zellen B3 und D3, für x_1 und x_2 ist B4 und D4 reserviert und schließlich für die Sicherheitswahrscheinlichkeit $(1 - \alpha)$ die Zelle B5.

Zuerst bestimmen wir die Punktschätzer $\hat{p}_1, \hat{p}_2$ und $\widehat{p_1 - p_2}$, in B8 schreiben wir dazu =B4/B3, in D8 die Formel =D4/D3 und in die Zelle F8 die Formel =B8-D8. Jetzt bestimmen wir das Konfidenzintervall für p_1-p_2, und zwar mit der Normalapproximation, die Sicherheitswahrscheinlichkeit für dieses Intervall stimmt also nur bei großen Stichproben. Zuerst berechnen wir dazu das Zwischenergebnis

$$u_{1-\alpha/2} \cdot \sqrt{\frac{\hat{p}_1(1-\hat{p}_1)}{n_1} + \frac{\hat{p}_2(1-\hat{p}_2)}{n_2}},$$

es handelt sich hier um die halbe Länge des $(1 - \alpha)$-Konfidenzintervalls für $(p_1 - p_2)$. Wir schreiben in C15 die Formel

=STANDNORMINV(G12)*WURZEL(B8*(1-B8)/B3+D8*(1-D8)/D3)

Ober- und Untergrenze des Intervalls erhalten wir, indem wir das Zwischenergebnis einmal von $\widehat{p_1 - p_2}$ abziehen und einmal dazuaddieren. In B12 steht die Untergrenze: =F8-C15 und in B13 die Obergrenze: =F8+C15.

Fügt man im Tabellenblatt noch eine passende Beschriftung ein, dann ist man fertig. Man braucht jetzt nur mehr konkrete Werte für n_1, n_2, x_1, x_2 und $(1 - \alpha)$ in die entsprechenden Zellen einzusetzen, z.B. wie in [HAFN 00], Beispiel 11.3.1 $n_1 = 1000$, $n_2 = 800$, $x_1 = 455$, $x_2 = 320$ und $(1 - \alpha) = 0{,}9$, und das Konfidenzintervall wird berechnet.

	A	B	C	D	E	F	G
1	**Vergleich zweier Anteilswerte:**						
2							
3		$n_1=$	1000	$n_2=$	800		
4		$x_1=$	455	$x_2=$	320		
5		$1-\alpha=$	0.9				
6							
7	**Punktschätzer**						
8		für p_1:	0.455	für p_2:	0.4	für p_1-p_2:	0.055
9							
10	**Konfidenzintervall für p_1-p_2 zur Sicherheit 0.9**						
11	(Normalverteilungsapproximation, nur für große Stichproben brauchbar!)						
12	Untergrenze:	0.01649586	=untere Vertrauensschranke zur Sicherheit 0.95				
13	Obergrenze:	0.09350414	=obere Vertrauensschranke zur Sicherheit 0.95				
14							
15	halbe Länge des Intervalls:	0.0385					

Abb. E.11.5: Konfidenzintervall für $(p_1 - p_2)$

Das Testen von Hypothesen über $(p_1 - p_2)$ hängt, wie wir in E.11.2 gesehen haben, eng mit der Bereichschätzung von $(p_1 - p_2)$ zusammen. Die Erstellung von Tabellenblättern zum Testen von Hypothesen funktioniert nicht anders, als in Abschn. E.11.2 gezeigt wurde, und ist dem Leser als Übung überlassen.

E.11.4 Übungsaufgaben

Ü.E.11.1:

a. Bei einer Befragung von 1000 Oberösterreichern gaben 234 Personen an, dass sie täglich mindestens zwei Stunden fernsehen. Geben Sie Punkt- und Bereichschätzer ($\alpha = 0{,}05$) für den unbekannten Anteil der Oberösterreicher an, die täglich **weniger** als 2 Stunden fernsehen.

b. Testen Sie zum Niveau $\alpha = 0{,}05$ (bzw. $\alpha = 0{,}01$), ob der Anteil der Oberösterreicher, die länger als zwei Stunden täglich fernsehen, 26,5% ist.

c. In der Steiermark gaben bei einer ähnlichen Befragung 196 von 800 Personen an, täglich mehr als zwei Stunden fernzusehen. Bestimmen Sie eine obere Vertrauensschranke für die Differenz der Anteilswerte zur Sicherheit 99%.

Ü.E.11.2:

a. Erstellen Sie ein Tabellenblatt, in dem nach der Eingabe von $n_1, n_2, x_1, x_2, \alpha$ und dem kritischen Wert p_0 automatisch die Nullhypothese $H_0: p_1-p_2 = p_0$ zum Niveau α getestet wird (Die Teststrategie lautet: H_0 kann abgelehnt werden, falls $p_0 \notin [\, \underline{p_1 - p_2}\,;\, \overline{p_1 - p_2}\,]$).

b. Testen Sie für die Daten aus Ü.E.11.1 zum Niveau $\alpha = 0{,}01$, ob die Differenz der Anteilswerte $(p_1 - p_2) = 0{,}04$ ist.

c. Bestimmen Sie durch Ausprobieren das Grenzniveau zum obigen Test. Es ist dies jenes Niveau α, bei dem eine Grenze des Konfidenzintervalls genau 0,04 ist. Wie könnte man das Grenzniveau rechnerisch bestimmen?

E.12 Die Parameter der Normalverteilung

E.12.1 Der Mittelwert μ

Wir erzeugen in diesem Abschnitt 50 Zufallszahlen aus der Normalverteilung $N(10;9)$ und berechnen daraus zunächst Punkt- und Bereichschätzer für das Mittel μ.

Beispiel E.12.1: Zur Erzeugung der 50 Pseudozufallszahlen verwenden wir die Analyse-Funktion *Zufallszahlengenerierung*:

Extras ▷
    Analyse-Funktionen ...

Wir wählen *Zufallszahlengenerierung* aus und klicken auf *OK*. Im sich öffnenden Dialogfeld setzen wir die *Anzahl der Variablen* auf 1, die *Anzahl der Zufallszahlen* auf 50, klicken bei *Verteilung* auf die Auswahl *Standard*, setzen *Mittelwert* auf 10, *Standardabweichung* auf 3, den *Ausgangswert* auf 2000, klicken auf *Ausgabebereich* und stellen für das Feld rechts daneben einen Bezug zu Zelle A2 her. Nachdem wir auf *OK* geklickt haben, werden die Zufallszahlen in A2:A51 geschrieben. Die Spalte A beschriften wir mit „x (aus $N(10;9)$)".

Wir wollen ein 99%-Konfidenzintervall für das Mittel μ berechnen. Zunächst bestimmen wir in E1 den Stichprobenumfang n

=ANZAHL(A:A)

und in Zelle D4 den Punktschätzer $\hat{\mu}$:

=MITTELWERT(A:A)

In F4 berechnen wir den Schätzer $\hat{\sigma} = s$ für die Standardabweichung:

=STABW(A:A)

Die Zelle F6 reservieren wir für die Sicherheitswahrscheinlichkeit $(1-\alpha)$. Um zu den Grenzen des Konfidenzintervalls zu kommen, berechnen wir das Zwischenergebnis

$$\frac{s}{\sqrt{n}} \cdot t_{n-1;1-\alpha/2}$$

Es handelt sich hier um die halbe Länge des $(1-\alpha)$-Konfidenzintervalls für μ, wir berechnen sie in Zelle E7:

=F4/WURZEL(E1)*TINV(1-F6;E1-1)

Für die Unter- bzw. Obergrenze des Konfidenzintervalls schreiben wir in D8 bzw. D9 die Formeln

=D4-E7   bzw.   =D4+E7

In die Zellen H8 und H9 schreiben wir jeweils

=1-(1-F6)/2

und setzen für $(1-\alpha)$ einen konkreten Wert in F6 ein, z.B. 0,99. Wir versehen unser Tabellenblatt noch mit einer passenden Beschriftung (etwa wie in Abb. E.12.1), und das Tableau ist fertig. Wir können es im Übrigen für beliebig große Stichproben und beliebige Sicherheitswahrscheinlichkeiten verwenden, wir müssen nur darauf achten, dass die Stichprobenwerte alle in der Spalte A stehen.

E.12.1 Der Mittelwert μ

	A	B	C	D	E	F	G
1	x (aus N(10;9))		Stichprobenumfang n:	50			
2	7.480235						
3	8.12736		**Punktschätzer:**				
4	17.05575		für μ:	9.48498833		für σ:	3.22128194
5	12.34194						
6	12.76817		**Konfidenzintervall für μ zur Sicherheit**			0.99	
7	4.294467		Halbe Länge des Intervalls	1.220874406			
8	7.725938		Untergrenze:	8.26411392	=untere Vertrauensschranke zur Sicherheit		0.995
9	8.585001		Obergrenze:	10.7058627	=obere Vertrauensschranke zur Sicherheit		0.995

Abb. E.12.1: Punkt- und Bereichschätzer für μ

Bereichschätzung und Testen von Hypothesen über μ hängen eng miteinander zusammen. Wir erweitern unser Tabellenblatt daher um einen Abschnitt, in dem nur durch Angabe von μ_0 automatisch die Hypothese $H_0: \mu = \mu_0$ zum Niveau α getestet wird. Für μ_0 reservieren wir die Zelle G11. In Zelle E12 geben wir das Testniveau aus: =1-F6

In D12 schreiben wir rechtsbündig „H_0 kann zum Niveau α =", in D13 „abgelehnt werden", und in C13 die Formel

=WENN(UND(D8<G11;G11<D9);„nicht";„ ")

In Zelle G13 berechnen wir das Grenzniveau des Tests, es ist dies jenes α, bei dem eine Grenze des $(1-\alpha)$-Konfidenzintervalls genau μ_0 ist, also müssen wir die Formel

=TVERT(ABS(D4-G11)*WURZEL(E1)/F4;E1-1;2)

verwenden. Wir brauchen jetzt nur noch einen konkreten Wert für μ_0 in Zelle G11 zu schreiben, z.B. $\mu_0 = 10,5$, und der Test wird automatisch durchgeführt.

	A	B	C	D	E	F	G
11	11.45333		**Testen zweiseitiger Hypothesen:**			$H_0: \mu=$	10.5
12	6.905565			H_0 kann zum Niveau $\alpha=$	0.01		
13	10.3465		**nicht** abgelehnt werden.			Grenzniveau:	0.03049854

Abb. E.12.2: Testen zweiseitiger Hypothesen über μ

Auch zum Testen einseitiger Hypothesen legen wir einen eigenen Abschnitt im Tabellenblatt an. Die Vorgehensweise ist völlig gleich wie beim Testen zweiseitiger Hypothesen, wir demonstrieren sie für den Test von $H_0: \mu < \mu_0$.
In F15 schreiben wir den Text „$H_0: \mu <$" (rechtsbündig), und G15 reservieren wir für einen konkreten Wert von μ_0. Die Zellen D12:D13 kopieren wir auf D16:D17, in E16 schreiben wir =1-H8, und in C17 kommt die Formel

=WENN(D8<G15;„nicht";„ ")

Zur Bestimmung des Grenzniveaus verwenden wir in G17 die Formel

=WENN(G15<D4;TVERT((D4-G15)*WURZEL(E1)/F4;E1-1;1);
1-TVERT((G15-D4)*WURZEL(E1)/F4;E1-1;1))

Dass die Formel für das Grenzniveau hier relativ umständlich eingegeben werden muss, liegt an der Funktion TVERT (siehe Abschn. E.9.5).

Wir wollen jetzt $H_0: \mu < 8{,}5$ zum Niveau $\alpha = 0{,}05$ testen. Dazu müssen wir in F6 die Sicherheitswahrscheinlichkeit $(1 - 2\alpha) = 0{,}9$ eingeben und in G15 den kritischen Wert $\mu_0 = 8{,}5$.

	A	B	C	D	E	F	G
15	14.13979		**Testen einseitiger Hypothesen:**			$H_0: \mu <$	8.5
16	6.604456		H_0 kann zum Niveau $\alpha =$	0.05			
17	11.73922			abgelehnt werden.		Grenzniveau:	0.0177582

Abb. E.12.3: Testen einseitiger Hypothesen über μ

Für Hypothesen der Form $H_0: \mu > \mu_0$ geht man prinzipiell genauso wie bei $H_0: \mu < \mu_0$ vor, wir überlassen es unseren Lesern als Übung, einen eigenen Abschnitt im Tabellenblatt zum Testen dieser Hypothesen anzulegen.

E.12.2 Die Varianz σ^2

Wir verwenden das Tabellenblatt aus E.12.1 und fügen zunächst einen Abschnitt hinzu, in dem nur die Sicherheitswahrscheinlichkeit $(1 - \alpha)$ einzugeben ist und dann automatisch ein $(1 - \alpha)$-Konfidenzintervall für die Varianz σ^2 einer normalverteilten Zufallsvariablen berechnet wird.

Der Punktschätzer für die Varianz σ^2 ist $\hat{\sigma}^2 = s^2$. Die Stichprobenstandardabweichung s haben wir bereits berechnet, wir schreiben also in D21

=F4^2

Für die Sicherheitswahrscheinlichkeit $(1 - \alpha)$ des Konfidenzintervalls reservieren wir F23, in H25 und H26 berechnen wir jeweils $(1 - \alpha/2)$ mit der Formel

=1-(1-F23)/2

Die Grenzen des Konfidenzintervalls für σ^2 kommen in D25:D26, für die Untergrenze schreiben wir in D25 die Formel

=(E1-1)*D21/CHIINV(1-H25;E1-1)

und für die Obergrenze berechnen wir in D26

=(E1-1)*D21/CHIINV(H25;E1-1)

Die Funktion CHIINV(*Wahrsch; Freiheitsgrade*) berechnet für *Wahrsch*=p und *Freiheitsgrade*=n das $(1-p)$-Fraktil der χ^2-Verteilung mit n Freiheitsgraden. Man hätte anstelle der Funktion CHIINV auch die Funktion GAMMAINV verwenden können (siehe Abschn. E.9.4).

Wir wollen $[\underline{\sigma^2}; \overline{\sigma^2}]$ zur Sicherheit 95% berechnen, also setzen wir in F23 den Wert 0,95 ein.

	A	B	C	D	E	F	G	H
20	12.85902		**Punktschätzer:**					
21	8.250725		für σ^2:	10.3766573				
22	9.140753							
23	13.17084		**Konfidenzintervall für σ^2 zur Sicherheit**			0.95		
24	6.035601							
25	14.376		Untergrenze:	7.24065932	=untere Vertrauensschranke zur Sicherheit			0.975
26	13.21572		Obergrenze:	16.1133681	=obere Vertrauensschranke zur Sicherheit			0.975

Abb. E.12.4: Konfidenzintervall für die Varianz σ^2

E.12.3 Vergleich zweier Normalverteilungen

Für das Testen von zweiseitigen Hypothesen $H_0: \sigma^2 = \sigma_0^2$ und von einseitigen Hypothesen der Form $H_0: \sigma^2 < \sigma_0^2$ kopieren wir C11:E17 nach C28:E34. Wir brauchen jetzt nur noch in F28 den Text „$H_0: \sigma^2 =$" und in F32 „$H_0: \sigma^2 <$" zu schreiben, die Zellen G28 und G32 sind für die kritischen Werte σ_0^2 der beiden Tests reserviert. Was den beiden Tests jetzt noch fehlt, ist das Grenzniveau, wir berechnen es für die zweiseitige Hypothese in G30:

MIN(CHIVERT((E1-1)*D21/G28;E1-1);1-CHIVERT((E1-1)*D21/G28;E1-1))*2

In die Zelle G34 kommt die Formel für das Grenzniveau des einseitigen Tests:

=CHIVERT((E1-1)*D21/G32;E1-1)

Wir testen jetzt die Hypothese $H_0: \sigma^2 = 16$ zum Niveau $\alpha = 0{,}01$. Dazu müssen wir in F23 $(1 - \alpha) = 0{,}99$ und in G28 die Zahl 16 eintragen.

	A	B	C	D	E	F	G
28	9.63778		**Testen zweiseitiger Hypothesen:**			$H_0: \sigma^2 =$	16
29	11.27316		H_0 kann zum Niveau $\alpha =$	0.01			
30	7.671423		**nicht** abgelehnt werden.			Grenzniveau:	0.05365413

Abb. E.12.5: Testen zweiseitiger Hypothesen über σ^2

Schließlich wollen wir noch die einseitige Hypothese $\sigma^2 < 7$ testen, und zwar zum Niveau $\alpha = 2{,}5\%$. Wir geben in F23 $(1 - 2\alpha) = 0{,}95$ und in G32 den kritischen Wert $\sigma_0^2 = 7$ ein, und der Test wird durchgeführt.

	A	B	C	D	E	F	G
32	7.859518		**Testen einseitiger Hypothesen:**			$H_0: \sigma^2 <$	7
33	6.19738		H_0 kann zum Niveau $\alpha =$	0.025			
34	8.499259		abgelehnt werden.			Grenzniveau:	0.01577018

Abb. E.12.6: Testen einseitiger Hypothesen über σ^2

Zum Testen einseitiger Hypothesen der Form $H_0: \sigma^2 > \sigma_0^2$ kann jeder Leser zur Übung wieder einen eigenen Abschnitt im vorliegenden Tabellenblatt anlegen.

E.12.3 Vergleich zweier Normalverteilungen

Für diesen Abschnitt seien x und y verteilt nach

$$x \sim \mathbf{N}(\mu_x; \sigma_x^2) \qquad y \sim \mathbf{N}(\mu_y; \sigma_y^2)$$

Wir wenden uns zuerst dem Vergleich der Mittelwerte zweier Normalverteilungen zu.

Mittelwertvergleich

Beispiel E.12.2: Wir verwenden die Daten aus Beispiel E.12.1 und kopieren die Zufallszahlen in den Zellen A2:A51 in ein neues Tabellenblatt. Zusätzlich erzeugen wir mit der Analysefunktion *Zufallszahlengenerierung* 30 Pseudozufallszahlen aus der Normalverteilung $\mathbf{N}(12; 4)$. Damit wir alle dieselben Daten haben, setzen wir den Ausgangswert auf 2001 und legen für die linke obere Ecke des Ausgabebereiches die Zelle B2 fest. Die Stichprobe der x-Werte steht jetzt also in A2:A51, die der y-Werte in B2:B31.

Beim Mittelwertvergleich muss man je nachdem, ob die Varianzen σ_x^2 und σ_y^2 gleich sind oder nicht, verschiedene Formeln zur Berechnung der Bereichsschätzer für $\mu_y - \mu_x$ verwenden. Wir werden beide Fälle behandeln.

Zuerst aber zur Berechnung der Punktschätzer: In den Zellen F1 und I1 sollen die beiden Stichprobenumfänge m für x und n für y stehen, wir berechnen sie mit den Formeln

=ANZAHL(A:A)   und   =ANZAHL(B:B)

In E5 berechnen wir $\hat{\mu}_x = \bar{x}$, in H5 $\hat{\sigma}_x^2 = s_x^2$, die Formeln dazu lauten:

=MITTELWERT(A:A)   und   =VARIANZ(A:A)

Eine Zeile darunter, also in E6 bzw. H6, berechnen wir $\hat{\mu}_y = \bar{y}$ bzw. $\hat{\sigma}_y^2 = s_y^2$ mit

=MITTELWERT(B:B)   und   =VARIANZ(B:B)

Schließlich berechnen wir in E7 den Punktschätzer $\widehat{\mu_y - \mu_x} = \bar{y} - \bar{x}$:

=E6-E5

Für die Konfidenzintervalle für $\mu_y - \mu_x$ benötigt man den sogenannten Standardfehler des Punktschätzers für $\mu_y - \mu_x$, es ist dies hier die geschätzte Standardabweichung des Schätzers $\bar{y} - \bar{x}$. Die beiden Fälle *Varianzen sind gleich* und *Varianzen sind ungleich* unterscheiden sich eigentlich nur in der Berechnung des Standardfehlers von $\bar{y} - \bar{x}$. Bei gleichen Varianzen berechnet man ihn nach

$$\sqrt{\frac{m+n}{m \cdot n}} \cdot \sqrt{\frac{(m-1)s_x^2 + (n-1)s_y^2}{m+n-2}}$$

Wir schreiben also in F9 die Formel

=WURZEL(((F1-1)*H5+(I1-1)*H6)*(F1+I1)/F1/I1/(F1+I1-2))

Bei ungleichen Varianzen berechnet man den Standardfehler von $\bar{y} - \bar{x}$ nach

$$\sqrt{\frac{s_x^2}{m} + \frac{s_y^2}{n}}$$

Daher kommt in F10

=WURZEL(H5/F1+H6/I1)

Wir behandeln zuerst den Fall gleicher Varianzen:

Mittelwertvergleich bei gleichen Varianzen

Wir bestimmen das $(1-\alpha)$-Konfidenzintervall für $\mu_y - \mu_x$. Für die Eintragung eines konkreten Wertes von $(1-\alpha)$ halten wir G12 frei, und in H13 berechnen wir als Zwischenergebnis die halbe Länge des Konfidenzintervalls

=F9*TINV(1-G12;F1+I1-2)

Unter- bzw. Obergrenze des Konfidenzintervalls berechnen wir in E14 bzw. E15 durch

=E7-H13   bzw.   =E7+H13

In I14 und I15 steht noch die Sicherheitswahrscheinlichkeit $(1-\alpha/2)$ für einseitige Vertrauensschranken

=1-(1-G12)/2

E.12.3 Vergleich zweier Normalverteilungen

Zur Berechnung des 0,95-Konfidenzintervalls braucht man nur noch 0,95 in G12 zu schreiben.

	D	E	F	G	H	I
1	Stichprobenumfang m:	50		Stichprobenumfang n:	30	
2						
3	**Mittelwertvergleich:**					
4	**Punktschätzer:**					
5	für μ_x:	9.48498833		für σ_x^2:	10.37665735	
6	für μ_y:	12.1017431		für σ_y^2:	4.047890924	
7	für μ_y-μ_x:	2.6167548				
8	Schätzer für den Standardfehler des Schätzers für μ_y-μ_x:					
9	bei gleichen Varianzen:		0.654162241			
10	bei ungleichen Varianzen:		0.585203251			
11						
12	**Konfidenzintervall für μ_y-μ_x zur Sicherheit**			0.95		
13	bei gleichen Varianzen:	Halbe Länge des Intervalls:			1.302337276	
14	Untergrenze:	1.31441752	=untere Vertrauensschranke zur Sicherheit		0.975	
15	Obergrenze:	3.91909208	=obere Vertrauensschranke zur Sicherheit		0.975	

Abb. E.12.7: Konfidenzintervall für $\mu_y - \mu_x$ bei $\sigma_x^2 = \sigma_y^2$

Das Testen zweiseitiger Hypothesen über $\mu_y - \mu_x$ funktioniert wie in den Abschn. E.12.1 und E.12.2: Wir schreiben in G17 den Text „$H_0: \mu_y - \mu_x =$", H17 reservieren wir für einen konkreten Testwert. In E18 schreiben wir rechtsbündig „H_0 kann zum Niveau $\alpha =$", in E19 „abgelehnt werden". In F18 berechnen wir α aus der Sicherheitswahrscheinlichkeit des Konfidenzintervalls für $\mu_y - \mu_x$: = 1-G12. Schließlich soll in D19 das Wort „nicht" stehen, falls der kritische Testwert im Konfidenzintervall liegt:

=WENN(UND(E14<H17;H17<E15);„nicht";„")

Auch die Berechnung des Grenzniveaus funktioniert wie in den letzten Kapiteln: Das Grenzniveau ist jener Wert α, bei dem eine Grenze des Konfidenzintervalls genau der kritische Testwert ist, also schreiben wir in H19 die Formel

=TVERT(ABS(E7-H17)/F9;F1+I1-2;2)

Beim Testen einseitiger Hypothesen zeigen wir dieses Mal, wie man bei $H_0: \mu_y - \mu_x > \delta$ vorgeht. In G21 schreiben wir „$H_0: \mu_y - \mu_x >$", H21 reservieren wir für einen konkreten Wert von δ. Für E22 und E23 kopieren wir den Inhalt von E18 und E19. In F22 steht 1−Sicherheitswahrscheinlichkeit der oberen Vertrauensschranke für $\mu_y - \mu_x$, mit der unser Wert δ ja verglichen wird (=1-I14). Und in D23 soll „nicht" stehen, falls $\overline{\mu_y - \mu_x} > \delta$ ist

=WENN(E15>H21;„nicht";„")

Zur Berechnung des Grenzniveaus geben wir in H23 die folgende Formel ein:

=WENN(H21<E7;1-TVERT((E7-H21)/F9;F1+I1-2;1);
TVERT((H21-E7)/F9;F1+I1-2;1))

Wir setzen den Wert für die Sicherheitswahrscheinlichkeit des Konfidenzintervalls für $\mu_y - \mu_x$ in G12 auf 0,99 und testen $H_0: \mu_y - \mu_x = 0$ zum Niveau $\alpha = 0{,}01$ bzw. die einseitige Hypothese $H_0: \mu_y - \mu_x > 3{,}5$ zum Niveau $\alpha = 0{,}005$. Dazu müssen wir in H17 noch die Zahl 0 und in H21 die Zahl 3,5 einsetzen.

	D	E	F	G	H
17	Testen zweiseitiger Hypothesen:			H_0: μ_y-μ_x=	0
18	H_0 kann zum Niveau α=	0.01			
19		abgelehnt werden.		Grenzniveau:	0.000142922
20					
21	Testen einseitiger Hypothesen:			H_0: μ_y-μ_x>	3.5
22	H_0 kann zum Niveau α=	0.005			
23		nicht abgelehnt werden.		Grenzniveau:	0.090429515

Abb. E.12.8: Testen von Hypothesen über $\mu_y - \mu_x$

Mittelwertvergleich bei ungleichen Varianzen

Für die Sicherheitswahrscheinlichkeit des Konfidenzintervalls für $(\mu_y - \mu_x)$ reservieren wir G25. In I27 und I28 steht die Sicherheitswahrscheinlichkeit $(1 - \alpha/2)$ für die untere und die obere Konfidenzschranke für $\mu_y - \mu_x$: =1-(1-G25)/2, und die halbe Länge des Konfidenzintervalls berechnen wir in H26:

$$=\text{F10*STANDNORMINV(I27)}$$

Unter- und Obergrenze des Intervalls stehen in E27 und E28, die Formeln dafür sind

$$=\text{E7}-\text{H26} \quad \text{und} \quad =\text{E7}+\text{H26}$$

Das Testen von Hypothesen funktioniert wie beim Fall gleicher Varianzen, nur die Berechnung der Grenzniveaus für die einzelnen Tests erfolgt nach anderen Formeln. Steht der kritische Wert δ für den Test von H_0: $\mu_y - \mu_x = \delta$ in Zelle H30, dann berechnet man das Grenzniveau nach

$$=(1-\text{STANDNORMVERT}(\text{ABS}(\text{H30}-\text{E7})/\text{F10}))*2$$

Ist beim einseitigen Test H_0: $\mu_y - \mu_x > \delta$ die Zelle H34 für einen konkreten Wert von δ reserviert, dann ist die Formel für das Grenzniveau des Tests

$$=1-\text{STANDNORMVERT}((\text{H34}-\text{E7})/\text{F10})$$

Wir testen nun H_0: $\mu_y - \mu_x = 0$ zum Niveau $\alpha = 0{,}01$ und H_0: $\mu_y - \mu_x > 3{,}5$ zum Niveau $\alpha = 0{,}005$. Dazu setzen wir in G25 die Zahl 0,99 und in H30 bzw. H34 die Werte 0 bzw. 3,5 ein.

	D	E	F	G	H	I
25	Konfidenzintervall für μ_y-μ_x zur Sicherheit			0.99		
26	bei ungleichen Varianzen:	Halbe Länge des Intervalls:			1.507386731	
27	Untergrenze:	1.10936807	=untere Vertrauensschranke zur Sicherheit			0.995
28	Obergrenze:	4.12414153	=obere Vertrauensschranke zur Sicherheit			0.995
29						
30	Testen zweiseitiger Hypothesen:			H_0: μ_y-μ_x=	0	
31	H_0 kann zum Niveau α=	0.01				
32		abgelehnt werden.		Grenzniveau:	7.77305E-06	
33						
34	Testen einseitiger Hypothesen:			H_0: μ_y-μ_x>	3.5	
35	H_0 kann zum Niveau α=	0.005				
36		nicht abgelehnt werden.		Grenzniveau:	0.065611543	

Abb. E.12.9: Konfidenzintervall und Hypothesentests über $\mu_y - \mu_x$ bei ungleichen Varianzen

E.12.3 Vergleich zweier Normalverteilungen

Varianzvergleich

Beispiel E.12.3: Wir verwenden die Daten aus Beispiel E.12.2 und bestimmen ein $(1-\alpha)$-Konfidenzintervall für den Quotienten σ_y^2/σ_x^2. Anschließend testen wir Hypothesen über diesen Quotienten.

Für die Sicherheitswahrscheinlichkeit $(1-\alpha)$ des Konfidenzintervalls halten wir die Zelle G40 frei. $(1-\alpha/2)$ steht dann mit der Formel =1-(1-G40)/2 in I42 und I43, und in F41 berechnen wir den Punktschätzer für den Quotienten der Varianzen σ_y^2/σ_x^2:

$$=H6/H5$$

Unter- und Obergrenze des $(1-\alpha)$-Konfidenzintervalls für den Quotienten der Varianzen stehen in E42 mit

$$=F41*FINV(I42;F1-1;I1-1)$$

und in E43 mit

$$=F41*FINV(1-I42;F1-1;I1-1)$$

Das Testen von Hypothesen über σ_y^2/σ_x^2 läuft prinzipiell wie die Hypothesentests in den letzten Abschnitten ab. Steht für den Test der zweiseitigen Hypothese $H_0\colon \sigma_y^2/\sigma_x^2 = \rho^2$ der Wert von ρ^2 in H45, dann berechnet man das Grenzniveau für diesen Test mit

$$=MIN(FVERT(H45/F41;F1-1;I1-1);FVERT(F41/H45;I1-1;F1-1))*2$$

Für den einseitigen Test $H_0\colon \sigma_y^2/\sigma_x^2 < \rho^2$ berechnet man, falls der Testwert ρ^2 in H49 steht, das Grenzniveau nach

$$=1-FVERT(H49/F41;F1-1;I1-1)$$

Wir setzen $(1-\alpha)$ für das Konfidenzintervall in Zelle G40 gleich 0,95 und schreiben in H45 die Zahl 0,9 und in H49 den Wert 0,3, um $H_0\colon \sigma_y^2/\sigma_x^2 = 0,9$ zum Niveau $\alpha = 0,05$ und $H_0\colon \sigma_y^2/\sigma_x^2 < 0,3$ zum Niveau 0,025 zu testen.

	D	E	F	G	H	I
39	**Varianzvergleich:**					
40	Konfidenzintervall für σ_y^2/σ_x^2 zur Sicherheit			0.95		
41	Punktschätzer für σ_y^2/σ_x^2:		0.390095846			
42	Untergrenze:	0.20734155	=untere Vertrauensschranke zur Sicherheit			0.975
43	Obergrenze:	0.77642765	=obere Vertrauensschranke zur Sicherheit			0.975
44						
45	Testen zweiseitiger Hypothesen:			$H_0\colon \sigma_y^2/\sigma_x^2=$	0.9	
46	H_0 kann zum Niveau $\alpha=$		0.05			
47	abgelehnt werden.			Grenzniveau:	0.018114956	
48						
49	Testen einseitiger Hypothesen:			$H_0\colon \sigma_y^2/\sigma_x^2<$	0.3	
50	H_0 kann zum Niveau $\alpha=$		0.025			
51	**nicht** abgelehnt werden.			Grenzniveau:	0.205078952	

Abb. E.12.10: Konfidenzintervall und Hypothesentests für den Quotienten σ_y^2/σ_x^2

E.12.4 Vergleich zweier Normalverteilungen mit Analyse-Funktionen

Tests von Hypothesen über $\mu_y - \mu_x$ und über σ_y^2/σ_x^2 kann man in Excel mit Analyse-Funktionen schneller als im Abschn. E.12.3 beschrieben durchführen. Wir verwenden die Daten aus Beispiel E.12.2 und werden mit Hilfe von Analyse-Funktionen dieselben Hypothesen testen wie in Abschn. E.12.3.

Mittelwertvergleich bei gleichen Varianzen

Beispiel E.12.4: 1. Wir testen für die Daten aus Beispiel E.12.2 die Hypothese $H_0: \mu_y - \mu_x = 0$; und zwar zum Niveau $\alpha = 0{,}01$.

Zuerst aktivieren wir das Tabellenblatt mit den Stichproben der Variablen x und y, die x-Werte stehen in A2:A51, die y-Werte in B2:B31.

Extras ▷
    Analyse-Funktionen ...

Wir wählen die Analyse-Funktion *Zweistichproben t-Test: Gleicher Varianzen*. Im Feld *Bereich Variable A:* stellen wir z.B. durch Markieren der Zellen einen Bezug zur y-Stichprobe in B1:B31 her, im Feld *Bereich Variable B:* geben wir einen Bezug zur x-Stichprobe in A1:A51 ein. Excel testet Hypothesen über die Differenz der Mittelwerte von *Variable A − Variable B*, ins Feld *Hypothetische Differenz der Mittelwerte* ist der Testwert für $\mu_y - \mu_x$ einzugeben, in diesem Beispiel also die Zahl 0. Im Eingabebereich für die x- und y-Stichproben sind Spaltenbeschriftungen enthalten, daher klicken wir auf *Beschriftungen*. Das Feld *Alpha* ist für das Niveau des Tests reserviert. Gibt man hier nichts ein, dann wird standardmäßig $\alpha = 0{,}05$ gesetzt, wir geben das Testniveau 0,01 ein. Schließlich kann man wie bei den anderen Analyse-Funktionen noch entscheiden, wohin man die Ausgabe des t-Tests geschrieben haben möchte. Wir wählen ein neues Tabellenblatt, das wir mit *Vergleich mit Analyse-Funktion* bezeichnen.

	A	B	C
1	Zweistichproben t-Test unter der Annahme gleicher Varianzen		
2			
3		y (aus N(12;4))	x (aus N(10;9))
4	Mittelwert	12.10174313	9.484988325
5	Varianz	4.047890924	10.37665735
6	Beobachtungen	30	50
7	Gepoolte Varianz	8.023654448	
8	Hypothetische Differenz der Mittelwerte	0	
9	Freiheitsgrade (df)	78	
10	t-Statistik	4.000161791	
11	P(T<=t) einseitig	7.14612E-05	
12	Kritischer t-Wert bei einseitigem t-Test	2.375109034	
13	P(T<=t) zweiseitig	0.000142922	
14	Kritischer t-Wert bei zweiseitigem t-Test	2.640335879	

Abb. E.12.11: Testen von Hypothesen über $\mu_y - \mu_x$ mit Analyse-Funktionen

In den ersten beiden Zeilen stehen die Schätzer für die Mittelwerte und Varianzen der beiden Variablen x und y, darunter die Stichprobenumfänge. In der Zeile *Gepoolte Varianz* findet man den Schätzer für die Varianz von x und y errechnet aus allen 80 Stichprobenwerten (x- und y-Werte), es gilt:

E.12.4 Vergleich zweier Normalverteilungen mit Analyse-Funktionen

$$\hat{\sigma}^2 = \frac{(m-1)s_x^2 + (n-1)s_y^2}{n+m-2}$$

Es folgt die Zeile mit dem Testwert für $\mu_y - \mu_x$, in unserem Beispiel wird getestet, ob die Differenz der Mittelwerte 0 ist.

Die Anordnung der nächsten Zeilen ist unter Umständen geeignet, Verwirrung zu stiften. Wir konzentrieren uns auf die Zeilen, die für unseren Test von Interesse sind, und beginnen bei *P(T<=t)zweiseitig*. In dieser Zeile finden wir das Grenzniveau für unseren zweiseitigen Test, wir können die Nullhypothese zu jedem Niveau, das größer als das Grenzniveau ist, ablehnen, also auch zum Niveau $\alpha = 0{,}01$. Damit wäre unsere Testentscheidung gefallen, wir wollen aber auch noch den Inhalt der anderen Zeilen erläutern.

In der Zeile *t-Statistik* findet man den zum Grenzniveau des Tests gehörenden Wert der *t*-Verteilung mit der Anzahl von *Freiheitsgraden(df)*, die eine Zeile darüber steht. Bezeichnen wir das Grenzniveau des zweiseitigen Tests mit α_{g_2}, dann steht beim zweiseitigen Test in der Zeile *t-Statistik* das $(1 - \alpha_{g_2}/2)$-Fraktil der *t*-Verteilung mit *df* Freiheitsgraden. In der Zeile *Kritischer t-Wert bei zweiseitigem Test* steht das $(1 - \alpha/2)$-Fraktil der *t*-Verteilung mit dem Wert von α, den wir für den durchgeführten Test eingegeben haben, hier ist also $\alpha = 0{,}01$.

Hätten wir die einseitige Hypothese $\mu_y - \mu_x < 0$ getestet, dann wären die Eingaben im Dialogfeld *Zweistichproben t-Test: Gleicher Varianzen* identisch gewesen. In der Ausgabe wäre dann aber vor allem die Zeile *P(T <= t)einseitig* von Interesse, in dieser Zeile steht das Grenzniveau für den einseitigen Test. Bezeichnen wir dieses Grenzniveau mit α_{g_1}, dann ist die Eintragung der Zeile *t-Statistik* das $(1 - \alpha_{g_1})$-Fraktil der *t*-Verteilung mit *df* Freiheitsgraden. In der Zeile *Kritischer t-Wert bei einseitigem Test* steht das $(1 - \alpha)$-Fraktil der *t*-Verteilung mit dem α-Wert, den wir eingegeben haben (hier 0,01).

So weit, so gut; für die praktische Durchführung eines Tests über $\mu_y - \mu_x$ braucht man sich aber nur folgende Vorgehensweise zu merken: Wir verzichten im Dialogfeld *Zweistichproben t-Test: Gleicher Varianzen* überhaupt auf die Eingabe eines α-Wertes, denn mit diesem Wert wird lediglich ein „kritischer *t*-Wert" berechnet, der für sich allein für die Testentscheidung völlig irrelevant ist. In der Ausgabe reicht uns ein Blick auf das Grenzniveau des Tests ($P(T <= t)$ *zweiseitig* bzw. *einseitig*). Wir wissen dann, dass wir H_0 zu jedem Niveau, das größer als dieses Grenzniveau ist, ablehnen können.

2. Wir testen die Nullhypothese $H_0: \mu_y - \mu_x > 3{,}5$ zum Niveau $\alpha = 0{,}005$. Nach unseren letzten Überlegungen ist die Vorgehensweise klar: Wir verfahren wie beim eben durchgeführten zweiseitigen Test, nur dass wir ins Feld *Hypothetische Differenz der Mittelwerte* den Testwert 3,5 eintragen.

Eine Frage ist aber noch offen: Woher weiß Excel, dass wir $H_0: \mu_y - \mu_x > 3{,}5$ und nicht $H_0: \mu_y - \mu_x < 3{,}5$ testen wollen?

Antwort: Excel weiß es gar nicht, Microsoft Excel wählt für einseitige Tests immer die aufgrund der Daten unwahrscheinlichere Hypothese zur Nullhypothese. In unserem Beispiel ist $\bar{y} - \bar{x} = 2{,}6$. Mit diesen Daten wird man niemals die Nullhypothese $H_0: \mu_y - \mu_x < 3{,}5$ widerlegen können, die Daten bestätigen diese Nullhypothese ja geradezu. Mit unseren Daten können wir höchstens $\mu_y - \mu_x >$

3,5 widerlegen, und Excel wählt diejenige Hypothese, die widerlegt werden kann, zur Nullhypothese.

24	Hypothetische Differenz der Mittelwerte	3,5
25	Freiheitsgrade (df)	78
26	t-Statistik	-1.350192879
27	P(T<=t) einseitig	0.090429515

Abb. E.12.12: Einseitiger Test über $\mu_y - \mu_x$ mit Analyse-Funktionen

In der Ausgabe sehen wir: Das Grenzniveau für den einseitigen Test ist 0,0904, wir können daher H_0 nicht zum Niveau $\alpha = 0{,}005$ ablehnen.

Mittelwertvergleich bei ungleichen Varianzen

Wir testen dieselben Hypothesen wie im Fall gleicher Varianzen, also beginnen wir mit

1. $H_0: \mu_y - \mu_x = 0$.

Extras ▷
    Analyse-Funktionen ...

Wir wählen die Analyse-Funktion *Zweistichproben t-Test: Unterschiedlicher Varianzen*. Die Eingabe im sich öffnenden Dialogfeld ist exakt wie bei der Analyse-Funktion *Zweistichproben t-Test: Gleicher Varianzen*.

	A	B	C
33	Zweistichproben t-Test unter der Annahme unterschiedlicher Varianzen		
34			
35		y (aus N(12;4))	x (aus N(10;9))
36	Mittelwert	12.10174313	9.484988325
37	Varianz	4.047890924	10.37665735
38	Beobachtungen	30	50
39	Hypothetische Differenz der Mittelwerte	0	
40	Freiheitsgrade (df)	78	
41	t-Statistik	4.471531555	
42	P(T<=t) einseitig	1.30111E-05	
43	Kritischer t-Wert bei einseitigem t-Test	2.375109034	
44	P(T<=t) zweiseitig	2.60221E-05	
45	Kritischer t-Wert bei zweiseitigem t-Test	2.640335879	

Abb. E.12.13: Hypothesentest über $\mu_y - \mu_x$ bei ungleichen Varianzen

Die Excel-Formel zur Bestimmung der Vertrauensschranken für $\mu_y - \mu_x$, auf deren Grundlage der Hypothesentest durchgeführt wird, unterscheidet sich etwas von der Näherungsformel in [HAFN 00]. Daher sind die Ergebnisse, die man mit der Analyse-Funktion erhält, etwas anders als die Ergebnisse in Abschn. E.12.3. Wir sehen in der Zeile $P(T <= t) zweiseitig$ das Grenzniveau für den Test, wir können H_0 also zu jedem Niveau $\alpha > 0{,}0026\%$ ablehnen.

2. $H_0: \mu_y - \mu_x > 3{,}5$.

Wir verfahren wie beim zweiseitigen Test und setzen die *Hypothetische Differenz der Mittelwerte* auf 3,5. In diesem Beispiel können wir H_0 zu jedem Niveau größer als 6,76% verwerfen.

E.12.4 Vergleich zweier Normalverteilungen mit Analyse-Funktionen

54	Hypothetische Differenz der Mittelwerte	3.5
55	Freiheitsgrade (df)	78
56	t-Statistik	-1.509296468
57	P(T<=t) einseitig	0.067631677

Abb. E.12.14: Einseitiger Hypothesentest über $\mu_y - \mu_x$ bei ungleichen Varianzen

Varianzvergleich

Zum Testen, ob zwei normalverteilte Zufallsvariablen x und y gleiche Varianzen besitzen, verwendet auch die Excel-Analyse-Funktion den F-Test, den wir im letzten Unterabschnitt beschrieben haben. Mit der Analyse-Funktion lassen sich aber nur Nullhypothesen $H_0: \frac{\sigma_y^2}{\sigma_x^2} = 1$ bzw. für den einseitigen Fall $H_0: \frac{\sigma_y^2}{\sigma_x^2} < (>) 1$ testen. Will man allgemeiner die Hypothese $H_0: \sigma_y^2/\sigma_x^2 = \rho^2$ überprüfen, dann muss man zuerst die Variable $z = \rho \cdot x$ erzeugen und dann $H_0: \sigma_y^2/\sigma_z^2 = 1$ testen.

Beispiel E.12.5: 1. Wir verwenden die Daten aus Beispiel E.12.2 und testen wie in Beispiel E.12.3 die Hypothese $H_0: \sigma_y^2/\sigma_x^2 = 0{,}9$.
Zunächst berechnen wir die Werte der Variablen z: Die x-Werte stehen in A2:A51, daher schreiben wir in K2

=A2*WURZEL(0.9)

und kopieren die Formel auf K3:K51. In K1 beschriften wir die Spalte mit „$z = x * 0.9487$". Jetzt testen wir, ob die Varianzen von y und z gleich sind

Extras ▷
    Analyse-Funktionen ...

Wir wählen die Analyse-Funktion *Zwei-Stichproben F-Test*. Im Feld *Bereich Variable A:* stellen wir einen Bezug zur y-Stichprobe in B1:B31 her, für das Feld *Bereich Variable B:* wählen wir die eben berechneten z-Werte in K1:K51. Wir klicken auf *Beschriftungen* und bestimmen anschließend noch, wohin die Ausgabe geschrieben werden soll.

	A	B	C
63	Zwei-Stichproben F-Test		
64			
65		y (aus N(12;4))	z=x*.9487
66	Mittelwert	12.10174313	8.998250006
67	Varianz	4.047890924	9.338991615
68	Beobachtungen	30	50
69	Freiheitsgrade (df)	29	49
70	Prüfgröße (F)	0.433439829	
71	P(F<=f) einseitig	0.009057478	
72	Kritischer F-Wert bei einseitigem Test	0.562623725	

Abb. E.12.15: Varianzvergleich mit Analyse-Funktionen

In der Ausgabe ist vor allem die Zeile $P(F <= f)\,einseitig$ von Interesse. Hier finden wir das Grenzniveau für den einseitigen Test $H_0: \sigma_y^2/\sigma_x^2 > 0{,}9$ bzw. $H_0: \sigma_y^2/\sigma_z^2 > 1$. Wie beim Mittelwertvergleich wählt Excel beim einseitigen Testen die Nullhypothese so, dass sie aufgrund der Daten auch verworfen werden kann.

Das Grenzniveau für den zweiseitigen Test erhält man, indem man das Grenzniveau für den einseitigen Test mit 2 multipliziert. Wir können unsere Nullhypothese also zu jedem Niveau $\alpha > 0{,}018$ ablehnen.

2. Wir testen $H_0\colon \sigma_y^2/\sigma_x^2 < 0{,}3$. Dazu erzeugen wir genau wie oben eine Variable $z = x \cdot \sqrt{0{,}3}$ und testen dann $H_0\colon \sigma_y^2/\sigma_z^2 < 1$.

B1 Freiheitsgrade (df)	29
B2 Prüfgröße (F)	1.300319486
B3 P(F<=f) einseitig	0.205078952

Abb. E.12.16: Einseitiger Hypothesentest über σ_y^2/σ_x^2 mit Analyse-Funktionen

Das Grenzniveau für diesen Test ist 0,2051, wir sehen, dass die Ergebnisse völlig identisch zu jenen in Beispiel E.12.3 sind.

E.12.5 Übungsaufgaben

Ü.E.12.1:

Nehmen Sie an, die Variablen *syst* und *diast* aus Aufgabe Ü.E.1.1 seien normalverteilt.

   a. Berechnen Sie ein 95%-Konfidenzintervall für den Mittelwert und die Varianz der Variablen *diast*.

   b. Testen Sie zum Niveau $\alpha = 0{,}05$ (0,01) die Nullhypothese H_0: „Der Mittelwert der Variablen *syst* liegt unter 140 mmHg".

Ü.E.12.2:

Legen Sie ein Tabellenblatt an,

   a. in dem nach der Eingabe des Testniveaus α (bzw. der Sicherheitswahrscheinlichkeit $1 - \alpha$) und des Testwertes μ_0 automatisch die Nullhypothese $H_0\colon \mu > \mu_0$ getestet wird;

   b. in dem nach der Eingabe des Niveaus α bzw. $(1 - \alpha)$ und des Testwertes σ_0^2 automatisch der Test $H_0\colon \sigma^2 > \sigma_0^2$ durchgeführt wird.

   c. Testen Sie, ob das Mittel von *syst* zum Niveau $\alpha = 0{,}05$ (0,01) signifikant kleiner als 160 ist ($H_0\colon \mu > 160$).

   d. Testen Sie die Nullhypothese H_0: „Die Varianz von *diast* ist größer als 100 mmHg^2 " ($\alpha = 0{,}01$).

Ü.E.12.3:

   a. Testen Sie, ob die Differenz der Mittelwerte von *syst* und *diast* 40 mmHg ist.

   b. Testen Sie, ob der Quotient Varianz(*syst*)/Varianz(*diast*) bei einem Niveau $\alpha = 0{,}05$ (0,01) signifikant größer als 1,8 ist ($H_0\colon \sigma_{syst}^2/\sigma_{diast}^2 < 1{,}8$).

E.13 Verteilungsunabhängige Verfahren

E.13.1 Schätzen und Testen von Fraktilen

Wir zeigen anhand der Daten des Beispiels in [HAFN 00], Abschn. 2.2, wie man ausgehend von einer Stichprobe Vertrauensschranken für Fraktile x_p einer beliebigen Verteilung schätzt und mithilfe dieser Vertrauensschranken Hypothesen über x_p testet.

Unsere Daten (die 60 Körpergrößen) stehen in den Zellen B2:B61. Wir werden das Tabellenblatt so gestalten, dass man nur einen konkreten Wert für p und für die Sicherheitswahrscheinlichkeit $(1-\alpha)$ eingeben muss, damit obere und untere Vertrauensschranke sowie Konfidenzintervalle für x_p zur Sicherheitswahrscheinlichkeit (mindestens) $(1-\alpha)$ berechnet werden.

Für die Eingabe von p bzw. $(1-\alpha)$ reservieren wir die Zellen E3 bzw. H3. Wir bestimmen zunächst die untere Vertrauensschranke zur Sicherheit mindestens $(1-\alpha)$. Die Sicherheitswahrscheinlichkeiten für die Vertrauensschranken berechnet man mit der Verteilungsfunktion der Binomialverteilung. Wie bei jeder Verteilungsfunktion einer diskreten Wahrscheinlichkeitsverteilung handelt es sich hier um eine Treppenfunktion, d.h., nicht jeder Wert $(1-\alpha)$ kann von der Verteilungsfunktion angenommen werden. Zur Bestimmung der Sicherheitswahrscheinlichkeiten für die Vertrauensschranken können wir daher nicht jene Werte der Zählvariablen z (siehe [HAFN 00], Abschn. 13.1) suchen, wo die Verteilungsfunktion exakt $(1-\alpha)$ bzw. α ist, sondern nur jene, wo die Verteilungsfunktion mindestens $(1-\alpha)$ bzw. höchstens α ist. Das heißt, die Sicherheitswahrscheinlichkeit wird niemals exakt gleich einem vorgegebenen Wert $(1-\alpha)$ sein, sondern immer $\geq (1-\alpha)$.

In die Zelle D5 schreiben wir „Untere Vertrauensschranke zur Sicherheit", in E6 kommt der Text „. kleinster Stichprobenwert:". In die Zelle D6 geben wir dann die folgende Formel ein:

=KRITBINOM(ANZAHL(B:B);E$3;1-H$3)

Die Funktion KRITBINOM (*Versuche; Erfolgswahrsch; Alpha*) gibt den kleinsten Wert zurück, für den die Verteilungsfunktion der Binomialverteilung mit Parametern n=*Versuche* und p=*Erfolgswahrsch* größer oder gleich *Alpha* ist.

In der Zelle G6 soll die untere Vertrauensschranke stehen, wir bewerkstelligen das mit der Formel

=KKLEINSTE(B:B;D6)

Die Funktion KKLEINSTE (*Matrix, K*) liefert die K-kleinste Zahl aus dem Zellenbereich *Matrix*. Jetzt berechnen wir noch die exakte Sicherheitswahrscheinlichkeit für die untere Vertrauensschranke, und zwar in H5 mit der Formel

=1-BINOMVERT(D6-1;ANZAHL(B:B);E$3;WAHR)

Wir brauchen jetzt nur noch konkrete Werte für p und $(1-\alpha)$ in die Zellen E3 und H3 zu schreiben, z.B. wie in Abschn. S.13.1 $p = 0{,}32$ und $1-\alpha = 0{,}95$, und die untere Vertrauensschranke für $x_{0,32}$ wird automatisch berechnet.

	A	B	C	D	E	F	G	H
1	Name	Körpergröße		Vertrauensschranken für Fraktile x_p				
2	Abel E.	165.3						
3	Adam R.	145.2		p=	0.32		1-α=mindestens	0.95
4	Aginger W.	169.8						
5	Asanger A.	167.8		Untere Vertrauensschranke zur Sicherheit				0.97174292
6	Atzmüller H.	159.6		13	. kleinster Stichprobenwert:			159.6

Abb. E.13.1: Untere Vertrauensschranke für x_p

Damit man eine Ausgabe wie in Abb. E.13.1 bekommt, muss man lediglich die Spaltenbreiten entsprechend ändern. Zur Bestimmung der oberen Vertrauensschranke für x_p zur Sicherheit mindestens $(1-\alpha)$ kopieren wir den Bereich D5:H6 in die Zwischenablage (*Strg* und *C*), markieren die Zelle D8 und drücken die Eingabetaste. D5:H6 wurde nach D8:H9 kopiert, wir müssen jetzt nur noch die Eintragungen einzelner Zellen ändern.
In D8 bessern wir „Untere" auf „Obere" aus, die Formel in D9 ändern wir auf

=KRITBINOM(ANZAHL(B:B);E$3;**H$3**)+1

(nur der hintere Teil der Formel ist zu ändern), und der erste Teil der Formel in H8 ist ebenfalls zu korrigieren:

=BINOMVERT(D9-1;ANZAHL(B:B);E$3;WAHR)

Möchten wir wie in Abschn. S.13.1 eine obere Vertrauensschranke für $x_{0,8}$ zur Sicherheit mindestens 0,99 bestimmen, dann brauchen wir in E3 nur noch die Zahl 0,8 und in H3 die Zahl 0,99 zu schreiben.

	D	E	F	G	H
8	Obere Vertrauensschranke zur Sicherheit				0.99606741
9	56	. kleinster Stichprobenwert:			183.2

Abb. E.13.2: Obere Vertrauensschranke für x_p

Zur Bestimmung eines Mindestens-$(1-\alpha)$-Konfidenzintervalls für x_p schreiben wir in D12 den Text „Untergrenze" und in D14 „Obergrenze". Anschließend kopieren wir den Inhalt der Zellen D6:G6 auf D13:G13 und den Inhalt von D9:G9 auf D15:G15 (siehe oben). Den hinteren Teil der Formeln in D13 und D15 müssen wir ändern, und zwar in D13 auf

=KRITBINOM(ANZAHL(B:B);E$3;**(1-H$3)/2**)

und in D15 auf

=KRITBINOM(ANZAHL(B:B);E$3;**1-(1-H$3)/2**)+1

Für die Sicherheitswahrscheinlichkeiten kopieren wir H5 nach H12 und verschieben H12 anschließend nach H13 (nicht H5 nach H13 kopieren, da sonst die relativen Bezüge in der Formel nicht mehr stimmen). Genauso kopieren wir H8 nach H14 und verschieben H14 anschließend nach H15. Die Sicherheitswahrscheinlichkeit für das Konfidenzintervall berechnen wir in H16 mit

=H13+H15−1

Berechnet man die Grenzen für das $(1-\alpha)$-Konfidenzintervall $[x_{(k)}; x_{(l)}]$ so, dass $x_{(k)}$ eine untere Konfidenzschranke zur Sicherheit mindestens $(1-\alpha/2)$ und $x_{(l)}$ eine obere Konfidenzschranke zur Sicherheit mindestens $(1-\alpha/2)$ für x_p ist,

E.13.1 Schätzen und Testen von Fraktilen

dann kommt es manchmal vor, dass die zumindest geforderte Sicherheitswahrscheinlichkeit so weit überschritten wird, dass auch $[x_{(k+1)}; x_{(l)}]$ oder $[x_{(k)}; x_{(l-1)}]$ Konfidenzintervalle für x_p zur Sicherheit mindestens $(1 - \alpha)$ sind. Wir bestimmen daher auch noch $[x_{(k+1)}; x_{(l)}]$ und $[x_{(k)}; x_{(l-1)}]$ mit den zugehörigen Sicherheitswahrscheinlichkeiten. Dazu kopieren wir D12:H16 auf D18:H22 und auf D24:H28 und ändern den hinteren Teil der Formel in D19 auf

=KRITBINOM(ANZAHL(B:B);E$3;(1-H$3)/2)+1

Die zwei letzten Zeichen der Formel in D27 löschen wir, so dass sie schließlich folgendes Aussehen hat:

=KRITBINOM(ANZAHL(B:B);E$3;1-(1-H$3)/2)

Wir berechnen jetzt ein Mindestens-95%-Konfidenzintervall für $x_{0,28}$, indem wir den Wert in E3 auf 0,28 und jenen in H3 auf 0,95 setzen.

	D	E	F	G	H
11	**Konfidenzintervalle:**				Sicherheit
12	Untergrenze:				
13		10 . kleinster Stichprobenwert:		159	0.98595331
14	Obergrenze:				
15		25 . kleinster Stichprobenwert:		164.1	0.98424312
16			Sicherheit für das Intervall:		**0.97019643**
17					
18	Untergrenze:				
19		11 . kleinster Stichprobenwert:		159.1	0.96952692
20	Obergrenze:				
21		25 . kleinster Stichprobenwert:		164.1	0.98424312
22			Sicherheit für das Intervall:		**0.95377004**
23					
24	Untergrenze:				
25		10 . kleinster Stichprobenwert:		159	0.98595331
26	Obergrenze:				
27		24 . kleinster Stichprobenwert:		164.1	0.97002976
28			Sicherheit für das Intervall:		**0.95598307**

Abb. E.13.3: Konfidenzintervalle für x_p

Wir sehen, dass hier sogar die Sicherheitswahrscheinlichkeiten für $[x_{(k+1)}; x_{(l)}]$ und für $[x_{(k)}; x_{(l-1)}]$ über 95% liegen. Da aber für unsere Stichprobe $x_{(24)} = x_{(25)}$ gilt, und auch $x_{(10)}$ und $x_{(11)}$ fast gleich sind, ist es praktisch egal, welches Konfidenzintervall für $x_{0,28}$ man wählt.

Zum Testen von Hypothesen über x_p können wir die eben bestimmten Vertrauensschranken verwenden. Wir legen in unserem Tabellenblatt einen Abschnitt zum Hypothesentesten an, in dem man nur den Testwert x_0 eingeben muss, damit die Testentscheidung ausgegeben wird.
Zuerst zum Test der einseitigen Hypothese $H_0: x_p < x_0$: Für den Testwert x_0 reservieren wir die Zelle H32, und in G32 schreiben wir rechtsbündig den Text „$H_0: x_p <$". In die Zelle G33 kommt der Text „Die Nullhypothese kann zum Niveau $\alpha =$" (rechtsbündig), und in F34 schreiben wir „verworfen werden". In E34 soll das Wort „nicht" stehen, falls die untere Vertrauensschranke für das p-Fraktil $\underline{x_p} < x_0$ ist, das erreichen wir mit der Formel

=WENN(G6<H32;„nicht";„ ")

Das Niveau des Tests ist 1 minus der Sicherheitswahrscheinlichkeit der unteren Vertrauensschranke und wird in H33 mit der Formel =1-H5 berechnet.

Möchte man zum Niveau $\alpha = 0{,}01$ die Hypothese H_0: $x_{0,6} < 165$ testen, dann muss man in E3 den Wert für p, also $0{,}6$, in H3 den Wert für $(1 - \alpha)$, also $0{,}99$, und in H32 den Testwert 165 schreiben.

	D	E	F	G	H
30	Testen von Hypothesen über x_p				
31					
32	Einseitige Hypothesen:			H_0: $x_p<$	165
33	Die Nullhypothese kann zum Niveau $\alpha =$				0,00663739
34		verworfen werden.			

Abb. E.13.4: Testen einseitiger Hypothesen über x_p

Zum Testen von Hypothesen der Form H_0: $x_p > x_0$ kopieren wir E32:H34 auf E36:H38, ändern in G36 das <-Zeichen zu einem >-Zeichen und die Formel in H37 auf =1-H8. Schließlich müssen wir noch die Formel in E38 korrigieren:

$$=\text{WENN}(G9>H36;„nicht";„")$$

Wir testen jetzt zum Niveau $\alpha = 2{,}5\%$ die Hypothese H_0: $x_{0,5} > 170$ und schreiben dazu in E3 die Zahl $0{,}5$, in H3 die Zahl $0{,}975$ und in H36 den Testwert 170.

	D	E	F	G	H
36				H_0: $x_p>$	170
37	Die Nullhypothese kann zum Niveau $\alpha =$				0,01367007
38		**nicht** verworfen werden.			

Abb. E.13.5: Einseitiger Hypothesentest über den Median

Für das Testen zweiseitiger Hypothesen kopieren wir D32:H34 auf D40:H42 und ändern dann das <-Zeichen in G40 auf ein Gleichheitszeichen (=). Die Eintragung in H41 ändern wir auf =1-H16, und die Formel in E42 muss lauten:

$$=\text{WENN}(\text{UND}(G13<H40;H40<G15);„nicht";„")$$

Zur Demonstration testen wir zum Niveau $\alpha = 0{,}1$ die Hypothese H_0: $x_{0,7} = 175$, dazu schreiben wir die Zahlen $0{,}7$; $0{,}9$ und 175 in die Zellen E3, H3 und H40.

	D	E	F	G	H
40	Zweiseitige Hypothesen:			H_0: $x_p=$	175
41	Die Nullhypothese kann zum Niveau $\alpha =$				0,06571276
42		**nicht** verworfen werden.			

Abb. E.13.6: Testen zweiseitiger Hypothesen über x_p

E.13.2 Statistische Toleranzintervalle

Wir berechnen nach der Näherungsformel in [HAFN 00], Abschn. 13.2 ein Toleranzintervall $[\hat{T}_u; \hat{T}_o]$, das die mittleren $p \cdot 100\%$ der Grundgesamtheit mit einer Sicherheitswahrscheinlichkeit $(1-\alpha)$ überdeckt. In unserem Tabellenblatt soll die Eingabe von konkreten Werten für p und $(1-\alpha)$ ausreichen, damit die Unter- und Obergrenze des Toleranzintervalls ausgerechnet wird. Für p bzw. $(1-\alpha)$ reservieren wir die Zellen E47 bzw. G47. Es gilt

$$[\hat{T}_u; \hat{T}_o] = [x_{(k)}; x_{(n+1-k)}], \text{ wobei}$$
$$k \approx (\, n(1-p) - u_{1-\alpha}\sqrt{np(1-p)}\,)/2$$

Den Wert von k berechnen wir in D52:

=ABRUNDEN((ANZAHL(B:B)*(1-E47)-STANDNORMINV(G47)*
WURZEL(ANZAHL(B:B)*E47*(1-E47)))/2;0)

In G52 steht dann die Untergrenze $\hat{T}_u$:

=KKLEINSTE(B:B;D52)

In D54 berechnen wir $n+1-k$:

=ANZAHL(B:B)+1−D52

Zur Obergrenze $\hat{T}_o$ kommen wir, indem wir G52 auf G54 kopieren.

Nun können wir ein beliebiges Toleranzintervall berechnen, z.B. jenes, das 70% der Grundgesamtheit mit einer Sicherheit von 90% überdeckt. Dazu brauchen wir nur in E47 den Wert 0,7 und in Zelle G47 den Wert 0,9 schreiben.

	D	E	F	G	H
45	**Statistische Toleranzintervalle**				
46					
47		p=	0.7	1-α =	0.9
48					
49	Näherungswerte nur für große Stichprobenwerte brauchbar!				
50					
51	Untergrenze:				
52		6	. kleinster Stichprobenwert:	157.1	
53	Obergrenze:				
54		55	. kleinster Stichprobenwert:	182.3	

Abb. E.13.7: Statistisches Toleranzintervall

E.13.3 Übungsaufgaben

Ü.E.13.1:

a. Bestimmen Sie ein 95%-Konfidenzintervall für den Median der Variablen *temp* aus Aufgabe Ü.E.1.1.

b. Bestimmen Sie durch Ausprobieren das Grenzniveau für den Test $H_0\colon x_{0,5} = 36$ bzw. $H_0\colon x_{0,5} < 36$.

Ü.E.13.2:

Bestimmen Sie ein Toleranzintervall, das 80% der Variablen *temp* mit einer Wahrscheinlichkeit von 90% überdeckt.

E.14 Der Chi-Quadrat-Test

E.14.1 Der Chi-Quadrat-Anpassungstest

Mit einem χ^2-Anpassungstest prüft man die Nullhypothese H_0: „Die vorliegende Stichprobe stammt aus der Verteilung $\mathcal{P}$ ", wobei $\mathcal{P}$ eine beliebige, aber fixe Wahrscheinlichkeitsverteilung ist. Wir demonstrieren die Durchführung eines χ^2-Anpassungstests anhand von zwei Beispielen.

Beispiel E.14.1: Gegeben sind die Daten aus [HAFN 00], Beispiel 14.1.2, es handelt sich hier um 50 Körpergrößen. Wir geben die 50 Messwerte in die Zellen A2:A51 eines Tabellenblattes ein, das wir mit *Daten* bezeichnen. Die Nullhypothese, die zu testen ist, lautet: H_0: „Die Daten stammen aus einer Normalverteilung $\mathbf{N}(\mu; \sigma^2)$". Aus welcher Normalverteilung die Daten kommen sollen, ist nicht angegeben, wir müssen daher zunächst die beiden Parameter der Verteilung schätzen.

Den Schätzer $\hat{\mu} = \bar{x}$ schreiben wir in die Zelle H2 eines Tabellenblattes, das wir mit *Chi-Quadrat-Anpassungstest* bezeichnen.

=MITTELWERT(Daten!A:A)

Der Schätzer $\hat{\sigma} = s$ kommt in H3:

=STABW(Daten!A:A)

Als nächstes müssen wir die Messwerte in Intervalle einteilen, wir übernehmen die Intervalleinteilung aus [HAFN 00], Beispiel 14.1.2 und schreiben die Obergrenzen der sieben Intervalle in A2:A8. Als Obergrenze für das letzte Intervall wählen wir eine Körpergröße, die sicher bei keinem Menschen gemessen werden kann, z.B. 300 cm.

Jetzt bestimmen wir die beobachteten Häufigkeiten für die sieben Intervalle, wir markieren B2:B8 und geben folgende Formel ein:

{=HÄUFIGKEIT(Daten!A:A;A2:A7)}

Da es sich hier um eine Matrixformel handelt, beenden wir die Eingabe mit *Strg*, *Umschalt* und *Eingabe*. In B9 berechnen wir die Summe der absoluten Häufigkeiten:

=SUMME(B2:B8)

Das Ergebnis brauchen wir zur Berechnung der relativen Häufigkeiten, wir schreiben dazu in C2

=B2/B$9

und kopieren die Formel auf C3:C8.

In die nächste Spalte kommen die erwarteten relativen Häufigkeiten, es sind dies diejenigen Häufigkeiten, die man erwarten würde, wenn H_0 stimmt. In unserem Beispiel sind das die Wahrscheinlichkeiten für die sieben Intervalle unter der Bedingung, dass die Variable *Körpergröße* die Normalverteilung $\mathbf{N}(\hat{\mu}; \hat{\sigma}^2)$ besitzt. Wir schreiben in D2 die Formel

=NORMVERT(A2;H$2;H$3;WAHR)-NORMVERT(A1;H$2;H$3;WAHR)

und kopieren die Formel auf D3:D8. In Zelle A1 darf bei Verwendung der obigen Formel nichts stehen, denn ist die Zelle leer, dann liefert der Bezug auf A1 die Zahl 0. Die Spalte E enthält die Werte

E.14.1 Der Chi-Quadrat-Anpassungstest

$$\frac{(p_j^{\text{beob}} - p_j^{\text{erw}})^2}{p_j^{\text{erw}}}$$

Also schreiben wir in E2

=(C2-D2)^2/D2

und kopieren die Formel auf E3:E8. Die Testgröße χ^2 errechnen wir in E9 mit

=SUMME(E2:E8)*B9

In E10 sollen die Freiheitsgrade $k-r-1$ stehen, wobei k die Anzahl der Klassen oder Intervalle und r die Anzahl der geschätzten Parameter ist:

=ANZAHL(A:A)-ANZAHL(H:H)-1

Bei der Verwendung der obigen Formel muss man darauf achten, dass in Spalte A keine Zahlen außer der Intervallobergrenzen und in Spalte H keine Zahlen außer den geschätzten Parametern stehen.
Schließlich berechnen wir in E11 das Grenzniveau für den χ^2-Anpassungstest:

=CHIVERT(E9;E10)

Wir können H_0 zu jedem Niveau, das größer als das berechnete Grenzniveau ist, verwerfen. In unserem Beispiel ist das Grenzniveau beinahe 80%, also können wir die Nullhypothese H_0: „Die Körpergrößen sind normalverteilt" nicht ablehnen.

	A	B	C	D	E	F	G	H
1		h^{beob}	p^{beob}	p^{erw}	$(p^{\text{beob}}-p^{\text{erw}})^2/p^{\text{erw}}$		geschätzte Parameter:	
2	155	11	0.22	0.158371935	0.023981638		μ:	167.02
3	160	5	0.1	0.120999092	0.00364434		σ^2:	12.0059339
4	165	8	0.16	0.153822221	0.000248111			
5	170	7	0.14	0.164820967	0.003737876			
6	175	7	0.14	0.148855486	0.000526817			
7	180	5	0.1	0.113311076	0.001563702			
8	300	7	0.14	0.139819223	2.33733E-07			
9		50		$\chi^2_{\text{err}} =$	1.685135938			
10				Freiheitsgrade:	4			
11				Grenzniveau:	0.793415898			

Abb. E.14.1: Arbeitstabelle für einen χ^2-Anpassungstest

Beispiel E.14.2: In diesem Beispiel analysieren wir Daten, die bereits in aggregierter Form vorliegen und nicht in Intervalle eingeteilt werden müssen. Wie in Beispiel S.14.2 wollen wir prüfen, ob eine Stichprobe vom Umfang $n = 1000$ aus der Poissonverteilung mit Parameter $\mu = 0{,}3$ stammt. Die Nullhypothese lautet also H_0: $x \sim \mathbf{P}_{0,3}$, und in der folgenden Tabelle ist die Häufigkeitsverteilung der Stichprobe zu sehen:

i	0	1	2	3
$h(x=i)$	729	243	27	1

Wir legen analog zu Beispiel E.14.1 ein Tabellenblatt mit dem Namen *Chi-Quadrat-Anpassungstest* an. Parameter sind in diesem Beispiel keine zu schätzen, also beginnen wir mit der Auflistung der Kategorien (hier Ausprägungen) der

Variablen x. Wir schreiben in A2:A5 die Zahlen 0, 1, 2 und 3 und in B2:B5 die zugehörigen beobachteten absoluten Häufigkeiten. In B6 steht die Summe der Häufigkeiten

=SUMME(B2:B5),

die wir zur Berechnung der relativen Häufigkeiten benötigen. In C2 schreiben wir die Formel

=B2/B$6

und kopieren sie nach C3:C5.

In den Zellen D2:D5 sollen die erwarteten relativen Häufigkeiten stehen, also die relativen Häufigkeiten, die man erwarten würde, wenn x tatsächlich poissonverteilt wäre. Die erwarteten relativen Häufigkeiten sind hier gleich der Dichtefunktion der $\mathbf{P}_{0,3}$, wir schreiben also in D2

=POISSON(A2;0.3;FALSCH)

und kopieren die Formel auf D3:D5.

In der nächsten Spalte stehen dann wieder die Werte von $(p_j^{\text{beob}} - p_j^{\text{erw}})^2/p_j^{\text{erw}}$. In E2 schreiben wir daher

=(C2-D2)^2/D2

und kopieren die Formel auf E3:E5. Die Teststatistik χ^2 berechnen wir in E6 mit

=SUMME(E2:E5)*B6

Die Freiheitsgrade bestimmen wir wie im vorigen Beispiel mit

=ANZAHL(A:A)-ANZAHL(H:H)-1

Die Freiheitsgrade stehen in E7, und in E8 berechnen wir das Grenzniveau für den durchgeführten χ^2-Anpassungstest:

=CHIVERT(E6;E7)

	A	B	C	D	E	F	G	H
1	x	h^{beob}	p^{beob}	p^{erw}	$(p^{\text{beob}}-p^{\text{erw}})^2/p^{\text{erw}}$		geschätzte Parameter:	
2	0	729	0.729	0.740818221	0.000188535			
3	1	243	0.243	0.222245466	0.001938175			
4	2	27	0.027	0.03333682	0.001204533			
5	3	1	0.001	0.003333682	0.001633651			
6		1000		$\chi^2_{\text{err}} =$	4.964893769			
7				Freiheitsgrade:	3			
8				Grenzniveau:	0.174385896			

Abb. E.14.2: Ergebnis des χ^2-Anpassungstests

Bemerkung: Die beobachteten relativen Häufigkeiten sind in diesem Beispiel genau die Wahrscheinlichkeiten $P(x = i|\mathbf{B}_{3;0,1})$. Das Grenzniveau des obigen Tests ist 17,4%, d.h., obwohl der Stichprobenumfang mit 1000 doch schon sehr hoch ist, gelingt es mit dem χ^2-Anpassungstest nicht nachzuweisen, dass die Daten nicht aus der Poissonverteilung $\mathbf{P}_{0,3}$ kommen. Daraus wiederum kann man schließen, dass die beiden Verteilungen $\mathbf{B}_{3;0,1}$ und $\mathbf{P}_{0,3}$ einander sehr ähnlich sind und dass in diesem Fall die Approximationsregeln aus [HAFN 00], Abschn. 8.7 sicher ihre Berechtigung haben.

E.14.2 Der Chi-Quadrat-Homogenitätstest

Die Nullhypothese des χ^2-Homogenitätstests lautet immer H_0: „Zwei (oder mehrere) Stichproben stammen aus derselben Verteilung". Wir demonstrieren die Vorgehensweise beim χ^2-Homogenitätstest anhand eines Beispiels.

Beispiel E.14.3: Gegeben sind die Daten aus [HAFN 00], Beispiel 14.2.2, es handelt sich hier um die Wohnungsmieten pro m² von 190 Wohnungen in zwei Großstädten. Wir übernehmen die Daten aus Tabelle 14.2.1 in [HAFN 00] und erstellen eine Häufigkeitstabelle des zweidimensionalen Merkmals (*Miete, Stadt*). Die absoluten Häufigkeiten stehen in C3:D12, wir müssen zunächst die absoluten Häufigkeiten für die Randverteilungen bestimmen. Dazu schreiben wir in E3 die Formel

=SUMME(C3:D3)

und kopieren sie auf E4:E12. Dann schreiben wir in C13

=SUMME(C3:C12)

und kopieren diese Formel auf D13:E13.

Im nächsten Schritt bestimmen wir die Tabelle der relativen Häufigkeiten von (*Miete, Stadt*). Dazu markieren wir die gesamte Tabelle der absoluten Häufigkeiten (A1:E13), drücken *Strg* und *C*, klicken auf die Zelle G1 und drücken die Eingabetaste. Wir haben also die Tabelle der absoluten Häufigkeiten kopiert. Nun markieren wir die Häufigkeiten der kopierten Tabelle, es sind dies die Zellen I3:K13, und geben die Matrixformel

{=C3:E13/E13}

ein (*Strg*, *Umschalt* und *Eingabe* nicht vergessen!).
Die Tabelle der beobachteten relativen Häufigkeiten ist fertig.

	A	B	C	D	E		G	H	I	J	K
1	beobachtet		Stadt				beobachtet		Stadt		
2	absolut		A	B			relativ		A	B	
3		(0;20]	2	3	5			(0;20]	0.01053	0.01579	0.02632
4		(20;25]	5	4	9			(20;25]	0.02632	0.02105	0.04737
5		(25;30]	7	12	19			(25;30]	0.03684	0.06316	0.1
6		(30;35]	15	20	35			(30;35]	0.07895	0.10526	0.18421
7		(35;40]	10	15	25			(35;40]	0.05263	0.07895	0.13158
8		(40;45]	7	20	27			(40;45]	0.03684	0.10526	0.14211
9	Miete / m²	(45;50]	8	24	32		Miete / m²	(45;50]	0.04211	0.12632	0.16842
10		(50;55]	7	12	19			(50;55]	0.03684	0.06316	0.1
11		(55;60]	4	8	12			(55;60]	0.02105	0.04211	0.06316
12		(60;>>)	5	2	7			(60;>>)	0.02632	0.01053	0.03684
13			70	120	190				0.36842	0.63158	1

Abb. E.14.3: Beobachtete absolute und relative Häufigkeiten

Nun müssen wir noch die erwarteten relativen Häufigkeiten berechnen. Diese Aufgabe hatten wir schon in Abschn. E.5.4 zu erledigen, wir übernehmen die dort vorgeschlagene Lösung: Zuerst kopieren wir die gesamte Tabelle der beobachteten relativen Häufigkeiten (G1:K13) nach G15:K27. Dann markieren wir den Bereich der relativen Häufigkeiten in der kopierten Tabelle, also I17:K27, und geben die Matrixformel

{=K3:K13*I13:K13}

ein. Die erwarteten relativen Häufigkeiten sind damit berechnet. Zur Bestimmung der Teststatistik χ^2 benutzen wir ebenfalls eine Matrixformel, wir schreiben sie in C21:

{=E13*SUMME((I3:J12-I17:J26)^2/I17:J26)}

Zur Erläuterung der obigen Formel sei festgestellt, dass in E13 der Gesamtstichprobenumfang n_A+n_B steht, im Bereich I3:J12 die beobachteten relativen Häufigkeiten und in I17:J26 die erwarteten relativen Häufigkeiten. Da es sich um eine Matrixformel handelt, ist die Formeleingabe mit *Strg*, *Umschalt* und *Eingabe* abzuschließen.

Die Freiheitsgrade $(k-1) \cdot (l-1)$ sind in unserem Beispiel $(2-1) \cdot (10-1) = 9$, wir schreiben die Zahl in E22.

Zur Testentscheidung fehlt uns nur noch das Grenzniveau für den χ^2-Homogenitätstest, wir berechnen es in C24 mit der Formel

=CHIVERT(C21;E22)

	B	C	D	E	F	G	H	I	J	K
15							erwartet	Stadt		
16							relativ	A	B	
17	**Chi-Quadrat-**						(0;20]	0.0097	0.01662	0.02632
18	**Homogenitätstest**						(20;25]	0.01745	0.02992	0.04737
19							(25;30]	0.03684	0.06316	0.1
20							(30;35]	0.06787	0.11634	0.18421
21	χ^2_{err} =	9.000705467					(35;40]	0.04848	0.0831	0.13158
22	Freiheitsgrade:			9			(40;45]	0.05235	0.08975	0.14211
23	Grenzniveau:					Miete / m²	(45;50]	0.06205	0.10637	0.16842
24		0.437209076					(50;55]	0.03684	0.06316	0.1
25							(55;60]	0.02327	0.03989	0.06316
26							(60;>>]	0.01357	0.02327	0.03684
27								0.36842	0.63158	1

Abb. E.14.4: Erwartete relative Häufigkeiten und Ergebnis des χ^2-Homogenitätstests

Das Grenzniveau ist mit 43,7% sehr hoch, wir können also die Nullhypothese H_0: „Die Verteilungen der Mieten sind in Stadt A und Stadt B gleich" (oder H_0: „die Variablen *Miete* und *Stadt* sind unabhängig", siehe Abschn. E.5.4) nicht verwerfen.

E.14.3 Übungsaufgaben

Ü.E.14.1:
Testen Sie zum Niveau $\alpha = 0{,}05$ (0,01), ob die Variable *puls* aus Aufgabe Ü.E.1.1 normalverteilt ist.

Ü.E.14.2:
Testen Sie, ob die Stichproben der Variablen *syst* und (*diast*+40) aus derselben Verteilung kommen. Verwenden Sie für die Variablen *syst* und (*diast*+40) die Intervalleinteilung $(100; 120], (120; 140], \ldots, (180; 200]$.

Ü.E.14.3:
Der folgenden Tabelle entnehmen Sie die Verteilung einer Stichprobe vom Umfang $n = 20$:

$x \in$	h_i
$[0\ ;\ 10{,}9]$	3
$(10{,}9\ ;\ 16{,}3]$	0
$(16{,}3\ ;\ 19{,}3]$	3
$(19{,}3\ ;\ 22{,}8]$	3
$(22{,}8\ ;\ \infty)$	11

Zu welchem kleinsten Niveau können Sie die Hypothese H_0: „Die Stichprobe stammt aus der χ^2-Verteilung χ^2_{20}" ablehnen?

E.15 Regressionsrechnung

Wie in Kapitel S.15 erzeugen wir ein Datenfile bestehend aus 100 Beobachtungen der Variablen aus [HAFN 00], Beispiel 15.1.

Beispiel E.15.1: Wir bezeichnen ein Tabellenblatt mit *Daten* und erzeugen die Datenmatrizen **X** und **y** mithilfe von Pseudozufallszahlen. Die Spalte A beschriften wir mit *Intercept*, schreiben in A2 die Zahl 1 und kopieren sie auf A3:A101. Spalte B beschriften wir mit *Alter*, in der Spalte sollen Zufallszahlen aus der Poissonverteilung P_{55} stehen:

Extras ▷
    Analyse-Funktionen ...

Wir wählen die Funktion *Zufallszahlengenerierung*, geben für die *Anzahl der Variablen* 1 und für die *Anzahl der Zufallszahlen* 100 ein. Unter *Verteilung* wählen wir *Poisson* und setzen den Parameter *Lambda* 55. Damit die Zufallszahlen reproduziert werden können, setzen wir den *Ausgangswert* auf 2000 und geben für die linke obere Ecke des *Ausgabebereiches* den Bezug $B$2 ein.

Spalte C beschriften wir mit *Gewicht*, in C2:C101 sollen 100 Zufallszahlen aus der Normalverteilung $N(75; 100)$ stehen. Im Dialogfeld *Zufallszahlengenerierung* wählen wir dazu unter Verteilung *Standard* und setzen die Parameter *Mittelwert* auf 75 und *Standardabweichung* auf 10. Der *Ausgangswert* zur Berechnung der Pseudozufallszahlen soll dieses Mal 2001 sein, für die linke obere Ecke des *Ausgabebereiches* geben wir den Bezug $C$2 ein.

Die Variable *Größe* in Spalte D können wir nicht direkt berechnen, wir erzeugen uns dazu in Spalte H eine Hilfsvariable. In H2:H101 sollen 100 Pseudozufallszahlen aus der Normalverteilung $N(140; 9)$ stehen. Die Zufallszahlen erzeugen wir wie zuvor die Variable *Gewicht*, nur dass wir *Mittelwert* auf 140, *Standardabweichung* auf 3 und den *Ausgangswert* auf 2002 setzen. In D2 schreiben wir dann die Formel

$$=C2/2+H2$$

und kopieren die Formel auf D3:D101.

Die Spalte E bezeichnen wir mit *Cholesterin*, auch für die Werte dieser Spalte müssen wir eine Hilfsvariable berechnen, und zwar in Spalte I. In I2:I101 sollen 100 Zufallszahlen aus der Gleichverteilung $G_{[0;1]}$ stehen. Im Dialogfeld *Zufallszahlengenerierung* wählen wir dazu unter *Verteilung* die Eintragung *Gleichverteilt* und setzen die *Parameter* auf *zwischen 0 und 1*. Der *Ausgangswert* soll dieses Mal 2003 sein. In Zelle E2 berechnen wir den Zufallswert für Cholesterin nach

$$=\text{CHIINV}(I2;4)*25+100$$

und kopieren die Formel auf E3:E101.

Die abhängige Variable unseres Regressionsmodells ist *Systolischer Blutdruck* und soll in Spalte F stehen. Auch hier müssen wir zuvor eine Hilfsvariable berechnen, und zwar in Spalte J. In J2:J101 erzeugen wir wie oben bei *Gewicht* bzw. bei der Hilfsvariablen für *Größe* 100 Zufallszahlen aus der Normalverteilung $N(0; 100)$ und verwenden dabei den *Ausgangswert* 2004. In F2 berechnen wir den ersten Blutdruckmesswert nach

$$=130+0.9*B2+0.9*C2-0.8*D2+0.3*E2+J2$$

E.15 Regressionsrechnung

und kopieren die Formel nach F3:F101.
Damit steht die sogenannte Designmatrix **X** in den Spalten A bis E und der Vektor der abhängigen Variablen **y** in Spalte F. Wir führen jetzt die Regressionsrechnung für den Ansatz

Systolischer Blutdruck$=\beta_0+\beta_1\cdot$*Alter*$+\beta_2\cdot$*Gewicht*$+\beta_3\cdot$*Größe*$+\beta_4\cdot$*Cholesterin*

durch, und zwar in einem Tabellenblatt, das wir mit *Regression* bezeichnen. Zuerst berechnen wir die in diesem Beispiel (5×5)-Matrix $(\mathbf{X}'\mathbf{X})^{-1}$. Wir markieren dazu den Zellenbereich B1:F5 und geben die folgende Matrixformel ein:

$$\{=\text{MINV}(\text{MMULT}(\text{MTRANS}(\text{Daten!A2:E101});\text{Daten!A2:E101}))\}$$

(*Strg*, *Umschalt* und *Eingabe* am Schluß der Formeleingabe nicht vergessen!).

	A	B	C	D	E	F
1		22.6571503	-0.01086153	0.06597865	-0.15236906	9.10828E-05
2		-0.01086153	0.00017736	-2.0073E-06	9.4292E-06	-2.76113E-06
3	$(\mathbf{X}'\mathbf{X})^{-1}=$	0.06597865	-2.0073E-06	0.00033569	-0.00051296	3.88805E-07
4		-0.15236906	9.4292E-06	-0.00051296	0.00107604	-2.39875E-06
5		9.1083E-05	-2.7611E-06	3.8881E-07	-2.3987E-06	2.2134E-06

Abb. E.15.1: Die Matrix $(\mathbf{X}'\mathbf{X})^{-1}$

Zur Berechnung von $\mathbf{X}'\mathbf{y}$ markieren wir I1:I5 und geben die folgende Matrixformel ein:

$$\{=\text{MMULT}(\text{MTRANS}(\text{Daten!A2:E101});\text{Daten!F2:F101})\}$$

	H	I
1		16669.1914
2		938304.978
3	$\mathbf{X}'\mathbf{y}=$	1225797.73
4		2944157.75
5		3597998.36

Abb. E.15.2: Der Vektor $\mathbf{X}'\mathbf{y}$

Die Punktschätzer $\hat{\beta}_0, \hat{\beta}_1, \ldots, \hat{\beta}_4$ für die Regressionskonstanten berechnen wir nach $(\mathbf{X}'\mathbf{X})^{-1}\mathbf{X}'\mathbf{y}$. Wir markieren dazu B11:B15 und geben folgende Matrixformel ein:

$$\{=\text{MMULT}(\text{B1:F5};\text{I1:I5})\}$$

Zur Bestimmung von Konfidenzintervallen für $\beta_0, \beta_1, \ldots, \beta_4$ sowie zur Schätzung der Modellvarianz σ_y^2, zur Berechnung des multiplen Bestimmtheitsmaßes R^2 und von anderen für die Regressionsrechnung wichtigen Maßzahlen müssen wir zuerst die sogenannten Residuen, nämlich $\mathbf{y} - \mathbf{X}\cdot\hat{\boldsymbol{\beta}}$, bestimmen. Wir markieren dazu A26:A125 und geben die Matrixformel

$$\{=\text{Daten!F2:F101}-\text{MMULT}(\text{Daten!A2:E101};\text{B11:B15})\}$$

ein. Als nächstes erzeugen wir die sogenannte Varianzzerlegungstabelle. Mithilfe dieser Tabelle kann man das multiple Bestimmtheitsmaß R^2 berechnen, außerdem findet man in der Tabelle den Schätzer für die Modellvarianz $\hat{\sigma}_y^2$, und es wird folgende Nullhypothese getestet: H_0: „Das gewählte Regressionsmodell erklärt die Varianz der abhängigen Variablen genauso gut wie das Nullmodell (= das Regressionsmodell mit keiner einzigen erklärenden Variablen)".

In B22 berechnen wir die Quadratsumme

$$\sum_{i=1}^{n}(y_i - \bar{y})^2$$

mit der Formel

=VARIANZ(Daten!F:F)*(ANZAHL(Daten!F:F)-1),

in B21 wird die Quadratsumme

$$\sum_{i=1}^{n}(y_i - \hat{y}_i)^2$$

berechnet, und zwar mit der Formel

=QUADRATSUMME(A26:A125)

In B20 findet man die Differenz =B22-B21 und in C20 die Anzahl der erklärenden, unabhängigen Variablen des Modells k:

=ANZAHL(I:I)-1

In C22 bestimmen wir $n-1$, und zwar durch

=ANZAHL(Daten!F:F)-1,

und in C21 steht die Differenz $n-(k+1)$: =C22-C20.

In D20 schreiben wir die Formel =B20/C20 und kopieren sie auf D21:D22. In der Zelle D21 finden wir dann schon eine wichtige Zahl für die weiteren Berechnungen, nämlich $\hat{\sigma}_y^2$, den Schätzer für die Rest- oder Modellvarianz. Auch das multiple Bestimmtheitsmaß R^2 für den gewählten Regressionsansatz können wir jetzt schon berechnen, z.B. in der Zelle G20:

=B20/B22

Schließlich berechnen wir in E20 noch die Teststatistik für H_0: „Das gewählte Regressionsmodell ist genauso gut wie das Nullmodell":

=D20/D21

Das Grenzniveau für den Test bestimmen wir in F20:

=FVERT(E20;C20;C21)

	A	B	C	D	E	F	G
18	**Varianzzerlegungstabelle**						
19		Quadrat-summen	Freiheits-grade	mittlere Quadrat-summen	F-Wert	Grenzniveau H_0:Nullmodell ist gleich gut	multiples Bestimmt-heitsmaß R^2
20	Modell	51855.1017	4	12963.77542	126.3886323	3.7434E-37	**0.841812866**
21	Fehler	9744.220209	95	**102.570739**			
22	Gesamt	61599.3219	99	622.2153728			

Abb. E.15.3: Varianzzerlegungstabelle mit multiplem Bestimmtheitsmaß R^2

Wir sehen: Das Bestimmtheitsmaß ist mit 84% sehr hoch, und die obige Nullhypothese kann in jedem Fall abgelehnt werden. Das gewählte Regressionsmodell

E.15 Regressionsrechnung

muss aber deshalb noch lange nicht das bestmögliche Modell sein. In der Regressionsrechnung versucht man, eine möglichst hohe Erklärung der Varianz der abhängigen Variablen mit möglichst wenigen erklärenden Variablen zu erreichen. Finden wir also ein Modell, das mit weniger erklärenden Variablen die Varianz des systolischen Blutdruckes genauso gut erklärt wie das gewählte Regressionsmodell, so ist uns dieses Modell natürlich lieber. Mithilfe von Bereichschätzern für die Regressionskonstanten $\beta_0, \beta_1, \ldots, \beta_4$ kann man solche kleinere Modelle eventuell finden. Die Konfidenzintervalle für β_i kann man nämlich zum Testen der Nullhypothesen $H_0: \beta_i = 0;\ i = 0, 1, \ldots, k$ verwenden. Kann man eine Hypothese $H_0: \beta_j = 0$ nicht verwerfen, dann sollte man die Regression für den Ansatz ohne die zu β_j gehörende erklärende Variable durchführen.

Nun aber zur Bestimmung der Konfidenzintervalle $[\underline{\beta_i}; \overline{\beta_i}]$: Zunächst berechnen wir die Standardfehler für die Schätzer $\hat{\beta}_i$, wir schreiben in C11

=WURZEL(D$21*INDEX(B$1:F$5;ZEILE(A1);ZEILE(A1)))

und kopieren die Formel auf C12:C15. Die Zelle C9 reservieren wir für die Eintragung der Sicherheitswahrscheinlichkeit $1 - \alpha$ der Konfidenzintervalle, die Untergrenze des Konfidenzintervalls für β_0 können wir dann in D11 berechnen

=B11-C11*TINV(1-C$9;C$21)

Die Obergrenze des $(1 - \alpha)$-Konfidenzintervalls für β_0 steht in E11:

=B11+C11*TINV(1-C$9;C$21)

Die restlichen Konfidenzintervalle erhalten wir, indem wir D11:E11 markieren und die Formeln auf D12:E15 kopieren.

Das Grenzniveau für den Test $H_0: \beta_0 = 0$ berechnen wir in F11:

=TVERT(ABS(B11/C11);C$21;2)

Wir kopieren die Formel auf F12:F15 und erhalten dadurch die Grenzniveaus für die restlichen Tests $H_0: \beta_i = 0$.

	A	B	C	D	E	F
8	**Schätzer für die Regressionskonstanten**					
9			1-α=	0.99	Konfidenzintervall		Grenzniveau für H_0:
10		Punktschätzer	Standardfehler	Untergrenze	Obergrenze	Parameter=0
11	Intercept	90.6004431	48.207475	-36.1170126	217.317899	0.063256967
12	Alter	0.7273169	0.13487611	0.37278355	1.08185025	5.06571E-07
13	Gewicht	0.5797443	0.18555916	0.09198624	1.06750236	0.002363521
14	Größe	-0.39823666	0.33222058	-1.27150677	0.47503344	0.233621756
15	Cholesterin	0.30561872	0.01506753	0.26601244	0.34522499	2.71638E-36

Abb. E.15.4: Punkt- und Bereichschätzer für die Regressionskonstanten $\beta_0, \beta_1, \ldots, \beta_4$

Wir sehen: Die Regressionskonstante, die zur erklärenden Variablen *Größe* gehört, unterscheidet sich nicht signifikant von 0, wir sollten also die lineare Regression für den Ansatz

Systolischer Blutdruck $= \beta_0 + \beta_1 \cdot$ *Alter* $+ \beta_2 \cdot$ *Gewicht* $+ \beta_3 \cdot$ *Cholesterin*

durchrechnen. Wir werden das aber nicht auf die eben beschriebene, mühevolle Art, sondern viel bequemer mit Analyse-Funktionen machen.

E.15.1 Regressionsrechnung mit Analyse-Funktionen

Dieselben Ergebnisse – nur mit sehr viel weniger Aufwand – erhält man mit Hilfe von Analyse-Funktionen:

Extras ▷
    Analyse-Funktionen ...

Wir wählen die Funktion *Regression*, im sich öffnenden Dialogfeld muss zunächst der Eingabebereich für die Regressionsanalyse definiert werden. Im Feld neben *Y-Eingabebereich* muss ein Bezug zu den Daten der abhängigen Variablen hergestellt werden, in unserem Beispiel steht die abhängige Variable *Systolischer Blutdruck* in Spalte F des Tabellenblattes *Daten*, der entsprechende Bezug ist also Daten!$F$1;$F$101.

Im Feld neben *X-Eingabebereich* ist ein Bezug zu den Daten der unabhängigen Variablen des Regressionsmodells herzustellen. Die unabhängigen Variablen müssen in einem zusammenhängenden Bereich stehen, in unserem Beispiel lautet der Bezug Daten!$B$1:$E$101. Wir verwenden Spaltenbeschriftungen, also klicken wir auf *Beschriftungen*.

Möchte man, dass die Konfidenzintervalle für die Regressionskonstanten β_i zu einer anderen Sicherheitswahrscheinlichkeit als 95% berechnet werden, dann müsste man auf *Konfidenzniveau* klicken und im Feld rechts daneben die entsprechende Prozentzahl eintragen.

Für den *Ausgabebereich* gilt dasselbe wie bei den bereits besprochenen anderen Analyse-Funktionen. Möchte man auch eine Residualanalyse durchführen, dann müsste man im Bereich Residuen auf *Residuen* oder *Standardisierte Residuen* klicken.

	A	B	C	D	E	F
1	AUSGABE: ZUSAMMENFASSUNG					
2						
3	*Regressions-Statistik*					
4	Multipler Korrelations-koeffizient	0.917504				
5	Bestimmt-heitsmaß	0.841813				
6	Adjustiertes Bestimmt-heitsmaß	0.835152				
7	Standardfehler	10.12772				
8	Beobachtungen	100				
9						
10	ANOVA					
11		Freiheits-grade (df)	Quadrat-summen (SS)	Mittlere Quadrat-summe (MS)	Prüfgröße (F)	F krit
12	Regression	4	51855.1017	12963.77542	126.3886323	3.7434E-37
13	Residue	95	9744.220209	102.570739		
14	Gesamt	99	61599.3219			

Abb. E.15.5: Varianzzerlegungstabelle und multiples Bestimmtheitsmaß R^2

E.15.1 Regressionsrechnung mit Analyse-Funktionen

Der folgenden Tabelle der Punkt- und Bereichschätzer entnimmt man, dass die zur erklärenden Variablen *Größe* gehörende Regressionskonstante nicht signifikant von 0 verschieden ist. Man sollte also auch den Ansatz ohne die erklärende Variable *Größe* prüfen (siehe oben).

	A	B	C	D	E	F	G
16		Koeffizienten	Standardfehler	t-Statistik	P-Wert	Untere 95%	Obere 95%
17	Schnittpunkt	90.60044309	48.20747502	1.8793858	0.063257	-5.1034266	186.304313
18	Alter	0.727316903	0.134876111	5.3924813	5.07E-07	0.45955416	0.99507965
19	Gewicht	0.579744297	0.185559159	3.1243098	0.002364	0.21136305	0.94812554
20	Größe	-0.398236664	0.332220581	-1.198712	0.233622	-1.0577774	0.26130411
21	Cholesterin	0.305618717	0.015067526	20.283271	2.72E-36	0.27570592	0.33553152

Abb. E.15.6: Punkt- und Bereichschätzer für die Regressionskonstanten

Da für die Analyse-Funktion *Regression* der Eingabebereich ein zusammenhängender Bereich sein muss, müssen wir unser Tabellenblatt, in dem die Daten stehen, für die Regression ohne die Variable *Größe* ändern. Wir kopieren das gesamte Tabellenblatt *Daten* in ein neues Blatt, das wir mit *Daten neu* bezeichnen. Die Spalte A (*Intercept*) benötigen wir bei der Verwendung der Analyse-Funktion *Regression* nicht, also löschen wir sie. Die Variable *Größe* steht in Spalte D, wir markieren die Spalte und verschieben sie nach K. Dann markieren wir die Spalten B und C (*Alter* und *Gewicht*) und verschieben sie um eine Position nach rechts. Jetzt können wir die lineare Regression für den Ansatz ohne die Variable *Größe* durchrechnen. Wir gehen dabei wie oben vor, der *X-Eingabebereich* ist jetzt allerdings: Daten neu!$C$1:$E$101.

	A	B	C	D	E	F	G
16		Koeffizienten	Standardfehler	t-Statistik	P-Wert	Untere 95%	Obere 95%
17	Schnittpunkt	34.20961938	10.55626301	3.2406941	0.001639	13.2555869	55.1636519
18	Alter	0.730806586	0.13515119	5.4073263	4.67E-07	0.46253339	0.99907978
19	Gewicht	0.389900796	0.096916262	4.0230689	0.000115	0.19752339	0.5822782
20	Cholesterin	0.304730955	0.015083521	20.202905	2.4E-36	0.27479038	0.33467153

Abb. E.15.7: Punkt- und Bereichschätzer für die Regressionskonstanten

Das multiple Bestimmtheitsmaß R^2 ist mit 83,94% praktisch gleich geblieben, obwohl im Regressionsansatz eine erklärende Variable weniger als zuvor steht. Man kann also mit gutem Gewissen auf die Variable *Größe* verzichten, wenn man die Variabilität der abhängigen Variablen *Systolischer Blutdruck* erklären möchte. Der obigen Tabelle entnimmt man, dass alle Regressionskonstanten zu einem Niveau von ≤0,16% ungleich null sind. Wir werden also keine weitere erklärende Variable aus dem Ansatz entfernen und gleichzeitig eine ähnlich hohe Varianzerklärung erwarten können.

Wir haben im Dialogfeld *Regression* auf *Residuen* geklickt, daher werden diese in der Ausgabe auch angezeigt, und zwar in C27:C126 des neuen Tabellenblattes, in das wir die Ausgabe geschrieben haben. Mit der Analyse-Funktion *Histogramm* (siehe Abschn. E.2.3) können wir die Verteilung der Residuen tabellarisch und grafisch darstellen.

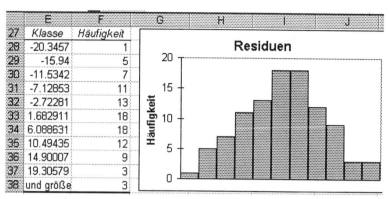

Abb. E.15.8: Verteilung der Residuen

Man sieht, dass das Histogramm der Residuen nicht deutlich von der Dichtefunktion einer Normalverteilung abweicht, also spricht hier nichts für eine Verletzung der Modellannahmen der Regressionsrechnung.

E.15.2 Übungsaufgaben

Ü.E.15.1:

a. Verwenden Sie die Daten aus Aufgabe Ü.E.1.1 und rechnen Sie die lineare Regression für den Ansatz
$$syst = \beta_0 + \beta_1 \cdot puls + \beta_2 \cdot diast$$

b. Testen Sie für alle Regressionskonstanten die Nullhypothese $H_0: \beta_i = 0; i = 0, 1, 2$, und führen Sie, falls H_0 für β_i nicht zum Niveau $\alpha = 0{,}05$ abgelehnt werden kann, eine Regression ohne die zu β_i gehörende erklärende Variable durch.

Teil S

Statistik mit SPSS

S.1 SPSS starten, Datenquellen

SPSS wird über die Task-Leiste wie in Abb. S.1.1 gestartet.

Abb. S.1.1: Starten von SPSS

Am Bildschirm erscheint dann ein Fenster wie in Abb. S.1.2.

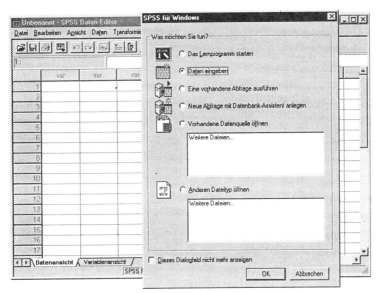

Abb. S.1.2: Startfenster von SPSS

Das Fenster im Vordergrund fragt ab, was man tun möchte. Für uns kommen nur zwei Punkte in Frage, nämlich entweder *Daten eingeben* oder *Vorhandene Datenquelle öffnen*, doch dazu später in diesem Kapitel. Im Hintergrund sieht man bereits den SPSS-Daten-Editor zur Dateneingabe und -bearbeitung.

S.1.1 Fensterarten

SPSS verfügt über verschiedene Fensterarten, von denen wir die folgenden verwenden werden.

- **Der Daten-Editor**
  Der Daten-Editor besteht aus zwei Blättern:
    - *Die Variablenansicht*: In diesem Blatt werden Namen, Labels (Etiketten), Formate und andere Informationen zu den einzelnen Variablen eines Datenfiles angezeigt.
    - *Die Datenansicht*: Hier findet man den eigentlichen Inhalt des Datenfiles, also die beobachteten Werte zu den Variablen.

Mit dem Daten-Editor kann man neue Datenfiles erstellen und bestehende öffnen und bearbeiten. Der Daten-Editor öffnet sich automatisch am Beginn einer SPSS-Sitzung, und in einer SPSS-Sitzung können nicht mehrere Daten-Editor-Fenster gleichzeitig geöffnet sein.

- **Der Viewer**
  In diesem Fenster werden alle Ergebnisse der mit SPSS durchgeführten Analyse, also hauptsächlich Tabellen und Grafiken, angezeigt. Der Viewer ist sozusagen das Output-Fenster von SPSS. Die Ausgaben können bearbeitet und gespeichert werden. Der Viewer wird automatisch geöffnet, wenn man die erste SPSS-Prozedur einer Sitzung startet.

- **Der Diagramm-Editor**
  Im Diagramm-Editor können Grafiken und Diagramme aus dem Viewer bearbeitet werden. Der Diagramm-Editor wird z.B. durch Doppelklicken auf die zu bearbeitende Grafik im Viewer gestartet.

- **Der Syntax-Editor**
  Man kann in SPSS beinahe alle statistischen Aufgaben alleine „mit der Maus", also durch Klicken auf Menüs und Submenüs, ausführen. Alle Aufgaben können aber auch durch die Eingabe von SPSS-Befehlen im Syntax-Editor erledigt werden. Verwendet man nur die Maus, dann wird die entsprechende Befehlssyntax von SPSS automatisch erstellt und im Syntax-Editor angezeigt, wenn man auf die Schaltfläche *Einfügen* klickt, die im Dialogfeld einer jeden SPSS-Prozedur zur Verfügung steht. Eine so erzeugte Befehlssequenz kann dann modifiziert und (als SPSS-Programm) gespeichert werden.

Zusätzlich stellt SPSS noch einen Text-Viewer, einen Pivot-Tabellen-Editor, einen Textausgabe-Editor und einen Skript-Editor zur Verfügung. Diese Fensterarten werden aber für unsere Anwendungen nicht benötigt und daher hier auch nicht beschrieben.

S.1.2 Wechseln zwischen und Schließen von Fenstern

Die oben beschriebenen Fensterarten können in einer SPSS-Sitzung alle gleichzeitig (beim Viewer und Syntax-Editor sogar mehrere verschiedene Fenster gleichzeitig) geöffnet sein. Bearbeiten und verändern kann man aber immer nur den Inhalt eines Fensters, nämlich den des sogenannten *aktiven Fensters*. Das aktive Fenster erkennt man an der dunkelblauen Titelleiste. Man hat mehrere Möglichkeiten, ein Fenster zum aktiven Fenster zu machen:

- Klicken mit der Maus an eine beliebige Stelle des Fensters.

- Auswählen des gewünschten Fensters über den Menüpunkt **Fenster**, dieser Menüpunkt ist in allen Fensterarten außer im Diagramm-Editor verfügbar.

- *Alt*-Taste drücken und nicht auslassen. Jetzt zusätzlich die Tabulator-Taste (▨) drücken. Es erscheint ein Balken mit verschiedenen Icons und zugehöriger Kurzbeschreibung. Jedes Icon steht für ein geöffnetes Fenster. Durch mehrmaliges Drücken der Tabulator-Taste (dabei die *Alt*-Taste nicht auslassen) kann man das gewünschte Fenster auswählen. Lässt man beide Tasten aus, so wechselt man zum ausgewählten Fenster.

- *Alt*-Taste und *Esc*-Taste gleichzeitig drücken. Hier kann man nicht selbst auswählen, zu welchem Fenster man wechselt, es wird automatisch zum nächsten Fenster in der Liste der geöffneten Fenster gewechselt.

Alle Fenster bis auf den Daten-Editor können auch geschlossen werden. Dazu muss das entsprechende Fenster zum aktiven Fenster gemacht werden, anschließend wählt man über das Menü.

Datei ▷
  Schließen

Will man die Daten eines anderen als des momentan geöffneten Datenfiles analysieren, so braucht man dazu nicht das File der zuletzt bearbeiteten Daten zu schließen. SPSS macht dies automatisch, wenn man ein neues Datenfile öffnen oder erstellen möchte.

S.1.3 Dateneingabe über den Daten-Editor

Der Daten-Editor dient dem Eingeben und Modifizieren von Datenfiles (siehe S.1.1). Wir nehmen an, dass die Rohdaten in der Form einer Urliste vorliegen, und wollen sie in eine für SPSS brauchbare Form auf den Computer übertragen. Dies sei anhand des Beispiels in [HAFN 00], Abschn. 3.1 demonstriert.

Zuerst müssen die Variablen definiert werden, es sind dies hier x bzw. y, die Noten in Rechnen bzw. Deutsch in der 4. Klasse Volksschule von 50 Studenten. Die Definiton der Variablen erfolgt über das Blatt *Variablenansicht* des Daten-Editors, um zur Variablenansicht zu gelangen, muss man auf die entsprechende Registerkarte links unten im Daten-Editor klicken.

S.1.3.1 Variablen definieren

In der Variablenansicht werden die Attribute der Variablen eines Datenfiles angezeigt. Dies geschieht in tabellarischer Form, in jeder Zeile der Tabelle steht eine Variable, in den Spalten stehen die einzelnen Attribute der Variablen. In diesem Blatt kann man Variablen hinzufügen oder löschen, und außerdem kann man die Attribute von bereits definierten Variablen ändern.

In unserem Beispiel haben wir zwei Variablen, also wird unsere Variablenansicht aus zwei Zeilen wie in Abb. S.1.3 bestehen.

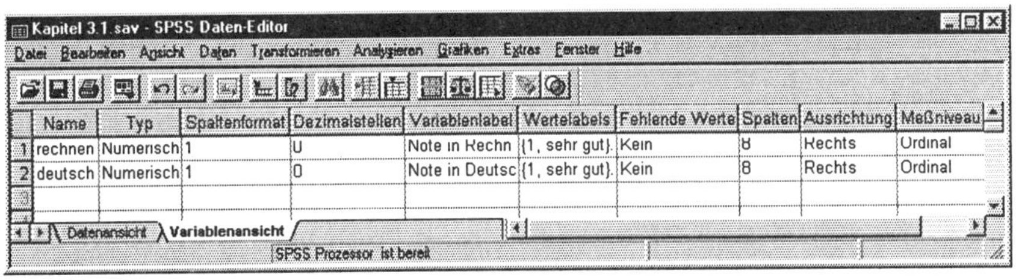

Abb. S.1.3: Variablenansicht des Daten-Editors

In der ersten Spalte *Name* steht die Bezeichnung der Variablen. Für die Praxis ist es nicht besonders empfehlenswert, Namen wie x, y, $a1$, $var3$, ... zu verwenden. Besser ist es, aussagekräftige Namen zu wählen, auch wenn sie dadurch länger werden. Der Schreibaufwand lohnt sich spätestens dann, wenn ein Datenfile nach längerer Zeit wieder benutzt wird. Wir haben als Variablennamen daher *rechnen* und *deutsch* gewählt. Bei der Wahl der Variablennamen hat man in SPSS allerdings nicht völlige Freiheit, man ist dabei an die folgenden Regeln gebunden:

- Namen dürfen höchstens acht Zeichen lang sein.
- Namen müssen mit einem Buchstaben beginnen, für die restlichen sieben Zeichen können beliebige Buchstaben und Ziffern, Punkte sowie die Symbole @, # und _ verwendet werden und sonst nichts! Also auch keine Leerzeichen oder z.B. !, ? usw.
- Das letzte Zeichen darf kein Punkt sein, um Probleme zu vermeiden, sollte ein Variablenname auch nicht mit einem Unterstrich (_) enden.
- Zwei Variablen dürfen nicht denselben Namen haben. Dabei ist insbesondere zu beachten, dass SPSS nicht zwischen Groß- und Kleinschreibung unterscheidet (Großbuchstaben werden von SPSS bei Variablennamen automatisch in Kleinbuchstaben umgewandelt). Die Eingabe von *Rechnen* bzw. *RECHNEN* führt also zum Variablennamen *rechnen*.

Sind diese Einschränkungen für die Vergabe von aussagekräftigen Namen zu streng, dann hat man die Möglichkeit, *Variablenlabels* zu verwenden. Diese stehen in der fünften Spalte der Variablenansicht und dürfen maximal 256 Zeichen lang sein. Ansonst unterliegt man keinen Einschränkungen, die Labels werden auch in der Ausgabe angezeigt.

In der zweiten Spalte der Variablenansicht kann man den Variablentyp definieren. Meist kommt man aber mit der Standardeinstellung des Variablentyps, nämlich *Numerisch* mit einer Länge von 8 Zeichen, wovon 2 Dezimalstellen sind, aus. Manchmal hat man aber einen anderen Variablentyp vorliegen. Stellen Sie sich vor, Sie möchten im obigen Datenfile als dritte Variable die Namen der Studenten aufnehmen (eine Variable, die für statistische Auswertungen nicht viel Sinn hat). Der Typ dieser Variablen ist eindeutig nicht nummerisch, zum Ändern der Einstellung in der Spalte *Typ* geht man folgendermaßen vor: Man klickt auf das Feld *Typ* der Variablen *name*, in diesem Feld erscheint jetzt eine Schaltfläche (siehe Abb. S.1.4).

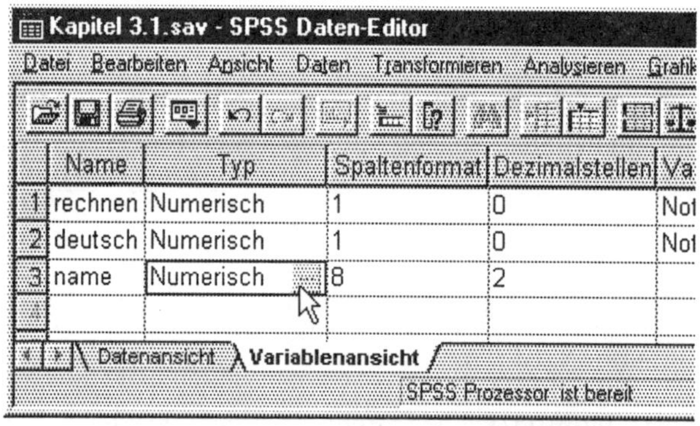

Abb. S.1.4: Ändern des Variablentyps

S.1.3 Dateneingabe über den Daten-Editor

Klickt man auf diese Schaltfläche, so erscheint das Dialogfeld zum Einstellen des Variablentyps wie in Abb. S.1.5.

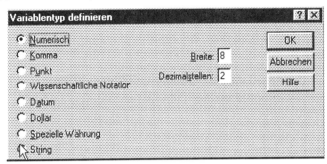

Abb. S.1.5: Das Dialogfeld *Variablentyp definieren*

Die Variablentypen *Komma* bzw. *Punkt* sind wie der Typ *Numerisch*, nur dass Kommata bzw. Punkte als Tausender-Trennzeichen und Punkte bzw. Kommata als Dezimaltrennzeichen verwendet werden. Im Standardformat *Numerisch* gibt es keine Tausender-Trennzeichen und als Dezimaltrennzeichen wird ein Punkt verwendet. Beim Variablentyp *Wissenschaftliche Notation* werden nummerische Daten mit einem E (bzw. D) und einer Zehnerpotenz mit Vorzeichen angezeigt. Die Zahl 987,6 entspricht in wissenschaftlicher Notation 9.876E2, 9.876D2, 9.876E+2 oder 9.876+2. Daten vom Typ *Numerisch* können auch in wissenschaftlicher Notation eingegeben werden.

Die Typen *Datum*, *Dollar* und *Spezielle Währung* sind für unsere Anwendungen unwichtig. Die neue Variable *name*, welche wir ja gerade definieren möchten, ist eindeutig vom Typ *String*. Die Werte von String-Variablen sind beliebige Zeichenketten mit der im Feld *Zeichen* festgelegten Länge (maximal 255 Zeichen). Kürzere Zeichenketten werden bis zur festgelegten Länge rechts mit Leerzeichen aufgefüllt. Mit String-Variablen können selbstverständlich keine statistischen Berechnungen durchgeführt werden.

In der dritten Spalte der Variablenansicht *Spaltenformat* kann man die Länge (maximale Anzahl von Zeichen für die Ausprägungen) der Variablen ändern, in der vierten Spalte *Dezimalstellen* die Anzahl der Ziffern hinter dem Dezimaltrennzeichen (falls es sich um eine nummerische Variable handelt). Die Größen *Spaltenformat* und *Dezimalstellen* können auch beim Definieren des Variablentyps festgelegt werden, wobei sich das Attribut *Dezimalstellen* nur auf die Anzeige der Werte in der Datenansicht bezieht. Man kann die Werte nummerischer Variablen mit bis zu 16 Dezimalstellen eingeben, die Werte werden vollständig gespeichert und auch bei den Berechnungen werden die Werte mit allen Dezimalstellen verwendet, auch wenn in der Datenansicht nur die in der Variablenansicht definierte Anzahl von Stellen sichtbar ist.

In der sechsten Spalte der Variablenansicht *Wertelabels* kann man den verschiedenen Ausprägungen einer Variablen beschreibende Labels zuordnen. Insbesondere bei der kodierten Eingabe von Variablenausprägungen ist die Verwendung von Wertelabels anzuraten, Wertelabels können maximal 60 Zeichen lang sein. Beim Definieren von Wertelabels geht man genauso vor wie beim Definieren des Variablentyps: Man klickt in der Spalte *Wertelabels* auf das Feld der Variablen, für deren Werte man Etiketten vergeben möchte. Klickt man auf die Schaltfläche, die daraufhin erscheint, so öffnet sich ein Dialogfeld, in dem man Werte und deren Labels eintragen und ändern kann (siehe Abb. S.1.6). Hat man einen Wert und das zugehörige Label eingetragen, so muss man nur noch auf die Schaltfläche *Hinzufügen* klicken, anschließend ist SPSS für die Eingabe von weiteren Werten und Labels bereit.

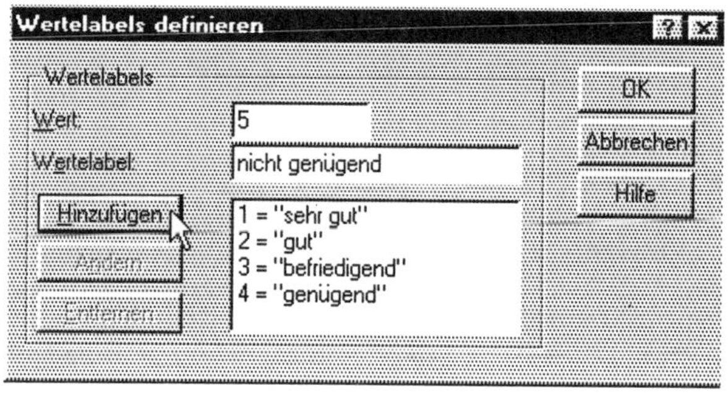

Abb. S.1.6: Definieren von Wertelabels für die Variablen *rechnen* bzw. *deutsch*

Besonders bei der Auswertung von Fragebögen kommt es oft vor, dass Werte für einzelne Variablen fehlen. In unserem Datensatz könnte z.B. bei einer Beobachtung (einem Studenten) die Deutschnote fehlen, weil der Student

- die Auskunft verweigert hat,
- die 4. Klasse Volksschule wegen seiner besonderen Begabung übersprungen hat,
- eine Volksschule besucht hat, in der das Fach Deutsch nicht unterrichtet wird (z.B. in den USA),
- den Fragebogen unleserlich ausgefüllt hat, oder die Daten aus irgendeinem anderen Grund verlorengegangen sind.

Für viele Auswertungen ist es wichtig zu wissen, warum einzelne Werte fehlen. In der siebten Spalte der Variablenansicht *Fehlende Werte* hat man die Möglichkeit, diese zu definieren. Dazu muss man wieder auf die Schaltfläche in der Zelle *Fehlende Werte* der Variablen, für die man diese definieren möchte, klicken. Es erscheint das Dialogfeld wie in Abb. S.1.7.

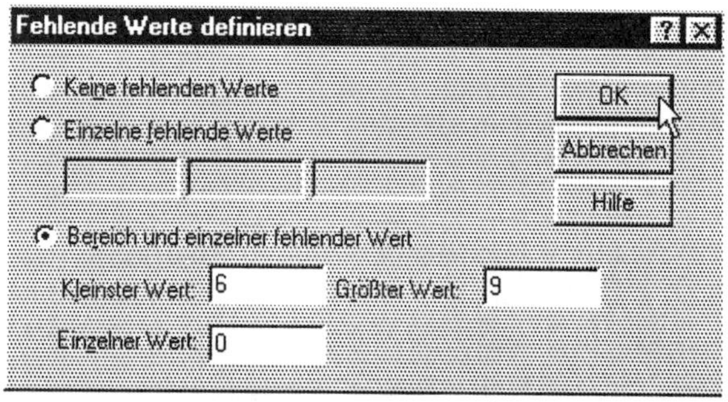

Abb. S.1.7: Definieren von fehlenden Werten

S.1.3 Dateneingabe über den Daten-Editor

Die Standardeinstellung ist *Keine fehlenden Werte*. Gibt man bei einer nummerischen Variablen bei einzelnen Beobachtungen keine Werte ein, so werden diese von SPSS allerdings als fehlende Werte erkannt. Wählt man den Punkt *Einzelne fehlende Werte*, so kann man bis zu drei Kategorien von fehlenden Werten kodieren. Für unser obiges Beispiel (fehlende Deutschnote) kommt man damit aber nicht aus, daher müsste man hier den Punkt *Bereich und einzelner fehlender Wert* auswählen. Die vier oben aufgelisteten Gründe für das Fehlen der Deutschnote könnte man z.B. mit den Ziffern 6, 7, 8 und 9 kodieren, und für den Fall, dass man nicht weiß, warum ein Wert fehlt, verwendet man die Kodierung 0. Die Eintragungen 6, 9 bzw. 0 im obigen Fenster bedeuten, dass alle Ausprägungen aus dem Intervall [6;9] und die Ziffer 0 für fehlende Werte stehen. Was die einzelnen Kodierungen bedeuten, kann man wieder über Wertelabels festlegen (siehe oben). Daten, welche benutzerdefiniert als fehlende Werte gekennzeichnet sind, werden gesondert behandelt und von den meisten Berechnungen ausgeschlossen.

In der achten Spalte der Variablenansicht *Spalten* hat man die Möglichkeit, die Breite der Spalte einer Variablen in der Datenansicht zu bestimmen. Die Einstellung der Spaltenbreite hat keine Auswirkung auf die tatsächliche Länge einer Variablen, die unter *Spaltenformat* bzw. *Typ* bestimmt wird.

In der neunten Spalte der Variablenansicht *Ausrichtung* wird die Anzeige der Daten bzw. Labels in der Datenansicht festgelegt.

Die letzte, zehnte Spalte der Variablenansicht *Meßniveau* ist wieder wichtig. Bei nummerischen Variablen stehen die Messniveaus *Metrisch*, *Ordinal* und *Nominal* zur Verfügung, bei String-Variablen nur *Ordinal* und *Nominal* (zur Begriffsbestimmung metrisch – ordinal – nominal siehe [HAFN 00], Seite 6). Für die spätere Datenanalyse ist es äußerst wichtig, dass man den einzelnen Variablen das richtige Messniveau zuweist. Die Variablen *rechnen* und *deutsch* sind, obwohl sie in der Praxis von vielen Leuten wie metrische Merkmale behandelt werden, eindeutig ordinal, die Variable *name* ist nominal.

Die Variablen *rechnen* und *deutsch* haben bis auf *Name* und *Variablenlabel* die gleichen Attribute. Wenn man sich unnötige Schreibarbeit sparen möchte, hat man die Möglichkeit, Attribute einer Variablen auf die Attribute einer anderen Variablen zu kopieren. Dabei geht man folgendermaßen vor:

1. Man klickt auf das Feld, das man kopieren möchte.

2. Man wählt über das Menü die Befehlsfolge

   Bearbeiten ▷
   Kopieren

   (oder man kopiert über die Tastatur, indem man die Tasten *Strg* und *C* gleichzeitig drückt).

3. Man wählt das Feld aus, in welches das Attribut kopiert werden soll (es können auch mehrere Felder gleichzeitig sein). Die Auswahl erfolgt durch Klicken auf das Feld, bzw. Klicken und Ziehen, um den markierten Bereich zu erweitern, in den man kopieren möchte.

4. Man wählt über das Menü die Befehlsfolge
   Bearbeiten ▷
      Einfügen
   (oder über die Tastatur *Strg* und *V*).

Nachdem man die Variablen wie oben beschrieben definiert hat, kann man mit der Dateneingabe beginnen. Man kann zwar auch ohne Variablendefinition Daten eingeben, allerdings werden die Variablen dann automatisch mit *var*00001, *var*00002, usw. bezeichnet, und jede Variable wird standardmäßig vom Typ nummerisch mit der Länge 8 Zeichen und 2 Dezimalstellen sein.

S.1.3.2 Daten eingeben

Die Dateneingabe erfolgt über das Blatt *Datenansicht*. Jede Spalte der Datenansicht steht für eine Variable, jede Zeile steht für eine Beobachtung oder Erhebungseinheit.

Die Daten können in beliebiger Reihenfolge eingegeben und auch wieder geändert werden. Will man die Variable x der Erhebungseinheit n eingeben oder ändern, so braucht man nur auf die entsprechende Zelle klicken (Spalte x, Zeile n), die ausgewählte Zelle wird dadurch zur aktiven Zelle und in der Datenansicht hervorgehoben (siehe Abb. S.1.8). Jetzt kann man den gewünschten Datenwert über die Tastatur eingeben. Links oben im Daten-Editor werden Zeilennummer und Variablenname und im Zellen-Editor der eingegebene Wert angezeigt. Damit der eingegebene Wert von SPSS übernommen wird, muss man entweder die Eingabetaste drücken oder eine andere Zelle auswählen (Dies kann man auch mit den Pfeil-Tasten und nicht nur per Mausklick machen).

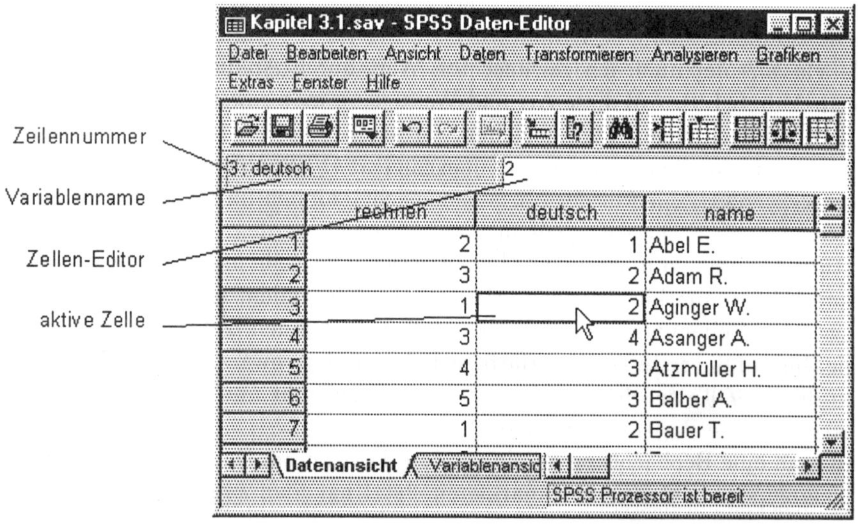

Abb. S.1.8: Dateneingabe über die Datenansicht des Daten-Editors

Hat man für eine Variable Wertelabels definiert, so kann man diese einerseits in der Datenansicht anzeigen lassen und andererseits auch zur Dateneingabe nutzen.

S.1.3 Dateneingabe über den Daten-Editor

Damit anstelle der kodierten Ausprägungen der Variablen deren Labels angezeigt werden, hat man über das Menü folgende Befehlssequenz zu wählen:

Ansicht ▷
    Wertelabels

Möchte man, dass die Wertelabels wieder ausgeblendet werden, dann hat man lediglich die obige Befehlssequenz zu wiederholen.

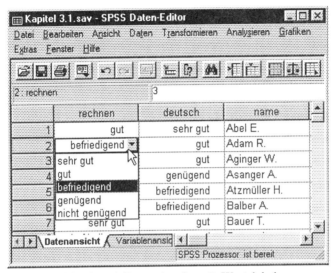

Abb. S.1.9: Dateneingabe mit Wertelabels

Klickt man bei angezeigten Wertelabels auf eine Zelle einer Variablen, für die Labels definiert wurden, so erscheint eine Schaltfläche. Klickt man auf diese Schaltfläche, so öffnet sich eine Dropdown-Liste der für die Variable vergebenen Wertelabels, aus der man den gewünschten Wert durch Anklicken auswählen kann (siehe Abb. S.1.9). Auf diese Art und Weise kann man sowohl eingegebene Werte ändern als auch neue Daten eingeben.

Beobachtungen (Zeilen in der Datenansicht) bzw. Variablen (Spalten in der Datenansicht oder Zeilen in der Variablenansicht) können im Daten-Editor an eine andere Stelle verschoben, gelöscht oder eingefügt werden. Will man eine Beobachtung löschen, so muss zuerst die entsprechende Zeile in der Datenansicht des Daten-Editors markiert werden. Man macht dies, indem man auf die Beobachtungs- oder Zeilennummer links neben der zu löschenden Zeile klickt, die gesamte Zeile (bis auf die erste Zelle) verfärbt sich daraufhin schwarz. Anschließend drückt man die *Entf*-Taste, die markierte Zeile wird gelöscht und alle folgenden Zeilen rücken um eine Position nach oben.

Will man eine Beobachtung an eine andere Position im Datenfile verschieben, so muss man sie ebenfalls zuvor markieren. Jetzt hat man zwei Möglichkeiten:

1. Man klickt (ein zweites Mal) auf die Zeilennummer der jetzt markierten Zeile, hält die Maustaste gedrückt und zieht die Zeile mit der Maus an die gewünschte Position. Die Position, auf welche die Zeile verschoben wird, wird im Daten-Editor durch einen roten waagrechten Strich angezeigt. Hat

man die gewünschte Position erreicht, so lässt man die gedrückt gehaltene Maustaste wieder aus, die Zeile wird verschoben.

2. Man wählt über das Menü die Befehlsfolge

Bearbeiten ▷
    Ausschneiden

(oder über die Tastatur *Strg* und *X*). Anschließend markiert man die Zeile, vor die man die Beobachtung hinverschieben möchte, und gibt über das Menü die Befehlsfolge

Bearbeiten ▷
    Einfügen

(oder über die Tastatur *Strg* und *V*) ein.

Will man eine neue Beobachtung einfügen, so muss man zuerst die Zeile, vor der die neue Beobachtung hinkommen soll, markieren. Dann wählt man über das Menü

Daten ▷
    Fall einfügen

Die markierte und alle folgenden Zeilen werden um eine Position nach unten verschoben, und in der neuen, eingefügten Zeile stehen die (system-)definierten fehlenden Werte für die einzelnen Variablen. Es sind dies standardmäßig für nummerische Variablen ein Punkt und für String-Variablen ein leeres Feld.

Völlig analog löscht, verschiebt oder fügt man Variablen ein, man kann dies sowohl in der Variablenansicht als auch in der Datenansicht machen (nur dass hier die entsprechenden Operationen auf Spalten und nicht auf Zeilen anzuwenden sind). Beim Einfügen einer neuen Variablen wählt man klarerweise anstelle des Submenüpunktes Fall einfügen den Punkt Variable einfügen.

S.1.3.3 Datenfile speichern

Ist die Dateneingabe abgeschlossen, wird man das Datenfile speichern (handelt es sich um ein großes Datenfile, so wird man aus Sicherheitsgründen natürlich schon vorher zwischenspeichern). Dies macht man über das Menü mittels

Datei ▷
    Speichern
    (Speichern unter)

oder über die Tastatur mit *Strg* und *S*.

SPSS-Datenfiles haben ein eigenes Format und können von anderen Programmen (insbesondere von Microsoft Excel) nicht in brauchbarer Form gelesen werden. SPSS-Datenfiles erkennt man an der Extension *.sav*.

Will man ein Datenfile erstellen, das von Excel gelesen und bearbeitet werden kann, so hat man die Möglichkeit, im Fenster, das nach der Befehlssequenz

Datei ▷
    Speichern
    (Speichern unter)

geöffnet wird, aus der Dropdown-Liste *Dateityp* den Punkt *Excel(*.xls)* auszuwählen. Das Datenfile wird dann im Format des Tabellenkalkulationsprogrammes Microsoft Excel 4.0 gespeichert. Es empfiehlt sich, die Standardeinstellung *Variablennamen in Arbeitsblatt speichern* nicht abzuändern, denn nur bei dieser Einstellung werden im Excel-Arbeitsblatt in der ersten Zeile die in SPSS definierten Variablennamen angezeigt (siehe Kapitel E.1).

S.1.4 Vorhandene Datenfiles öffnen

SPSS kann Datenfiles, die in den verschiedensten Formaten gespeichert sind, öffnen (Tabellenkalkulationsblätter, Datenbankdateien, SYSTAT-Datenfiles, ASCII-Textdateien, ... und natürlich SPSS-Datenfiles). Dazu gibt man über das Menü folgende Befehlssequenz ein:

Datei ▷
    Öffnen ▷
        Daten

Aus dem jetzt erscheinenden Dialogfeld wählt man die zu öffnende Datei aus. Standardmäßig ist bei *Dateityp* die Auswahl *SPSS(*.sav)* (SPSS-Datenfile) eingestellt. Von den anderen zur Verfügung gestellten Dateitypen wird hier nur die Auswahl *Excel(*.xls)* besprochen.

Beim Öffnen von Excel-Dateien hat man folgendes zu berücksichtigen:

- In Excel-Arbeitsblättern können in der ersten Zeile die Namen der Variablen stehen. Ist dies nicht der Fall, muss man die standardmäßig eingestellte Option *Variablennamen aus erster Datenzeile lesen* ausschalten. Stehen in der Excel-Datei Variablennamen, so werden die ersten acht Zeichen dieser Namen von SPSS übernommen. Ergeben die ersten acht Zeichen keine eindeutigen Namen, so werden die Variablennamen so abgeändert, dass sie eindeutig sind. Sind die ursprünglichen Variablennamen in der Excel-Datei länger als acht Zeichen, so werden diese von SPSS als Variablenlabels übernommen.

- Excel-Dateien können ab der Version 5 aus mehreren Arbeitsblättern bestehen. SPSS kann aber nur ein Blatt lesen, welches, ist im Dialogfeld unter der Dropdown-Liste *Arbeitsblatt* auszuwählen.

- Leere Zeilen aus Excel-Dateien werden von SPSS für nummerische Variablen in systemdefinierte fehlende Werte umgewandelt (Punkt), bei String-Variablen wird ein leeres Feld nicht konvertiert.

Damit sind wir in der Lage, sowohl selbst SPSS-Datenfiles zu erzeugen als auch SPSS- und Excel-Dateien zu öffnen. Die eigentliche Analyse der Daten kann beginnen!

S.1.5 Daten filtern

Manchmal möchte man nicht alle Datensätze eines Datenfiles analysieren, sondern nur eine Auswahl der Beobachtungen oder solche, die eine gewisse Bedingung erfüllen. Zu diesem Zweck muss man die Beobachtungen (Zeilen des Datenfiles) filtern. In SPSS hat man dazu folgende Befehlssequenz einzugeben:

Daten ▷
    Fälle auswählen ...

Es erscheint dann das Dialogfeld wie in Abb. S.1.10.

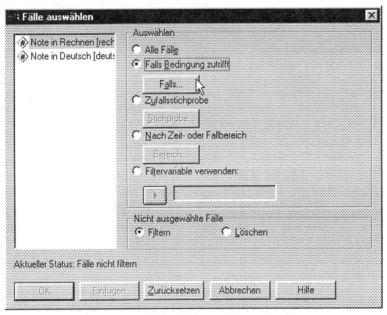

Abb. S.1.10: Dialogfeld zum Filtern der Daten

Alle Fälle (Beobachtungen) auszuwählen, hat wenig Sinn, es bewirkt nämlich, dass die Daten nicht gefiltert werden. Möchte man z.B. nur jene Studenten auswählen, deren Rechennote besser als die Deutschnote war, so hat man im obigen Dialogfeld *Falls Bedingung zutrifft* auszuwählen und anschließend auf die Schaltfläche *Falls...* zu klicken. Es öffnet sich jetzt ein weiteres Dialogfeld (siehe Abb. S.1.11).

Im Textfeld rechts oben steht die Bedingung für das Filtern, es werden nur jene Beobachtungen zugelassen, für die gilt: *rechnen* < *deutsch*. Unsere Bedingung ist relativ einfach, man kann aber für die Formulierung der Bedingung eine ganze Reihe von Funktionen (Auswahlfeld rechts unten) und sämtliche Variablen des Datenfiles verwenden. Hat man die gewünschte Bedingung formuliert, so klickt man auf die Schaltfläche *Weiter*. Daraufhin kommt man wieder zum Dialogfeld zum Filtern der Daten (Abb. S.1.10), in dem die soeben gewählte Bedingung nochmals angezeigt wird. Bestätigt man die getroffene Auswahl durch Klicken auf die Schaltfläche *OK*, so werden die Daten gefiltert.

S.1.5 Daten filtern

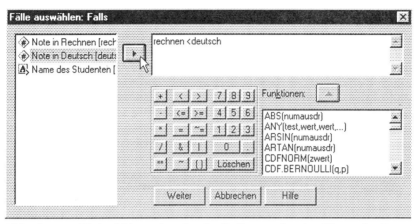

Abb. S.1.11: Dialogfeld zur Angabe der Bedingung für das Filtern der Daten

Im Daten-Editor werden jetzt die gefilterten (ausgeschlossenen) Beobachtungen dadurch gekennzeichnet, dass ihre Beobachtungs-(Zeilen-)Nummern am linken Rand der Datenansicht durchgestrichen werden (siehe Abb. S.1.12). Zusätzlich wird von SPSS automatisch eine Filtervariable erzeugt, nämlich *filter_$*. Der Wert dieser Variablen ist 0 für ausgeschlossene Beobachtungen und 1 für Datensätze, die für die weitere Analyse ausgewählt wurden. Damit ist auch klar, wie man ganz einfach selbst eine beliebige Auswahl der Beobachtungen treffen kann:

- Man definiert eine Filtervariable, z.B. *myfilter*.
- Man gibt der Filtervariablen bei den Beobachtungen, die man für die weitere Analyse verwenden möchte, den Wert 1 und bei den restlichen Beobachtungen den Wert 0.
- Man filtert das Datenfile mit der Bedingung: *myfilter = 1* (siehe oben).

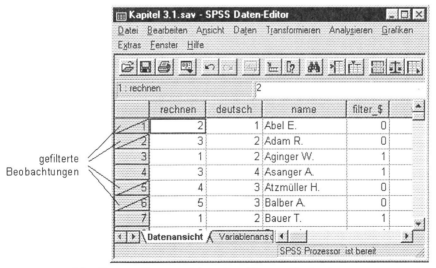

Abb. S.1.12: Datenansicht mit gefilterten Beobachtungen

In unserem Beispiel sind die gefilterten Datensätze nur von der weiteren Analyse ausgeschlossen, aber nicht vom Datenfile gelöscht. Möchte man diese Beobachtungen vom Datenfile entfernen, so müsste man im Dialogfeld zum Filtern der Daten (siehe Abb. S.1.10) die Option *Nicht ausgewählte Fälle löschen* auswählen. Man kann die Datensätze (Zeilen) nicht nur, wie oben beschrieben, durch die Angabe einer Bedingung filtern, sondern auch ein „Zufallsfilter", das eine zufällige Auswahl der Beobachtungen liefert, verwenden. Dazu muss man im Dialogfeld *Fälle auswählen* (Abb. S.1.10) den Punkt *Zufallsstichprobe* auswählen und anschließend auf die Schaltfläche *Stichprobe...* klicken. Es erscheint dann ein Dialogfeld, in dem man die Größe dieser Stichprobe bestimmen kann. Der Rest der Filterprozedur verläuft wie beim Filtern mit Bedingungen.

S.1.6 Daten transformieren

In manchen Anwendungen benötigt man nicht die Variablen des Datenfiles selbst, sondern eine Funktion dieser Variablen, in diesen Fällen muss man die Daten vor deren Analyse transformieren. Unter Datentransformation versteht man einerseits die Erstellung neuer Variablen auf der Grundlage von Bedingungen und Gleichungen, genauso aber das Umkodieren von Variablenwerten oder das Kategorisieren einer Variablen, also das Zusammenfassen der Ausprägungen einer stetigen Variablen zu Gruppen oder Kategorien.

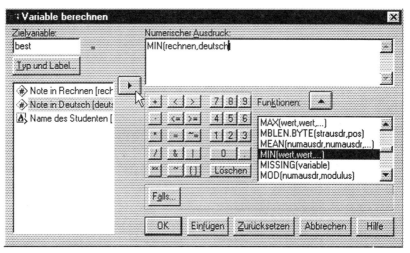

Abb. S.1.13: Berechnen einer neuen Variablen

Das Berechnen einer neuen Variablen sei wieder anhand eines Beispiels demonstriert. Ist man für die Datenanalyse an der besseren der beiden Noten eines jeden Studenten interessiert, so geht man folgendermaßen vor:

- Man wählt über das Menü die Befehlsfolge

    Transformieren ▷
        Berechnen ...

    Es erscheint das Dialogfeld *Variable berechnen* (siehe Abb. S.1.13).

S.1.6 Daten transformieren

- Man gibt den Namen der neuen Variablen, z.B. *best* in das Feld *Zielvariable* links oben im Dialogfeld ein.
- Man gibt die Bildungsvorschrift für *best* ein. Dazu wählt man aus den Funktionen rechts unten im Fenster die SPSS-Funktion MIN*(wert,wert,...)* und setzt als Argumente die Variablen *rechnen* und *deutsch* ein.
- Man bestätigt die Eingabe durch Klicken auf *OK*

Dem Datenfile wird jetzt die neue Variable *best* angefügt. Ähnlich wie beim Filtern von Beobachtungen kann man, nachdem man auf die Schaltfläche *Falls...* im Dialogfeld *Variable berechnen* geklickt hat, durch die Angabe einer Bedingung bestimmen, für welche Datensätze die neue Variable berechnet werden soll. Die Beobachtungen, welche diese Bedingung nicht erfüllen, werden nicht wie beim Filtern von der weiteren Analyse ausgeschlossen, sondern erhalten in der neuen Variablen den systemdefinierten fehlenden Wert zugewiesen.

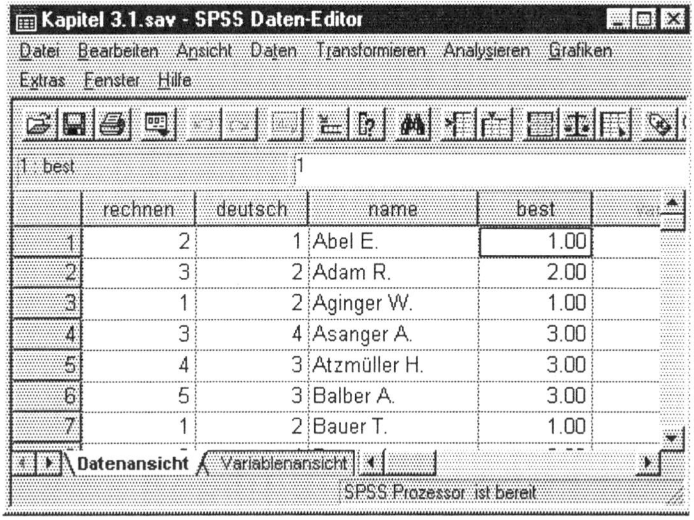

Abb. S.1.14: Datensatz mit neu berechneter Variable

Unter Umkodieren einer Variablen versteht man das Ändern ihrer Datenwerte, dabei kann man sowohl einzelne Werte umändern als auch ganze Wertebereiche in neuen Werten zusammenfassen. Zur Demonstration wählen wir die Daten aus dem Beispiel in [HAFN 00], Abschn. 2.2, es handelt sich hier um die Körpergrößen in Zentimetern von 60 Studenten. Wir wollen die Körpergrößen in zehn Teilintervalle (145;150], (150;155], ... , (190;195] gruppieren. Dazu geht man folgendermaßen vor:

- Man wählt über das Menü folgende Befehlssequenz

    Transformieren ▷
        Umkodieren ▷
            in andere Variablen ...

Bemerkung: SPSS bietet auch die Möglichkeit, in dieselben Variablen umzukodieren. Diese Option ist aber nicht besonders empfehlenswert, da dabei

die alten Werte der Variablen durch neue Werte überschrieben werden. Die Originaldaten gehen hingegen nicht verloren, wenn man in andere Variablen umkodiert.
- Es erscheint das Dialogfeld wie in Abb. S.1.15.

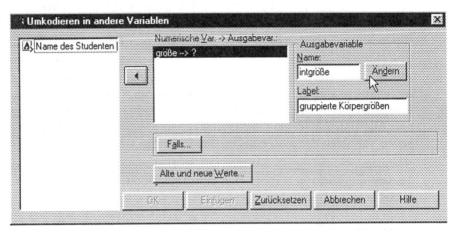

Abb. S.1.15: Dialogfeld zum Umkodieren in andere Variablen

Man muss aus der Liste der Variablen links im Dialogfeld die umzukodierende Variable auswählen, anschließend der neuen (Ausgabe-)Variablen einen Namen *(intgröße)* und eventuell ein Label geben und auf die Schaltfläche *Ändern* klicken.

- Um anzugeben, wie die Werte umkodiert werden sollen, klickt man auf die Schaltfläche *Alte und neue Werte* .... Es öffnet sich das Dialogfeld wie in Abb. S.1.16.

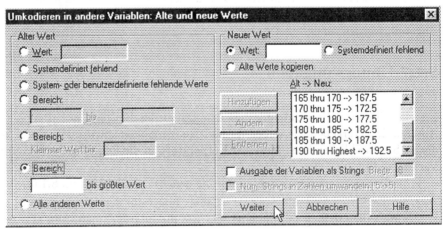

Abb. S.1.16: Dialogfeld *Alte und neue Werte*

Man kann einzelnen Werten und Bereichen von Werten der „alten" Variablen neue Werte für die „neue" Variable zuordnen. Will man wie wir

Wertebereiche umkodieren, so stellt sich die Frage, welchen neuen Wert die Intervallgrenzen (in unserem Fall 150, 155, 160, ... , 190) zugewiesen bekommen. Dies hängt allein von der Reihenfolge ab, in der man die Umkodierungsvorschrift in die Liste *Alt -> Neu* einträgt, es gilt: Diejenige Vorschrift, die in der Liste zuerst steht, hat Vorrang. Steht also 150 *thru* 155 -> 152.5 vor 155 *thru* 160 -> 157.5, so wird 155 in den Wert 152,5 umkodiert. Durch Klicken auf die Schaltfläche *Weiter* wird das Dialogfeld *Alte und neue Werte* geschlossen, man kehrt zum Fenster *Umkodieren in andere Variablen* zurück.

Will man nur einen Teil der Beobachtungen umkodieren, so kann man diese Teilmenge ähnlich wie beim Filtern von Daten durch die Angabe einer Bedingung bestimmen, nachdem man auf die Schaltfläche *Falls...* geklickt hat. Alle Datensätze, die diese Bedingung nicht erfüllen, bekommen in der neuen Variablen den systemdefinierten fehlenden Wert zugewiesen.

Nachdem man auf die Schaltfläche *OK* im Dialogfeld *Umkodieren in andere Variablen* geklickt hat, kehrt man zum Daten-Editor zurück, wo die neue Variable *intgröße* mit den zugewiesenen Werten eingefügt wird.

Ein Spezialfall des Umkodierens in eine andere Variable ist das Kategorisieren von Variablen. Dabei werden stetige nummerische Daten in eine diskrete Anzahl von Kategorien umgewandelt. Die Einteilung der Daten erfolgt nach aufsteigender Größe und so, dass alle Gruppen in etwa gleich groß sind. Wählt man die Einteilung in n Kategorien, so erhalten alle Beobachtungen, die in das Intervall $(x_{(i-1)/n}; x_{i/n}]$ fallen, den Wert i zugewiesen ($1 \leq i \leq n$), wobei x_p das p-Fraktil der Verteilung der Variablen ist, nach der kategorisiert werden soll. Man kategorisiert Variablen, indem man über das Menü die Befehlsfolge

Transformieren ▷
    Variablen kategorisieren...

wählt. Es erscheint darauf ein Dialogfeld, in dem man angeben kann, für welche Variablen die Kategorien erstellt werden sollen und in wieviele Gruppen die Daten eingeteilt werden sollen.

S.1.7 Übungsaufgaben

Ü.S.1.1:

Erstellen Sie ein SPSS-Datenfile mit den Daten des Beispiels aus [HAFN 00], Abschn. 2.2. Vergeben Sie dabei vernünftige Variablennamen und Labels. Kodieren Sie anschließend das Merkmal Körpergröße in die folgenden beiden neuen Variablen um:

1. in die nummerische Variable *intgröße* genauso wie in Abschn. S.1.6;
2. in die String-Variable *bereiche* (Label: Intervalle der Körpergrößen). Die Intervalleinteilung soll dieselbe sein wie für *intgröße*, man kann also auch *intgröße* in eine neue Variable umkodieren. Die Ausgabe der Variablen *bereiche* sollen Strings der Breite 9 sein (verwenden Sie dazu das Dialogfeld aus Abb. S.1.16), der Wert 147,5 der Variablen *intgröße* soll in den Wert (145;150] umkodiert werden, der Wert 152,5 in (150;155] usw.

Ü.S.1.2:

Dieselbe Aufgabenstellung wie in Aufgabe Ü.S.1.1 nur mit den Daten aus [HAFN 00], Abschn. 3.2. Sie sollen hier die folgenden neuen Variablen erzeugen:

1. Die String-Variable *cmint* (Länge 7 Zeichen): Alle Körpergrößen aus dem Intervall (140;150] sollen in *cmint* den Wert „140-150" haben usw. (Intervalleinteilung wie in [HAFN 00]). Vergeben Sie für die neue String-Variable Wertelabels, und zwar für den Wert 140-150 das Label (140;150] usw. Der Grund, dass Sie der Variablen *cmint* nicht gleich die Werte (140;150], ..., (190;200] geben sollen, ist folgender: (140;150] usw. wäre ein String der Länge 9, man kann aber bei SPSS mit String-Variablen der Länge >8 nicht alle Prozeduren durchführen (z.B. *allgemeine Tabellen*, siehe Abschn. S.3). Also wählen wir die kürzeren Werte und lassen in der Ausgabe anstelle der Werte deren Labels anzeigen.

2. Die String-Variable *kgint* (Länge 7 Zeichen): Alle Gewichte aus dem Intervall (45;50] sollen in *kgint* den Wert „(40;50]" haben usw.

Ü.S.1.3:

a. Öffnen Sie das Excel-Datenfile „Übung_e.1.1.xls", das Sie in Aufgabe Ü.E.1.1 erstellt haben. Vergeben Sie anschließend für die Variablen erklärende Labels und stellen Sie die richtigen Messniveaus ein (Temperatur ist ein ordinales Merkmal). Speichern Sie schließlich die Daten als SPSS-Datenfile „Übung_S.1.3.sav".

b. Kodieren Sie *syst* bzw. *diast* in die beiden neuen Variablen *systint* bzw. *diastint* um und verwenden Sie dazu die folgende Intervalleinteilung:

für *systint*: (100;120], (120;140], ..., (180;200],

für *diastint*: (60;80], (80;100], ..., (140;160].

c. Öffnen Sie das Excel-Datenfile „Übung_e.5.1.xls" aus Aufgabe Ü.E.5.1 und vergeben Sie wie oben passende Labels und richtige Messniveaus für die Variablen.

S.2 Eindimensionale Häufigkeitsverteilungen

In diesem Kapitel geht es um den ersten Schritt der Informationsverdichtung eines Datenfiles, nämlich um die tabellarische und grafische Darstellung der Häufigkeitsverteilung eines eindimensionalen Merkmals. Wir können immer davon ausgehen, dass die Daten in der Form einer Urliste (SPSS-Datenfile) vorliegen, analog zu [HAFN 00] unterscheiden wir bei der Darstellung zwischen diskreten und stetigen Variablen.

S.2.1 Diskrete Merkmale

Zur Demonstration wählen wir das Beispiel aus [HAFN 00], Abschn. 2.1. Das Merkmal ist hier die Anzahl der Oberflächenfehler je Einheit in einer Lieferung von $N = 50$ verzinkten Stahlblechen. Die folgenden Rohdaten sind zuerst in einer Urliste (Datenfile) festzuhalten; wir verwenden als Variablennamen *fehlzahl*:

2	2	1	3	3	4	3	2	1	3
6	0	2	2	1	3	4	3	3	3
2	1	5	3	1	3	0	1	4	5
4	2	3	0	2	4	3	3	1	4
2	2	2	3	5	4	3	2	4	3

Tabelle S.2.1: Fehlerzahlen von 50 verzinkten Stahlblechen

Wir stellen die Häufigkeitsverteilung zuerst in tabellarischer Form dar. Dazu wählen wir über das Menü die Befehlsfolge

Analysieren ▷
    Deskriptive Statistiken ▷
        Häufigkeiten ...

Im darauf erscheinenden Dialogfeld sind die Variablen auszuwählen, deren Häufigkeitsverteilungen dargestellt werden sollen. In unserem Beispiel gibt es ohnehin nur eine Variable, wir wählen sie durch Markieren der Variablen im Dialogfeld und anschließendes Klicken auf die Schaltfläche ▦ aus und klicken, nachdem wir uns vergewissert haben, dass die Option *Häufigkeitstabellen anzeigen* aktiviert ist, auf die Schaltfläche *OK*.

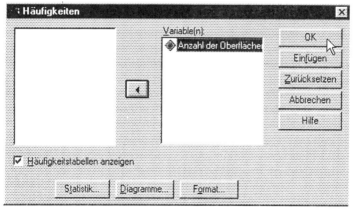

Abb. S.2.1: Dialogfeld zur Erstellung von Häufigkeitstabellen

Nun öffnet sich der Viewer, dieses SPSS-Fenster ist in zwei Bereiche aufgeteilt, nämlich das *Gliederungsfenster* links im SPSS-Viewer und das *Inhaltsfenster* auf der rechten Seite. Mit dem Viewer kann man leicht zwischen den verschiedenen Teilen der Ausgabe wechseln, man kann die Ausgabeteile ein- oder ausblenden und bearbeiten.

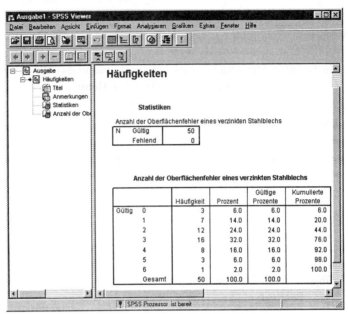

Abb. S.2.2: Ergebnis der *Häufigkeiten*-Prozedur im SPSS-Viewer

Im linken Teil des Viewers ist eine Gliederungsansicht des Inhaltsfensters zu sehen, im rechten Fensterbereich stehen Tabellen, Diagramme und Textausgabe. Dem obigen Gliederungsfenster entnimmt man, dass im Viewer nur die Ergebnisse der Prozedur *Häufigkeiten* stehen. Die Ausgabe von *Häufigkeiten* gliedert sich in vier Objekte (*Titel, Anmerkungen, Statistiken* und *Anzahl der Oberflächenfehler eines verzinkten Stahlblechs*), von denen das Objekt *Anmerkungen* im Inhaltsfenster ausgeblendet ist, d.h. nicht angezeigt wird. Ob ein Objekt ein- oder ausgeblendet ist, erkennt man am Symbol links neben dem Objektnamen. Ist das Symbol ein geöffnetes Buch, so wird das entsprechende Objekt angezeigt, handelt es sich um ein geschlossenes Buch, dann nicht. Man kann den Zustand eines Objektes von ein- auf ausgeblendet und umgekehrt ändern, indem man z.B. auf das Symbol neben dem Objektnamen doppelklickt. Alle Objekte einer Prozedur kann man ein- bzw. ausblenden, indem man auf das Kästchen links neben dem Prozedurnamen klickt. In diesem Kästchen erscheint ein Plus (+), wenn die Objekte ausgeblendet sind, und ein Minus (−), falls das Gegenteil der Fall ist.

Einzelne Objekte kann man auswählen, indem man auf deren Namen oder auf das Buchsymbol neben dem Objektnamen im Gliederungsfenster oder direkt auf das Objekt im Inhaltsfenster klickt. Das ausgewählte Objekt wird daraufhin eingerahmt, und links neben dem Objekt erscheint ein roter Pfeil.

Ausgewählte Objekt kann man verschieben, kopieren, löschen und bearbeiten und dadurch den Inhalt des Viewers individuell gestalten.

Ein ausgewähltes Objekt wird gelöscht, indem man die *Entf*-Taste drückt oder über das Menü

Bearbeiten ▷
    Löschen

eingibt. Zum Kopieren eines markierten (ausgewählten) Objektes wählt man über das Menü die Befehlsfolge

Bearbeiten ▷
    Kopieren

oder über die Tastatur *Strg* und *C*, markiert anschließend das Objekt, hinter dem die Kopie eingefügt werden soll, und gibt über das Menü

Bearbeiten ▷
    Einfügen nach

oder über die Tastatur *Strg* und *V* ein.
Verschieben kann man ein ausgewähltes Objekt durch Klicken und Ziehen mit der Maus sowohl im Gliederungs- als auch im Inhaltsfenster.
Zum Bearbeiten eines markierten Objektes hat man drei Möglichkeiten:

1. Doppelklicken auf das Objekt im Inhaltsteil
2. Über das Menü die Befehlsfolge

   Bearbeiten ▷
      Objekt: SPSS Rtf-Dokument ▷
         Bearbeiten
      Objekt: SPSS Pivot-Tabelle ▷
         Bearbeiten
      Objekt: SPSS-Diagramm ▷
         Öffnen

   eingeben, je nachdem ob man einen Text, eine Tabelle oder ein Diagramm bearbeiten möchte.

3. Klicken mit der rechten Maustaste auf das Objekt im Inhaltsteil. Es erscheint ein Popup-Menü, aus dem man folgende Befehlsfolge wählt:

Objekt: SPSS Rtf-Dokument ▷
   (SPSS Pivot-Tabelle ▷)
   (SPSS-Diagramm ▷)
   Bearbeiten
   (Öffnen)

Details zum Bearbeiten der Objekte werden erst bei Bedarf besprochen.
Wir werden im obigen Beispiel keines der Objekte bearbeiten, lediglich das Objekt *Statistiken*, das hier keine wichtige Information liefert, blenden wir aus.
Bemerkung: Das Objekt *Anmerkung* ist standardmäßig ausgeblendet. Unter den Anmerkungen stehen vom Dateinamen des SPSS-Datenfiles, der analysiert wurde, bis zur verwendeten Befehlssyntax eine Reihe von Informationen über die durchgeführte SPSS-Prozedur, die in der Ausgabe nicht unbedingt aufzuscheinen

brauchen. Läuft aber eine Prozedur einmal nicht so, wie man es gerne hätte, dann liefert ein Blick auf die Anmerkungen oft wertvolle Hinweise darauf, wo der Fehler zu suchen ist.

Der nächste Schritt in unserem Beispiel ist die grafische Darstellung der Häufigkeitsverteilung im Stab- oder im Kreisdiagramm. Dazu müssen wir die *Häufigkeiten*-Prozedur nochmals durchführen (wir hätten tabellarische und grafische Darstellung auch in einem Schritt erledigen können). Im Dialogfeld *Häufigkeiten* (siehe Abb. S.2.1) müssen wir auf die Schaltfläche *Diagramme . . .* klicken. Es öffnet sich das Dialogfeld wie in Abb. S.2.3.

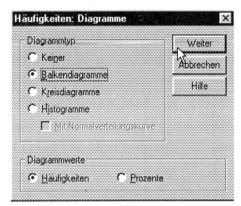

Abb. S.2.3: Dialogfeld für die grafische Darstellung von Häufigkeitsverteilungen

Im obigen Dialogfeld kann man nicht mehrere Diagrammtypen gleichzeitig auswählen, wir entscheiden uns für ein Stab- oder Balkendiagramm. Zurück im Dialogfeld *Häufigkeiten* klicken wir auf das angehakte Kästchen neben *Häufigkeitstabellen anzeigen*. Das Häkchen verschwindet daraufhin, und wir haben damit verhindert, dass die Tabellen nochmals in den Viewer geschrieben werden.

Im Gliederungsfenster des Viewers erscheint jetzt ein zweiter Ordner für die *Häufigkeiten*-Prozedur, in dem wir nur das Objekt *Balkendiagramm* eingeblendet lassen. Das Balkendiagramm werden wir jetzt bearbeiten: Dazu öffnen wir den *Diagramm-Editor* z.B. durch Doppelklicken auf das Diagramm-Objekt im Inhaltsteil des Viewers.

Zuerst löschen wir den Titel des Diagramms, der in der Ausgabe schon mehrfach aufscheint, indem wir im Diagramm-Editor über das Menü die folgende Befehlssequenz wählen:

Diagramme ▷
    Titel...

Es öffnet sich ein Dialogfeld zur Bearbeitung des Titels (siehe Abb. S.2.4). Um den Titel zu entfernen, löschen wir die Eintragung im Feld *Titel 1:* und klicken auf die Schaltfläche *OK*.

S.2.1 Diskrete Merkmale 149

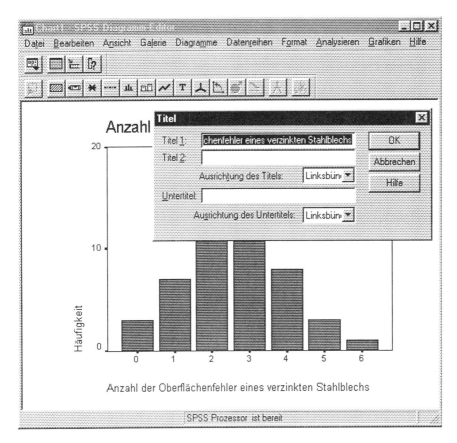

Abb. S.2.4: SPSS-Diagramm-Editor mit Dialogfeld zur Bearbeitung des Diagrammtitels

Als nächstes ändern wir das Erscheinungsbild der Ordinaten-Achse: Wir wollen einerseits eine feinere Skalierung und andererseits, dass neben den absoluten Häufigkeiten auch die relativen Häufigkeiten in Prozent angezeigt werden. Dazu geben wir über das Menü

Diagramme ▷
    Achse...

ein, es erscheint das Dialogfeld *Achse auswählen*. Zur Auswahl stehen *Skala* und *Kategorie*. Eine Kategorienachse zeigt einzelne Werte an, ohne sie dabei unbedingt an einer Skala auszurichten, im Gegensatz dazu zeigt eine Skalenachse skalierte nummerische Werte an. In unserem Beispiel zeigt die Kategorienachse die unterschiedlichen Ausprägungen des untersuchten Merkmals an und die Skalenachse die absoluten Häufigkeiten, wir wählen also *Skala*. Nun erscheint das Dialogfeld *Skalenachse* (siehe Abb. S.2.5). Um die Skalierung der Häufigkeitsachse feiner zu machen, ändern wir die Eintragung im Feld *1.Unterteilung, Inkrement:* von 10 auf 5. Damit auch Prozentwerte auf der Achse angezeigt werden, müssen wir auf *Abgeleitete Achse anzeigen* klicken, erst jetzt wird die unmittelbar unterhalb liegende Schaltfläche *Abgeleitete Achse ...* einsatzbereit und ihre Beschriftung verfärbt sich schwarz.

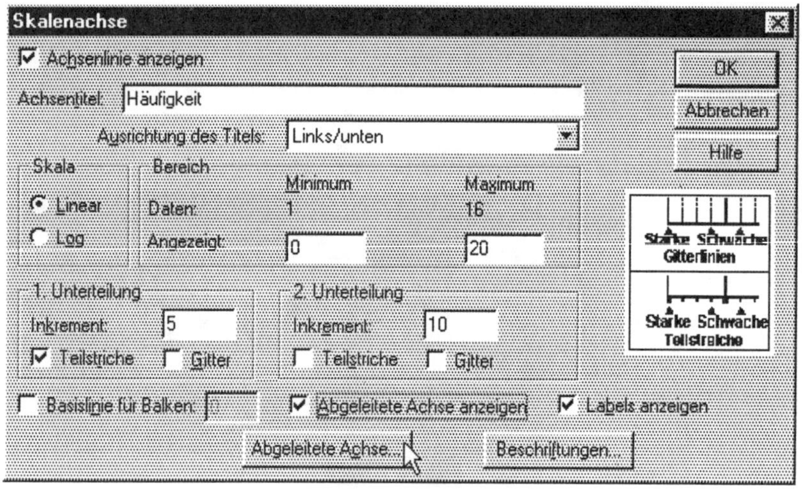

Abb. S.2.5: Dialogfeld zur Gestaltung der Skalenachse

Wir klicken auf die Schaltfläche *Abgeleitete Achse* ..., worauf ein weiteres Dialogfeld geöffnet wird (siehe Abb. S.2.6). Im Bereich *Definition* des Dialogfeldes *Abgeleitete Achse* geben wir Nullpunkt und Skalierung der neuen Achse ein: In unserem Beispiel ist der Umfang der Grundgesamtheit $N = 50$, d.h., eine Erhebungseinheit entspricht 2 Prozent. Wir schreiben daher in die Felder neben *Verhältnis: 1 Einheit Skalenachse gleich 2 Einheiten Abgeleitete Achse*.

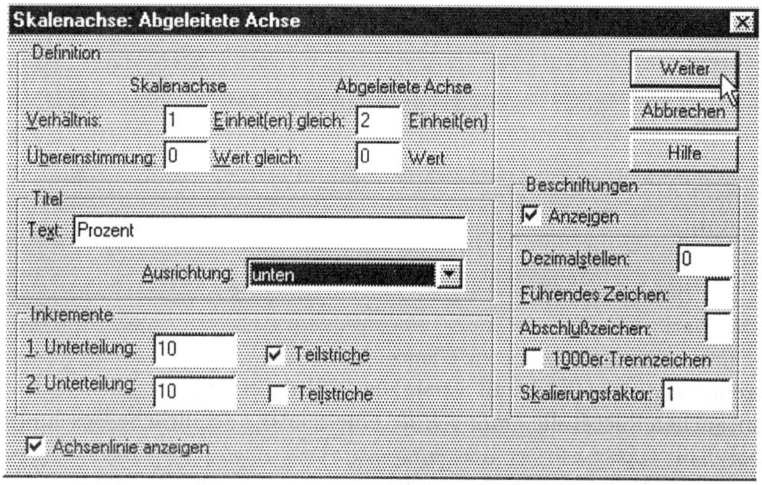

Abb. S.2.6: Bestimmung einer zweiten Skalierungsachse

Die Beschriftung der neuen Achse, nämlich *Prozent*, wird ins Feld *Titel, Text:* geschrieben. Wir ändern weiters die *Ausrichtung* der Beschriftung auf *unten* und bestätigen unsere Modifikationen der Skalenachse durch Klicken auf die Schaltflächen *Weiter* und *OK*. Um nicht den Eindruck entstehen zu lassen, es könnte sich hier um eine stetige Häufigkeitsverteilung handeln, möchte man vielleicht die Balken schmäler bzw. den Abstand zwischen den Balken größer machen. Dazu wählt man über das Menü

S.2.1 Diskrete Merkmale

Diagramme ▷
    Balkenabstand...

Im darauf erscheinenden Dialogfeld ändern wir die Eintragung im Feld *Balkenabstand*: von 20% auf 100% *der Balkenbreite* und klicken auf *OK*. Weiters möchten wir, dass die absoluten Häufigkeiten für die Ausprägungen unseres Merkmals im Balkendiagramm angezeigt werden. Wir geben über das Menü

Format ▷
    Balkenbeschriftung ...

ein, es öffnet sich ein Fenster, in dem wir auf das Symbol links neben *Standard* klicken. Damit die Beschriftungen auch im Diagramm sichtbar werden, muss man noch auf die Schaltfläche *Allen zuw.* klicken (siehe Abb. S.2.7). Um das Fenster *Balkenbeschriftung* zu schließen, klicken wir entweder auf die Schaltfläche ⊠ rechts oben im Fenster, oder wir drücken gleichzeitig die Tasten *Alt* und *F4*.

Abb. S.2.7: Auswahl der Balkenbeschriftung

Nun sind wir mit dem Erscheinungsbild unseres Diagramms zufrieden und schließen den Diagramm-Editor entweder über das Menü

Datei ▷
    Schließen

oder über die Tastatur mit *Alt* und *F4*. Das Stab- oder Balkendiagramm sollte jetzt wie in Abb. S.2.8 aussehen.

Bemerkung: Die durchgeführten Modifikationen des Diagramms waren nur exemplarisch. Es würde hier zu weit führen, alle Möglichkeiten, die der Diagramm-Editor zur Bearbeitung von Grafiken bietet, aufzuzählen und zu beschreiben. Die meisten Werkzeuge zum Ändern eines Diagramms findet man im Diagramm-Editor unter den Menüpunkten *Diagramme* und *Format*. Die Handhabung dieser Werkzeuge ist meist leicht zu verstehen, sollten einmal trotzdem Schwierigkeiten auftauchen, bietet die *Online-Hilfe* eine relativ ausführliche Beschreibung der angebotenen Tools. Im Übrigen sind die SPSS-Grafiken in ihrer Standardform fast immer auch ohne nachträgliche Bearbeitung brauchbare Bilder. Im Weiteren werden wir auf die Bearbeitung von Diagrammen nur mehr wenn unbedingt nötig eingehen.

Ein Kreisdiagramm erzeugt man genauso wie ein Balkendiagramm, nur dass man im Dialogfeld *Häufigkeiten: Diagramme* (siehe Abb. S.2.3) den Punkt *Kreisdiagramme* auswählen muss.

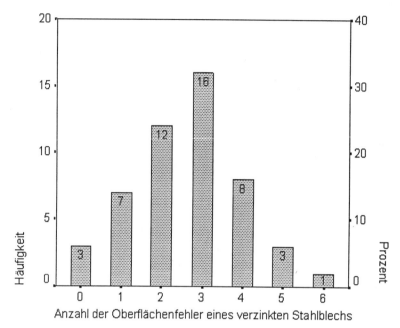

Abb. S.2.8: Modifiziertes Balkendiagramm

Die Summenhäufigkeitsfunktion

Zur Erstellung der Summenhäufigkeitsfunktion müssen wir ein *SPSS Interaktives Grafikobjekt* erzeugen. Wir verwenden dazu das *SPSS-Pivot-Tabelle-Objekt* „Anzahl der Oberflächenfehler eines verzinkten Stahlblechs" (die Häufigkeitstabelle im SPSS-Viewer).
Zuerst müssen wir die Pivot-Tabelle aktivieren, wir machen das, indem wir entweder

- auf die Tabelle im Inhaltsteil des Viewers doppelklicken oder
- mit der rechten Maustaste auf die Tabelle klicken und aus dem darauf erscheinenden Popup-Menü folgende Befehlsfolge wählen:

SPSS-Pivot-Tabelle Objekt ▷
    Bearbeiten

Der Rahmen um die Tabelle ist jetzt strichliert. Damit auf der Kategorienachse nicht bei jeder Ausprägung das Wort *Gültig* steht, entfernen wir diese Eintragung aus der Tabelle. Wir klicken dazu auf *Gültig* und drücken anschließend die *Entf*-Taste.
Jetzt markieren wir die Zahlen der Spalte *Kumulierte Prozente* durch Klicken und Ziehen mit der Maus. Anschließend klicken wir mit der rechten Maustaste an eine beliebige Stelle des markierten Bereiches, ein Popup-Menü öffnet sich (siehe Abb. S.2.9). Wir wählen aus dem Menü

Diagramm erstellen ▷
    Linie

S.2.1 Diskrete Merkmale 153

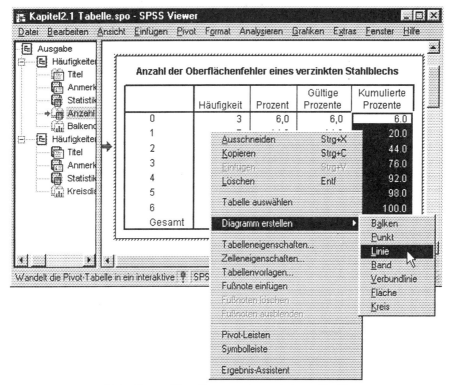

Abb. S.2.9: Erstellen einer interaktiven Grafik

SPSS erstellt jetzt ein interaktives Grafik-Objekt. Damit man wirklich von einer Summenhäufigkeitsfunktion sprechen kann, müssen wir die Grafik aber noch bearbeiten. Wir aktivieren das *SPSS Interaktive Grafikobjekt* genauso wie eine Pivot-Tabelle, also z.B. durch Doppelklicken, der *Interactive Graph Editor* öffnet sich.
In der angezeigten Grafik sind die kumulierten Prozentwerte durch Linien verbunden. Da wir hier aber die Häufigkeitsverteilung eines diskreten Merkmals darstellen, muss die Summenhäufigkeitsfunktion eine rechtsseitig stetige Treppenfunktion sein. Damit wir eine Treppenfunktion erhalten, klicken wir mit der rechten Maustaste an irgendeine Stelle des Linienzuges der angezeigten Funktion. Es öffnet sich ein Popup-Menü, aus dem wir den Punkt

Punkte und Linien

wählen. Nun wird das Dialogfeld *Punkte und Linien* geöffnet (siehe Abb. S.2.10). Im Register *Optionen* klicken wir auf *Punkte* und anschließend auf die Schaltfläche neben *Muster:* Aus der sich öffnenden Liste von Symbolen für die Punkte der Funktion wählen wir den schwarz ausgefüllten Kreis. Damit für die Funktion dickere Linien verwendet werden, klicken wir im Bereich *Linien* auf die Schaltfläche neben *Stärke: (Haarstrich)* und wählen $1\frac{1}{2}$pt aus. Um die gewünschte Treppenfunktion zu erhalten, müssen wir unter *Interpolation* den Punkt *Sprung links* auswählen.

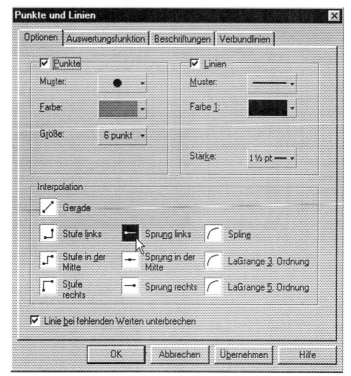

Abb. S.2.10: Umwandlung in eine Treppenfunktion

Durch Klicken auf die Schaltfläche *OK* werden die gewünschten Änderungen im Diagramm vorgenommen. Nun ändern wir das Erscheinungsbild der Skalenachse. Dazu klicken wir mit der rechten Maustaste an eine beliebige Stelle im Diagramm und wählen aus dem erscheinenden Popup-Menü

Achse ▷
    Skalenachse (Werte)

Im darauf erscheinenden Dialogfeld wählen wir das Register *Skala* und ändern bei *Min/Max der Daten* die Eintragungen im Feld *Minimum* auf 0 und im Feld *Maximum* auf 100. Außerdem klicken wir auf *Teilstriche beginnen bei Null* und bestätigen unsere Änderungen mit *OK*.
Als nächstes ändern wir den Titel des Diagramms auf „Summenhäufigkeitsfunktion". Dazu klicken wir auf das oberste Textfeld im Diagramm (Anzahl der Oberflächenfehler...), das Textfeld wird mit einer blauen, strichlierten Linie eingerahmt. Nun klicken wir ein zweites Mal auf das Textfeld, ein blinkender Text-Cursor erscheint dort, wo wir hingeklickt haben. Jetzt können wir den Text wie gewünscht bearbeiten.
Das Textfeld unterhalb des Titels (Statistiken...) löschen wir, indem wir es anklicken und anschließend die *Entf*-Taste drücken. Zuletzt ändern wir die Beschriftung der Skalenachse von *Werte* auf *Kumulierte Prozente*. Man kann nach eigenem Ermessen noch die Größe der Beschriftung, das Seitenverhältnis der Grafik usw. ändern, die wesentlichste Modifikation wurde aber schon durch die Erzeugung einer Treppenfunktion erledigt. Durch Klicken an eine beliebige Stelle

außerhalb des Interactive Graph Editors kehren wir zum Viewer zurück, unsere Summenhäufigkeitsfunktion sollte jetzt in etwa die Gestalt wie in Abb. S.2.11 haben.

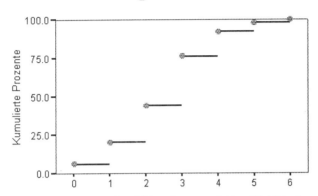

Abb. S.2.11: Summenhäufigkeitsfunktion

S.2.2 Stetige Merkmale

Bei der tabellarischen Darstellung stetiger Merkmale gibt es in SPSS gewisse Schwierigkeiten, weil das Variationsintervall nicht automatisch in Teilintervalle zerlegt wird und dann die relativen Häufigkeiten der Teilintervalle dargestellt werden. Lediglich das Histogramm einer stetigen Häufigkeitsverteilung lässt sich schnell per Mausklick herstellen. Will man aber eine andere Intervalleinteilung als die von SPSS gewählte, dann muss man das Histogramm auch über den Diagramm-Editor bearbeiten. Wir werden daher zuerst die stetige Variable umkodieren und dann wie bei diskreten Merkmalen verfahren. Dies sei anhand des Beispiels aus [HAFN 00], Abschn. 2.2 demonstriert. Die Umkodierung der Variablen „Körpergröße" wurde schon in der Übungsaufgabe Ü.S.1.1 erledigt. Wir verwenden jetzt die diskrete String-Variable *bereiche* zur Darstellung der Häufigkeitsverteilung von *größe*. Also geben wir über das Menü die Befehlsfolge

Analysieren ▷
    Deskriptive Statistiken ▷
        Häufigkeiten ...

ein, wählen die Variable *bereiche* aus und lassen auch ein Balkendiagramm zeichnen. Die tabellarische Darstellung der Verteilung hat bereits die gewünschte Form. Da wir aus dieser Tabelle wieder SPSS-interaktive Grafikobjekte erzeugen, löschen wir die Eintragung *Gültig*. Aus dem Balkendiagramm machen wir ein Histogramm, indem wir den Balkenabstand auf 0 ändern (siehe Abschn. S.2.1). Die restlichen Änderungen am Layout des Diagramms sind jedem Einzelnen überlassen.

Abb. S.2.12: Häufigkeitstabelle und Histogramm

Zur Erstellung des Häufigkeitspolygons und der Summenhäufigkeitskurve erzeugen wir aus den Spalten *Häufigkeit* und *Kumulierte Prozente* der Häufigkeitstabelle zwei SPSS-interaktive Grafikobjekte (siehe Abschn. S.2.1.1). Für das Häufigkeitspolygon wählen wir aus dem Popup-Menü der Spalte *Häufigkeit*

Diagramm erstellen ▷
    Fläche

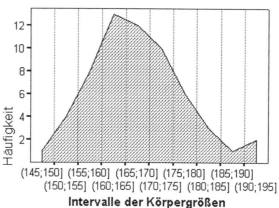

Abb. S.2.13: Häufigkeitspolygon

Bei der Summenhäufigkeitskurve gehen wir wie in Abschn. S.2.1.1 vor, nur dass wir nicht wie im diskreten Fall eine Treppenfunktion erzeugen müssen. Allerdings taucht hier ein anderes Problem auf: In einer Summenhäufigkeitskurve trägt man die kumulierten Häufigkeiten über den Intervallobergrenzen auf. Wir zeichnen hier aber die kumulierten Häufigkeiten der diskreten String-Variablen *bereiche* in ein Diagramm. Die Ausprägungen von *bereiche* sind (145;150], (150;155], ... und werden von SPSS für die Beschriftung der Kategorienachse verwendet. Diese Darstellung kann aber den falschen Eindruck erwecken, die kumulierten Häufigkeiten seien Funktionswerte der Intervallmitten. Um keine Missverständnisse aufkommen zu lassen, schreiben wir daher unter die Kategorienachse: „Die Summenhäufigkeiten sind Funktionswerte der Intervallobergrenzen". Dieses Problem könnte man umgehen, indem man durch Umkodieren eine Variable *ogint* (Intervallobergrenzen) erzeugt und aus den kumulierten Häufigkeiten dieser Variablen ein SPSS-interaktives Grafikobjekt erzeugt.

S.2.2 Stetige Merkmale

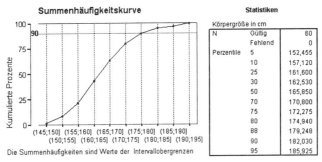

Abb. S.2.14: Summenhäufigkeitskurve und Perzentilwerte

Zur Bestimmung des *p-Fraktils* (*P-Perzentils*) müssen wir wieder die Originaldaten, also die Variable *größe*, verwenden. Nach der Eingabe von

Analysieren ▷
  Deskriptive Statistiken ▷
    Häufigkeiten ...

wählen wir im Dialogfeld *Häufigkeiten* (siehe Abb. S.2.1) die Variable *größe* aus und klicken auf die Schaltfläche *Statistik ...*. Im jetzt erscheinenden Dialogfeld klicken wir auf das Kästchen neben *Quartile*, wir wollen aber zusätzlich noch andere Perzentil-Werte berechnen. Also klicken wir auch auf das Kästchen neben *Perzentile* und tragen die gewünschten Prozentzahlen im Feld rechts daneben ein. Damit eine eingegebene Zahl in die Liste der zu berechnenden Perzentilwerte übernommen wird, müssen wir auf die Schaltfläche *Hinzufügen* klicken (siehe Abb. S.2.15).

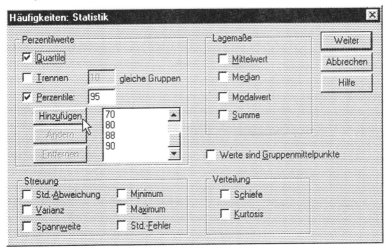

Abb. S.2.15: Dialogfeld *Statistik* der *Häufigkeiten*-Prozedur

Wir lassen keine Häufigkeitstabellen und Diagramme anzeigen und starten die Prozedur durch Klicken auf *OK*. Das Ergebnis ist in Abb. S.2.14 zu sehen. Vergleicht man die Daten mit den errechneten Perzentilwerten, so sieht man, dass SPSS unter Perzentilen offenbar etwas anderes versteht, als in der folgenden Definition des P-Perzentils $x_{P\%}$ zum Ausdruck kommt:

$$x_{P\%} := \min\{a : P_\%(x \leq a) \geq P\}$$

Sortiert man die Daten in aufsteigender Größe, so bekommt man u.a. folgende Ordnungsstatistiken:

$$x_{(52)} = 177{,}6 \quad ; x_{(53)} = 178{,}5 \quad ; x_{(54)} = 179{,}6$$

D.h.: 52 Körpergrößen, das sind $\frac{52}{60} \cdot 100\% = 86{,}\dot{6}\%$ aller Körpergrößen, sind kleiner oder gleich 177,6 cm, also ist 177,6 das 86,$\dot{6}$%-Perzentil der Verteilung. Genauso sieht man, dass 178,5 das 88,$\dot{3}$%-Perzentil der Häufigkeitsverteilung von *größe* ist. Da $86{,}\dot{6} < 88 < 88{,}\dot{3}$ ist, müsste also das 88%-Perzentil irgendwo im Intervall [177,6; 178,5] sein (nach der obigen Definition ist 178,5 das 88%-Perzentil). Aus welchen Gründen auch immer liefert uns aber SPSS das Ergebnis 179,248. Noch eindeutiger ist der Unterschied beim 90%-Perzentil: 54 von 60 Werten (90%) sind ≤179,6, also ist 179,6 das 90%-Perzentil der Verteilung, SPSS errechnet aber den Wert 182,03. Dass dieses Ergebnis nicht stimmen kann, sieht man auch an der obigen Summenhäufigkeitskurve für die gruppierten Daten (Abb. S.2.14): Man liest aus dem Diagramm ab, dass 90% der Daten in die Intervalle (145;150], (150;155], ..., (175;180] fallen, also muss das 90%-Perzentil ≤180 sein. Die Unterschiede in den Ergebnissen sind aber nicht so dramatisch, dass die Berechnungen von SPSS unbrauchbar wären.

S.2.3 Erzeugen von SPSS-Befehlssyntax

Auf die meisten SPSS-Befehle kann man über Menüs und Dialogfelder zugreifen, einige Befehle sind aber nur in der SPSS-Befehlssprache verfügbar. Diese Befehle werden wir in unseren Anwendungen zwar nicht benutzen, die SPSS-Befehlssprache ist für uns aber aus einem anderen Grund von Interesse: Verwendet man Befehlssyntax, so hat man die Möglichkeit, Jobs in einer Syntaxdatei zu speichern. Man kann die durch Mausklick durchgeführten Analyseschritte in ein „SPSS-Programm" umwandeln und dadurch die Analyse zu einem späteren Zeitpunkt wiederholen.

Am einfachsten geht das Erstellen einer Befehlssyntax-Datei, indem man die Prozedur ganz normal per Mausklick vorbereitet, also die entsprechenden Optionen in den Dialogfeldern auswählt, und dann die Syntax dieser Auswahl in ein Syntax-Editor-Fenster übernimmt, bevor man die *OK*-Taste drückt. Man kann auch die Syntax einer längeren Analyse Schritt für Schritt übernehmen und dadurch eine Job-Datei erstellen. Die Übernahme von Befehlssyntax aus einem Dialogfeld erfolgt durch Klicken auf die Schaltfläche *Einfügen*, diese Schaltfläche ist im Dialogfeld einer jeden SPSS-Prozedur zu finden (siehe z.B. Abb. S.2.1). Klickt man auf *Einfügen*, wird die Befehlssyntax im Syntax-Editor-Fenster eingefügt. Falls kein Syntaxfenster geöffnet ist, öffnet SPSS ein neues Syntaxfenster und fügt die Befehlssyntax dort ein. Will man den Syntax-Editor selbst öffnen, so macht man das durch

Datei ▷
   Neu ▷
      Syntax

Die aus Dialogfeldern übernommene Befehlssyntax zum Erstellen der Häufigkeitstabelle und des Balkendiagramms der Variablen *bereiche* (Abschn. S.2.2) und zum Berechnen der Perzentilwerte der Variablen *größe* ist in Abb. S.2.16 zu sehen.

S.2.3 Erzeugen von SPSS-Befehlssyntax

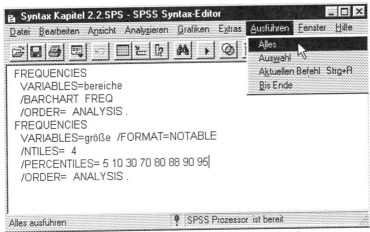

Abb. S.2.16: Datenanalyse über den Syntax-Editor

Eine bereits gespeicherte Syntax-Datei öffnet man durch die Befehlsfolge

Datei ▷
    Öffnen ▷
        Syntax

SPSS-Syntax-Dateien erkennt man an der Extension *.sps. Will man die Befehle der Syntax-Datei ausführen, so geschieht das über das Menü durch

Ausführen ▷
    Alles
    (Auswahl)

(siehe Abb. S.2.16). Dass man dazu im Daten-Editor das richtige Datenfile geöffnet haben muss, versteht sich von selbst. Im Syntax-Editor allzuviel an der von Dialogfeldern übernommenen Befehlssyntax zu ändern, empfiehlt sich für ungeübte Anwender nicht. Das Löschen von irrtümlich übernommenen SPSS-Befehlen führt allerdings kaum zu Schwierigkeiten. Man muss dabei lediglich beachten, dass SPSS-Befehle über mehrere Zeilen gehen können. Das Ende eines SPSS-Befehls erkennt man an einem Punkt (.).

S.2.4 Übungsaufgaben

Ü.S.2.1:

    a. Erstellen Sie für die Variable *geszst* aus Aufgabe Ü.S.1.3 eine Häufigkeitstabelle und ein Histogramm. Erzeugen Sie für das Histogramm eine abgeleitete Skalenachse, in der die Häufigkeiten in Prozent angezeigt werden.

    b. Erzeugen Sie eine Summenhäufigkeitsfunktion für die Variable *geszst*.

Ü.S.2.2:

a. Verwenden Sie die Daten aus Ü.S.1.3 und transformieren Sie *puls* in die neue Variable *pulsint* mit der Intervalleinteilung (60;70], (70;80], ... , (100;110].

b. Erstellen Sie für *pulsint* und die Variablen *systint* und *diastint* aus Aufgabe Ü.S.1.3 b. eine Häufigkeitstabelle, ein Häufigkeitspolygon und eine Summenhäufigkeitskurve.

c. Bestimmen Sie für die Variablen *puls, syst* und *diast* die p-Fraktile für $p =$ 0,05; 0,1; 0,2; 0,5; 0,8; 0,9 und 0,95.

S.3 Zweidimensionale Häufigkeitsverteilungen

S.3.1 Diskrete Merkmale

Wie immer verwenden wir zur Demonstration das Beispiel des entsprechenden Kapitels aus [HAFN 00]. Zuerst erstellen wir die Tabellen der absoluten und relativen Häufigkeiten sowie der Randhäufigkeiten des zweidimensionalen Merkmals (Rechennote, Deutschnote). Wir wählen über das Menü

Analysieren ▷
    Tabellen ▷
        Allgemeine Tabellen...

Im darauf erscheinenden Dialogfeld wählen wir für die Zeilen die Variable *rechnen* aus. Damit auch die Randverteilung angezeigt wird, klicken wir auf die Schaltfläche *Gesamtergebnis einfügen*. Jetzt wählen wir für die Spalten die Variable *deutsch* und klicken für die Randverteilung der Deutschnote ebenfalls auf *Gesamtergebnis einfügen*. Damit die Beschriftung für die ausgewählte Statistik nicht mehrmals in der Tabelle aufscheint, klicken wir auf *Beschriftung für Statistik erscheint in der Schicht*.

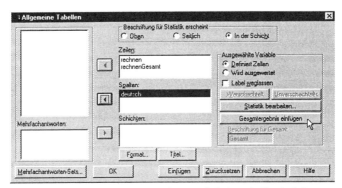

Abb. S.3.1: Zweidimensionale Häufigkeitstabelle definieren

Jetzt klicken wir auf die Schaltfläche *Statistik bearbeiten* ..., es erscheint ein weiteres Dialogfeld mit der Bezeichnung *Allgemeine Tabellen: Zellenstatistik für deutsch*, wo wir im Feld *Zellenstatistik* die Eintragung *Anzahl* markieren. Wir wollen die Beschriftung der Tabelle von *Anzahl* auf *absolute Häufigkeiten* ändern. Dazu ersetzen wir die Eintragung im Feld *Label* links unten im Dialogfeld entsprechend und klicken anschließend auf die Schaltfläche *Ändern*. Damit sind alle Befehle eingegeben, wir klicken auf *Weiter*, dann auf *OK*, und die Häufigkeitstabelle wird in den SPSS-Viewer geschrieben.

absolute Häufigkeiten

		Note in Deutsch					Gesamt
		sehr gut	gut	befriedigend	genügend	nicht genügend	
Note in Rechnen	sehr gut	4	5	2			11
	gut	4	5	3	2		14
	befriedigend	2	3	6	2		13
	genügend		1	4	2	2	9
	nicht genügend			1	1	1	3
Gesamt		10	14	16	7	3	50

Abb. S.3.2: Tabelle der absoluten Häufigkeiten

Um die Tabelle der relativen Häufigkeiten zu erhalten, braucht man im Dialogfeld *Allgemeine Tabellen, Zellenstatistik für deutsch* nur die Eintragung *Anzahl* im Feld *Zellenstatistik* markieren, auf die Schaltfläche *Entfernen* klicken, anschließend die Eintragung *Schichten %* im Feld *Statistik* markieren und auf die Schaltfläche *Hinzufügen* klicken. Die Beschriftung für die Häufigkeitstabelle ändern wir analog zu oben, indem wir die Eintragung im Feld *Label:* auf *relative Häufigkeiten* ändern.

relative Häufigkeiten

		Note in Deutsch					Gesamt
		sehr gut	gut	befriedigend	genügend	nicht genügend	
Note in Rechnen	sehr gut	8,0%	10,0%	4,0%			22,0%
	gut	8,0%	10,0%	6,0%	4,0%		28,0%
	befriedigend	4,0%	6,0%	12,0%	4,0%		26,0%
	genügend		2,0%	8,0%	4,0%	4,0%	18,0%
	nicht genügend			2,0%	2,0%	2,0%	6,0%
Gesamt		20,0%	28,0%	32,0%	14,0%	6,0%	100,0%

Abb. S.3.3: Tabelle der relativen Häufigkeiten

Für die bedingten Häufigkeiten bei gegebener Rechennote wählt man im obigen Dialogfeld als *Zellenstatistik* die Statistik *Zeilen %*, für die bedingten Häufigkeiten bei gegebener Deutschnote *Spalten %*.

bedingte Häufigkeit bei gegebener Deutschnote

		Note in Deutsch					Gesamt
		sehr gut	gut	befriedigend	genügend	nicht genügend	
Note in Rechnen	sehr gut	40,0%	35,7%	12,5%			22,0%
	gut	40,0%	35,7%	18,8%	28,6%		28,0%
	befriedigend	20,0%	21,4%	37,5%	28,6%		26,0%
	genügend		7,1%	25,0%	28,6%	66,7%	18,0%
	nicht genügend			6,3%	14,3%	33,3%	6,0%
Gesamt		100,0%	100,0%	100,0%	100,0%	100,0%	100,0%

bedingte Häufigkeit bei gegebener Rechennote

		Note in Deutsch					Gesamt
		sehr gut	gut	befriedigend	genügend	nicht genügend	
Note in Rechnen	sehr gut	36,4%	45,5%	18,2%			100,0%
	gut	28,6%	35,7%	21,4%	14,3%		100,0%
	befriedigend	15,4%	23,1%	46,2%	15,4%		100,0%
	genügend		11,1%	44,4%	22,2%	22,2%	100,0%
	nicht genügend			33,3%	33,3%	33,3%	100,0%
Gesamt		20,0%	28,0%	32,0%	14,0%	6,0%	100,0%

Abb. S.3.4: Bedingte relative Häufigkeiten

Jetzt wollen wir ein dreidimensionales Balkendiagramm für unser Merkmal (*rechnen, deutsch*) zeichnen lassen. Wir wählen über das Menü

S.3.1 Diskrete Merkmale

Grafiken ▷
   Interaktiv ▷
      Balken ...

Im darauf erscheinenden Dialogfeld klicken wir zuerst im Register *Variablen zuweisen* auf die Schaltfläche *2D-Koordinate* und wählen aus dem Popup-Menü *3D-Koordinate*. In der symbolischen Darstellung der drei Achsen ist der Skalenachse bereits die Systemvariable *Anzahl [$count]* zugewiesen. Wir wollen der ersten Kategorienachse die Variable *rechnen* und der zweiten Kategorienachse die Variable *deutsch* zuweisen: Dazu klicken wir in der Liste der noch zur Auswahl stehenden Variablen links im Dialogfeld auf *Note in Rechnen* und ziehen die Variable mit der Maus in eines der freien Felder für die Kategorienachsen. Anschließend ziehen wir die Variable *Note in Deutsch* in das noch freie Feld für die zweite Kategorienachse.

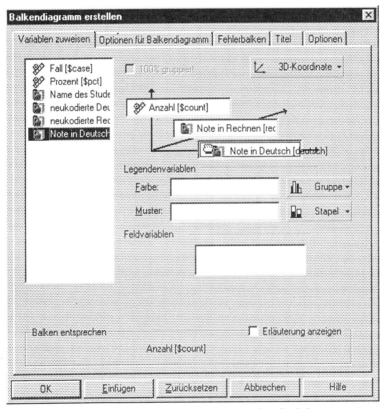

Abb. S.3.5: Erstellung eines dreidimensionalen Stabdiagramms

Jetzt wählen wir das Register *Optionen* und ändern die Größe der y-Achse auf 5 cm. Damit die Balken keine Beschriftung bekommen, sorgen wir dafür, dass im Register *Optionen für Balkendiagramm* weder das Kästchen neben *Anzahl* noch das neben *Wert* angehakt ist. Nachdem wir auf die Schaltfläche *OK* klicken, wird ein *SPSS-Interaktives Grafikobjekt* erzeugt. Wir werden die Grafik jetzt noch bearbeiten und öffnen dazu den *Interactive Graph Editor* (siehe Abschn. S.2.1.1).

Zuerst sorgen wir dafür, dass die Achsenbeschriftungen ordentlich lesbar werden. Dazu wählen wir über das Menü

Format ▷
    Datenbereich ...

und ändern die Eintragungen sowohl bei *Achsenbeschriftungen* als auch bei *Achsentitel* auf *In der Bildschirmebene*.

Jetzt verringern wir die Balkenbreite durch

Format ▷
    Grafikelemente ▷
        Balken

Im Register *Balkenbreite* verringern wir die Breite für beide Kategorierichtungen auf 20%. Damit das Bild noch anschaulicher wird, zeichnen wir Gitterlinien ein:

Format ▷
    Gitterlinien ...

Wir müssen in allen drei Registern des erscheinenden Dialogfeldes auf *Gitterlinien anzeigen* klicken. Jetzt drehen wir die Grafik so, dass die Verteilung noch besser sichtbar wird. Dazu benutzen wir die 3D-Palette, die gleichzeitig mit dem Interactive Graph Editor geöffnet wurde.

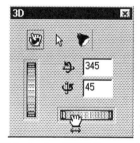

Abb. S.3.6: 3D-Palette des SPSS Interactive Graph Editors

Man kann die Grafik sowohl in horizontaler wie auch in vertikaler Richtung drehen, am besten verwendet man dazu die beiden symbolischen Einstellräder auf der 3D-Palette. Welche Winkeleinstellungen man schließlich wählt, ist Geschmacksache, in Abb. S.3.7 ist der vertikale Winkel 330° und der horizontale 24°.

Die grafische Darstellung der Randverteilungen erfolgt wie bei eindimensionalen Häufigkeitsverteilungen. Zur Grafik der bedingten Verteilungen gelangt man über

Grafiken ▷
    Balken ...

Im darauf erscheinenden Dialogfeld wählt man *Gruppiert* und *Auswertung über Kategorien einer Variablen* und klickt dann auf die Schaltfläche *Definieren*. Es öffnet sich jetzt ein anderes Dialogfeld.

S.3.1 Diskrete Merkmale

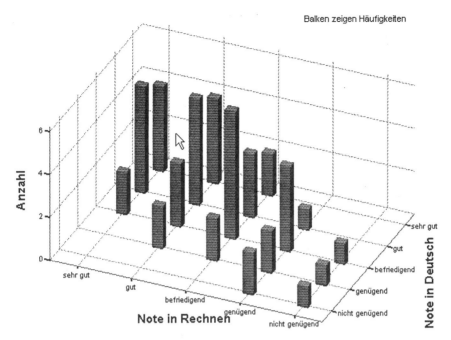

Abb. S.3.7: Dreidimensionales Stabdiagramm

Für das Feld *Kategorienachse* wählen wir jene Variable aus, deren Ausprägungen jeweils die Bedingungen für die darzustellenden Verteilungen sind. Interessiert man sich für die Stabdiagramme der bedingten Verteilungen von *deutsch|rechnen*, dann muss die Variable *rechnen* im Feld *Kategorienachse* und *deutsch* im Feld *Gruppen definieren durch:* stehen. Im Feld *Gruppen definieren durch:* steht also immer die Variable, für die man die bedingten Verteilungen darstellen möchte. Unter *Bedeutung der Balken* muss *Anzahl der Fälle* ausgewählt sein, dann kann man auf die Schaltfläche *OK* klicken, und die Stabdiagramme für die bedingten Verteilungen werden gezeichnet.

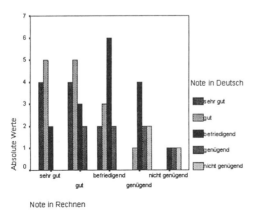

Abb. S.3.8: Bedingte Verteilungen von (Deutschnote|Rechennote)

S.3.2 Stetige Merkmale

Zuerst zeichnen wir für die Daten des Beispiels aus [HAFN 00], Abschn. 3.2 ein Streudiagramm, wir verwenden dazu das Datenfile aus Übung Ü.S.1.2:
Grafiken ▷
    Streudiagramm...

Im jetzt erscheinenden Dialogfeld lassen wir die Standardeinstellung *Einfach* und klicken auf die Schaltfläche *Definieren*. Im nächsten Dialogfeld wählen wir für die y-Achse die Variable *gewicht*, dazu markieren wir *gewicht* in der Liste der Variablen links im Fenster und klicken dann auf die Schaltfläche links neben dem Feld *Y-Achse*. Analog wählen wir für die x-Achse die Variable *größe* und klicken anschließend auf *OK*. Das Streudiagramm wird in den SPSS-Viewer gezeichnet. Wir öffnen jetzt zum Bearbeiten das SPSS-Diagramm-Objekt, der SPSS-Diagramm-Editor erscheint am Bildschirm. Wir wollen im Streudiagramm Bezugslinien einzeichnen, welche die Intervallgrenzen für unsere Gruppeneinteilung anzeigen:
Diagramme ▷
    Bezugslinie...

Wir wählen aus dem erscheinenden Dialogfeld zunächst die *X-Skalenachse*, es öffnet sich ein weiteres Dialogfeld. Unter *Position der Linie(n)* tragen wir zunächst den Wert 150 ein und klicken dann auf die Schaltfläche *Hinzufügen*. Genauso verfahren wir mit den anderen Intervallgrenzen 160, 170, 180 und 190. Nachdem wir auf *OK* klicken, werden die Linien ins Streudiagramm eingezeichnet. Analog zeichnen wir Bezugslinien für die *Y-Achse* an den Positionen 45, 55, 65, 75 und 85.

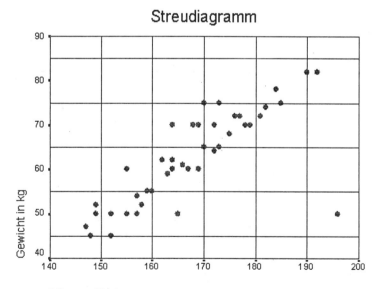

Abb. S.3.9: Streudiagramm für (Körpergröße, Gewicht)

S.3.2 Stetige Merkmale

Schließlich ändern wir noch das Symbol, mit dem die Punkte dargestellt werden, durch

Format ▷
   Marker...

Wir wählen im darauf erscheinenden Dialogfeld unter *Stil* den ausgefüllten (schwarzen) Kreis, klicken auf *Allen zuw.* und anschließend auf *Schließen*. Damit unser Diagramm noch eine schöne Überschrift bekommt, wählen wir

Diagramm ▷
   Titel...

und schreiben ins Feld *Titel 1*: „Streudiagramm". Wir zentrieren die Überschrift, indem wir bei *Ausrichtung des Titels: Mitte* auswählen, worauf wir nach Klicken auf *OK* wieder zum Diagramm-Editor zurückkehren. Nachdem wir nichts mehr ändern wollen, schließen wir den Diagramm-Editor, im Viewer ist jetzt das Streudiagramm aus Abb. S.3.9 zu sehen.
Beim Erstellen der Häufigkeitstabellen gehen wir wie in Abschn. 3.1 vor. Damit in der Tabelle anstelle der Werte der Variablen deren Labels angezeigt werden (siehe Ü.S.1.2), wählen wir über das Menü

Bearbeiten ▷
   Optionen...

und ändern im Register *Beschriftung der Ausgabe* des sich öffnenden Dialogfeldes die Eintragung unter *Beschriftung für Pivot-Tabellen; Variablenwerte anzeigen als:* von *Werte* auf *Labels*.
In den Häufigkeitstabellen lassen wir dann die String-Variablen *cmint* und *kgint* darstellen.

absolute Häufigkeiten

		Intervalle der Gewichte				Gesamt
		[45;55]	(55;65]	(65;75]	(75;85]	
Intervalle der Körpergrößen	[140;150]	5				5
	(150;160]	10	1			11
	(160;170]	1	10	4		15
	(170;180]		2	10		12
	(180;190]			3	2	5
	(190;200]	1			1	2
Gesamt		17	13	17	3	50

Abb. S.3.10: Tabelle der absoluten Häufigkeiten

Um zu einem dreidimensionalen Histogramm für die gewählte Intervalleinteilung zu kommen, erzeugen wir ein interaktives Grafikobjekt:

Grafiken ▷
   Interaktiv ▷
      Balken...

Wir wählen aus zwei Gründen im letzten Submenü nicht Histogramm... sondern Balken...:

1. Bei Histogrammen ist es in SPSS relativ umständlich, die Intervallgrenzen und die Anzahl der Intervalle selbst zu bestimmen.
2. Wir haben die gewünschte Intervalleinteilung bereits in den Variablen *cmint* und *kgint*. Diese Variablen sind vom Typ *String*, und für diesen Variablentyp kann man nur ein Balkendiagramm, aber kein Histogramm zeichnen.

Im Weiteren verfahren wir wie bei der Erstellung eines dreidimensionalen Stabdiagramms (siehe Abschn. S.3.1). Für die Balkenbreite wählen wir für beide Kategorienrichtungen 100%. Wie beim Stabdiagramm lassen wir für alle Achsenrichtungen Gitterlinien anzeigen, nur dass wir dieses Mal bei den Variablen *cmint* und *kgint* die Gitterlinien *Zwischen Kategorien* und nicht *Bei Kategorieteilstrichen* zeichnen lassen.

Jetzt ändern wir die Achsentitel auf *absolute Häufigkeit, Körpergröße* bzw. *Gewicht*. Die Titel ändert man, indem man auf die jeweiligen Textfelder doppelklickt. Es erscheint dann ein Text-Cursor, und man kann beliebig Zeichen einfügen bzw. löschen. Damit für die beiden Kategorienachsen die Teilstriche bei den Intervallgrenzen gezeichnet werden, geben wir folgende Befehlssequenz ein:

Format ▷
   Achse ▷
      Kategorienachse (Intervalle der Körpergrößen)
      (Kategorienachse (Intervalle der Gewichte))

Im Register *Darstellung* wählen wir bei den Teilstrichen für die Kategorien unter *Farbe: keine Farbe* und klicken auf *Teilstriche zwischen Kategorien*.

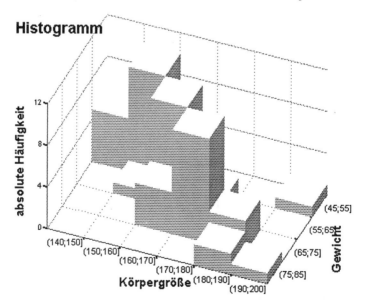

Abb. S.3.11: Dreidimensionales Histogramm

S.3.3 Übungsaufgaben   169

Einige Modifikationen, die uns wichtig erschienen, konnten aber in der uns vorliegenden Version 10.0.5 von SPSS leider nicht durchgeführt werden. So konnte man z.B. keine Rahmen um die Flächen der dreidimensionalen Balken zeichnen, auch die Balken- bzw. Achsenbeschriftung war zum Teil fehlerhaft. Es ist zu hoffen, dass diese Mängel in späteren Versionen des Programms ausgebessert sind.

Bei der Darstellung der bedingten Verteilungen in tabellarischer und grafischer Form verwenden wir ebenfalls die diskreten Variablen *cmint* und *kgint* und verfahren völlig analog zu Abschn. S.3.1.

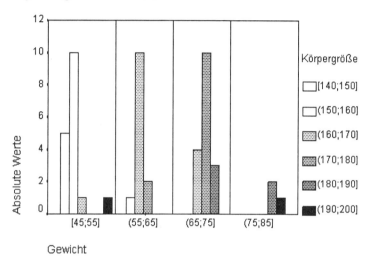

Abb. S.3.12: Histogramm von (Körpergröße|Gewicht)

S.3.3 Übungsaufgaben

Ü.S.3.1:

a. Berechnen Sie mit den Daten aus Ü.S.1.3 a. die neue Variable *rundtemp* mit der SPSS-Funktion RND*(temp)*.

b. Bestimmen Sie die Tabelle der absoluten und relativen Häufigkeiten für *(rundtemp, geszst)* und zeichnen Sie ein dreidimensionales Stabdiagramm.

c. Stellen Sie sämtliche bedingte Verteilungen von *(rundtemp|geszst)* und von *(geszst|rundtemp)* grafisch dar.

Ü.S.3.2:

a. Zeichnen Sie ein Streudiagramm für die Merkmale *(syst, diast)* aus Aufgabe Ü.S.1.3 a.

b. Erzeugen Sie eine Häufigkeitstabelle, und zeichnen Sie ein dreidimensionales Histogramm für das zweidimensionale Merkmal *(systint, diastint)*.

c. Zeichnen Sie ein Histogramm der bedingten Verteilung von *(systint|diastint)*.

S.4 Maßzahlen für eindimensionale Verteilungen

S.4.1 Metrische Merkmale

Wir verwenden die Daten aus Abschn. S.3.2 und bestimmen Lage-, Streuungs- und Formparameter des Merkmals *Körpergröße* in einem Schritt. Wie in Kapitel S.2 verwenden wir dazu die Häufigkeiten-Prozedur.

Analysieren ▷
    Deskriptive Statistiken ▷
        Häufigkeiten...

Im Dialogfeld *Häufigkeiten* wählen wir die Variable *größe* aus, sorgen dafür, dass die Häufigkeitstabellen nicht angezeigt werden, und klicken auf die Schaltfläche *Statistik...* . Im darauf erscheinenden Dialogfeld (siehe Abb. S.2.15) geben wir an, welche Maßzahlen für das Merkmal *Körpergröße* berechnet werden sollen. Wir lassen das 10%- und das 90%-Perzentil (siehe Abschn. S.2.2), den Mittelwert, den Median, die Standardabweichung, die Varianz, die Spannweite, die Schiefe und die Kurtosis (Wölbung) berechnen. Nachdem wir auf *Weiter* und *OK* geklickt haben, erscheint im Viewer die Tabelle der Maßzahlen für unsere Variable *größe*.

Körpergröße in cm		
N	Gültig	50
	Fehlend	0
Mittelwert		167,02
Median		166,50
Standardabweichung		12,01
Varianz		144,14
Schiefe		,316
Standardfehler der Schiefe		,337
Kurtosis		-,367
Standardfehler der Kurtosis		,662
Spannweite		49
Perzentile	10	149,30
	90	183,80

Abb. S.4.1: Parameter des Merkmals *Körpergröße*

SPSS berechnet die Stichprobenstandardabweichung und die Stichprobenvarianz, also Schätzer für Standardabweichung und Varianz auf der Grundlage einer Stichprobe, diese Schätzer verwendet man eigentlich in der mathematischen und nicht in der deskriptiven Statistik. SPSS bietet keine Möglichkeit, Standardabweichung und Varianz einer Grundgesamtheit zu berechnen.

Man kann dieselben Maßzahlen auch für gruppierte Daten berechnen. Wir wählen die Intervalleinteilung (140;150], ..., (190;200] und kodieren wie in Abschn. S.1.6 in eine neue Variable um. Der Wert dieser Variablen ist der Mittelpunkt des Intervalls, in das die Originalkörpergröße fällt. Bei der Bestimmung der Verteilungsparameter verfährt man wie bei den Originaldaten, nur klickt man im Dialogfeld *Häufigkeiten: Statistik* zusätzlich auf *Werte sind Gruppenmittelpunkte*. Diese

S.4.2 Ordinale Merkmale

Einstellung wirkt sich auf die Berechnung der Perzentile, also auch auf die des Medians aus. Es wird nicht der Median bzw. das $P\%$-Perzentil der Intervallmitten berechnet, sondern es wird zwischen den Intervallmitten interpoliert.

gruppierte Körpergrößen		
N	Gültig	50
	Fehlend	0
Mittelwert		166,4000
Median		166,1111[a]
Standardabweichung		12,7791
Varianz		163,3061
Schiefe		,217
Standardfehler der Schiefe		,337
Kurtosis		-,393
Standardfehler der Kurtosis		,662
Spannweite		50,00
Perzentile	10	148,1250[b]
	90	184,4118

a. Aus gruppierten Daten berechnet
b. Perzentile werden aus gruppierten Daten berechnet.

Abb. S.4.2: Verteilungsparameter für die gruppierten Körpergrößen

S.4.2 Ordinale Merkmale

Die Rechen- und Deutschnote des Beispiels aus Abschn. S.3.1 sind eindeutig ordinale Merkmale. Maßzahlen, wie arithmetisches Mittel und Varianz, sind bei solchen Merkmalen nicht die geeigneten Parameter, um die Lage bzw. Streuung der Verteilung zu charakterisieren, auch Schiefe und Wölbung verlieren bei ordinalen Merkmalen ihre Bedeutung. Zur Beschreibung der Lage sollte man hier Fraktile, insbesondere den Median oder auch den Modus, den häufigsten Wert der Verteilung, verwenden, zur Beschreibung der Streuung sogenannte Toleranzintervalle, deren Grenzen letztlich auch Fraktile der Häufigkeitsverteilung sind. In einem $(1-\alpha)$-Toleranzintervall sollen die mittleren $(1-\alpha)\cdot 100\%$ der Verteilung liegen. Das Intervall $[x_{\alpha/2}; x_{1-\alpha/2}]$ erfüllt diese Voraussetzung, wobei $x_{\alpha/2}$ bzw. $x_{1-\alpha/2}$ das $\alpha/2$- bzw. $(1-\alpha/2)$-Fraktil der Häufigkeitsverteilung sind.

Wie in Abschn. S.4.1 verwenden wir die Häufigkeiten-Prozedur, um zu den Maßzahlen zu kommen:

Analysieren ▷
    Deskriptive Statistiken ▷
        Häufigkeiten...

Wir wählen im Dialogfeld *Häufigkeiten: Statistik* dieselben Maßzahlen wie bei den metrischen Merkmalen in S.4.1 und zusätzlich den Modalwert aus. Wir betrachten das Ergebnis im Viewer und stellen mit Erstaunen fest:

Statistiken

		Note in Rechnen	Note in Deutsch
N	Gültig	50	50
	Fehlend	0	0
Mittelwert		2.58	2.58
Median		2.50	3.00
Modus		2	3
Standardabweichung		1.20	1.14
Varianz		1.43	1.31
Schiefe		.287	.306
Standardfehler der Schiefe		.337	.337
Kurtosis		-.831	-.561
Standardfehler der Kurtosis		.662	.662
Spannweite		4	4
Perzentile	10	1.00	1.00
	90	4.00	4.00

Abb. S.4.3: Ergebnis der Häufigkeiten-Prozedur mit ordinalen Merkmalen

Alle Statistiken, also auch Mittelwert, Standardabweichung, Schiefe und Wölbung, wurden ohne jede Warnung oder Bemerkung von SPSS berechnet. Eigentlich würde man von einem Statistikprogrammpaket erwarten, dass man zumindest darauf aufmerksam gemacht wird, wenn man dabei ist, einen Unsinn zu berechnen, noch dazu, wo wir bei der Variablendefinition (siehe Abschn. S.1.3.1) peinlichst darauf geachtet haben, den Variablen das richtige Messniveau zuzuweisen. Wozu haben wir also unseren Schulnoten das Messniveau *Ordinal* zugewiesen, wenn sie dann von SPSS genau wie metrische Variablen behandelt werden?

Wozu die Berechnung der obigen Maßzahlen auch für ordinale Merkmale führen kann, sei kurz demonstriert: Die Zuweisung der Zahlen 1, 2, ... , 5 für die Noten *sehr gut, gut, ... , nicht genügend* ist völlig willkürlich und unbegründet. Niemand kann sagen, dass der Unterschied zwischen *sehr gut* und *gut* derselbe ist, wie jener zwischen *genügend* und *nicht genügend*. Wir könnten genauso gut anstelle der herkömmlichen Kodierung die Schulnoten „hoch 3 nehmen", also berechnen wir die neuen Variablen (siehe Abschn. S.1.6)

$$rechneu = rechnen**3 \qquad \text{und} \qquad deutsneu = deutsch**3$$

Die Parameter für die neuen Variablen sind in Abb. S.4.4 zu sehen.

Der Mittelwert beider Noten, der ursprünglich zwischen den Noten *gut* und *befriedigend* lag, ist durch die neue Kodierung plötzlich zwischen *befriedigend* und *genügend*. Die Varianz ist enorm gestiegen, auch die Schiefe wurde größer (rechtsschiefer), und betrachtet man die Wölbung, so wurden aus breitschultrigen gar schmalschultrige Verteilungen. Beim Median, beim Modus und bei den Fraktilwerten hat sich hingegen die Bedeutung der Werte nicht geändert.

S.4.3 Nominale Merkmale

Statistiken

		neukodierte Rechennote	neukodierte Deutschnote
N	Gültig	50	50
	Fehlend	0	0
Mittelwert		28.5000	27.5400
Median		17.5000	27.0000
Modus		8.00	27.00
Standardabweichung		33.0462	32.0059
Varianz		1092.0510	1024.3759
Schiefe		1.619	1.832
Standardfehler der Schiefe		.337	.337
Kurtosis		2.285	3.183
Standardfehler der Kurtosis		.662	.662
Spannweite		124.00	124.00
Perzentile	10	1.0000	1.0000
	90	64.0000	64.0000

Abb. S.4.4: Maßzahlen für neu kodierte ordinale Merkmale

S.4.3 Nominale Merkmale

Gegeben seien die Daten aus [HAFN 00], Abschn. 4.3, es handelt sich hier um eine besondere Art von Datensatz, denn in der Variablen *nächte* (Anzahl der Nächtigungen) stehen bereits absolute Häufigkeiten. Für SPSS ist aber normalerweise eine Zeile des Datenfiles eine Beobachtung mit Häufigkeit eins. Wir müssen SPSS mitteilen, dass in der Variablen *nächte* Häufigkeiten stehen, und zwar durch

Daten ▷
    Fälle gewichten...

Im darauf erscheinenden Dialogfeld klicken wir auf *Fälle gewichten mit*, markieren die Variable *nächte* und klicken auf die Schaltfläche links neben dem Feld *Häufigkeitsvariable*.

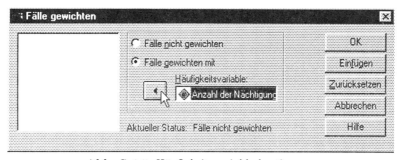

Abb. S.4.5: Häufigkeitsvariable bestimmen

Jetzt erzeugen wir mit der Häufigkeiten-Prozedur die Tabelle der absoluten, relativen und der Summenhäufigkeiten (siehe Abschn. S.2.1) des Merkmals *Herkunftsland*. Damit in der Häufigkeitstabelle die Länder nach der Anzahl der Nächtigungen sortiert sind, klicken wir im Dialogfeld *Häufigkeiten* (Abb. S.2.1) auf die

Schaltfläche *Format* ... und wählen im sich darauf öffnenden Dialogfeld *Sortieren nach Abst. Häufigkeiten*.
Hier werden auch die „Herkunftsländer" *Übriges Afrika, Übriges Asien* und *Übriges Ausland* mit sortiert, möchte man das verhindern, so muss man vor der Exekution der Häufigkeiten-Prozedur diese Ausprägungen zu einzelnen fehlenden Werten definieren (siehe Abschn. S.1.3.1). Zum Balkendiagramm der kumulierten Häufigkeiten der 10 Länder mit den meisten Nächtigungen kommen wir, indem wir aus einem Teil der Häufigkeitstabelle ein interaktives Grafikobjekt erzeugen (siehe Abschn. S.2.1). Wir verwenden dazu die ersten zehn Zahlen in der Spalte *Kumulierte Prozente* der Häufigkeitstabelle: Doppelklicken auf die Tabelle – die Eintragung *Gültig* löschen – die ersten zehn Zahlen der Spalte *Kumulierte Prozente* markieren – rechte Maustaste – **Diagramm erstellen ▷ Balken**.

Im erzeugten Balkendiagramm stimmt die Skalierung der Skalenachse nicht, da für die Berechnung der kumulierten Prozente nur die gültigen Ausprägungen der Herkunftsländer herangezogen werden, wir aber *Übriges Asien, Übriges Afrika* und *Übriges Ausland* zu fehlenden (nicht gültigen) Werten definiert haben. Dieses Problem lösen wir, indem wir eine zweite Skalenachse mit richtiger Skalierung erzeugen. Zuvor kopieren wir noch den Anteil der gültigen Ausprägungen aus der Häufigkeitstabelle durch Drücken der Tasten *Strg* und *C* in die Zwischenablage (SPSS-Pivot-Tabelle Objekt ▷ Bearbeiten – Feld in Spalte *Prozent*, Zeile *Gültig Gesamt* markieren – *Strg + C*).

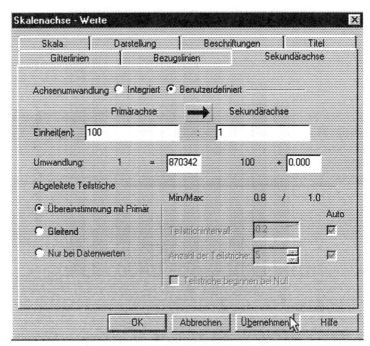

Abb. S.4.6: Zweite Skalenachse definieren

S.4.3 Nominale Merkmale

Jetzt bearbeiten wir das interaktive Grafikobjekt z.B. durch Doppelklicken auf das Balkendiagramm, der Interactive Graph Editor öffnet sich. Wir bearbeiten die Skalenachse:

Format ▷
   Achse ▷
      Skalenachse (Werte)

Im erscheinenden Dialogfeld wählen wir das Register *Skala* und klicken auf *Sekundärachse anzeigen*. Darauf klicken wir im Register *Sekundärachse* auf *Achsenumwandlung Benutzerdefiniert*. In die Felder *Einheiten* schreiben wir unter *Primärachse* den Wert 100 und unter *Sekundärachse* den Wert 1, die Sekundärachse ist damit in Anteilswerten skaliert. Nun klicken wir auf die Schaltfläche mit dem großen Pfeil (siehe Abb. S.4.6), der Pfeil muss von *Primärachse* nach *Sekundärachse* zeigen. Wir müssen jetzt angeben, wie die Einheiten der Sekundärachse aus den Einheiten der Primärachse berechnet werden. Wir löschen den Inhalt des Feldes nach *Umwandlung: 1 =* und kopieren durch Drücken von *Strg* und *V* den Wert aus der Zwischenablage in das Feld. Es sind nur die letzten Dezimalstellen 870342 der kopierten Zahl 98,48384870342 zu sehen, die Eintragung in der Zeile *Umwandlung 1 =* 98.4838   100 + 0.00 ist folgendermaßen zu verstehen: 1 Einheit der Sekundärachse entspricht 98,4838 von 100 Einheiten der Primärachse + 0. Genau diese Umwandlung wollen wir, also klicken wir auf die Schaltfläche *Übernehmen*.

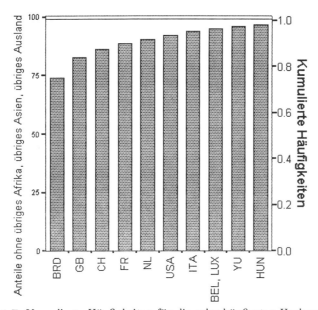

Abb. S.4.7: Kumulierte Häufigkeiten für die zehn häufigsten Herkunftsländer

Zum Schluss lassen wir noch für den Wert 1 der Sekundärachse eine Bezugslinie ins Diagramm zeichnen: Wir wählen das Register *Bezugslinien* und aktivieren das Feld unter *Lage der Primärskala* durch Doppelklicken. Jetzt kopieren wir den Wert aus der Zwischenablage durch *Strg* und *V* in das markierte Feld, es erscheint die Zahl 98,4838 ... , diese Zahl entspricht dem Wert 1 auf der Sekundärachse. Durch Klicken auf *OK* wird die Bezugslinie eingezeichnet. Wenn man will, kann man noch die Beschriftung des Diagramms ändern (siehe Abschn. S.2.1), ansonst hat das Balkendiagramm bereits die gewünschte Form.

S.4.4 Übungsaufgaben

Ü.S.4.1:
Berechnen Sie die wichtigsten Verteilungsmaßzahlen für die Merkmale *puls*, *syst* und *diast* aus Aufgabe S. Ü.S.3.1 a.

Ü.S.4.2:
Berechnen Sie brauchbare Verteilungsmaßzahlen für *temp* und *geszst* aus Aufgabe Ü.S.1.3 a. Beachten Sie dabei, dass die beiden Merkmale ordinal sind.

S.5 Maßzahlen für mehrdimensionale Verteilungen

S.5.1 Metrische Merkmale

Wir verwenden die Daten aus Abschn. S.3.2 und bestimmen als Maß für den linearen Zusammenhang zwischen Körpergröße und Gewicht den Korrelationskoeffizienten ρ.

Analysieren ▷
   Korrelation ▷
      Bivariat...

Im darauf erscheinenden Dialogfeld wählen wir die Variablen *gewicht* und *größe* aus. Wir wollen hier nicht untersuchen, ob Korrelationen signifikant sind, also schalten wir die Option *Signifikante Korrelationen markieren* durch Klicken aus. Die Auswahl von *Pearson* im Bereich *Korrelationskoeffizienten* liefert uns den gewünschten Produkt-Moment-Korrelationskoeffizienten. Wir wollen noch die Kovarianz für die Merkmale Körpergröße und Gewicht berechnen, also öffnen wir das nächste Dialogfeld, indem wir auf die Schaltfläche *Optionen* ... klicken. Unter *Statistik* klicken wir auf *Kreuzproduktabweichungen und Kovarianzen*, anschließend auf die Schaltflächen *Weiter* und *OK*.

Das Ergebnis der Prozedur erscheint im Viewer in matrixähnlicher Form, wir interessieren uns nur für die Zeilen *Korrelation nach Pearson* und *Kovarianz*. Die Eintragungen in den ersten Zeilen liefern die sogenannte Korrelationsmatrix, diejenigen in den vierten Zeilen einer jeden Box die Varianz-Kovarianz-Matrix. Wie schon bei der Häufigkeiten-Prozedur berechnet SPSS die Schätzer für die Varianzen und Kovarianzen auf der Grundlage einer Stichprobe.

Korrelationen

		Körpergröße in cm	Gewicht in kg
Körpergröße in cm	Korrelation nach Pearson	1,000	,790
	Signifikanz (2-seitig)	.	,000
	Quadratsummen und Kreuzprodukte	7062,980	4753,720
	Kovarianz	144,142	97,015
	N	50	50
Gewicht in kg	Korrelation nach Pearson	,790	1,000
	Signifikanz (2-seitig)	,000	.
	Quadratsummen und Kreuzprodukte	4753,720	5120,080
	Kovarianz	97,015	104,491
	N	50	50

Abb. S.5.1: Ergebnis der Korrelation-Prozedur

S.5.2 k-dimensionale metrische Merkmale

Wir verwenden die Daten aus Beispiel E.5.1 und berechnen die Korrelationsmatrix und die Varianz-Kovarianz-Matrix für die Merkmale Dow-Jones-Index, WTI Ölpreis/Barrel, Wiener Devisenkurs für 1 US-Dollar und Preis für eine Unze Gold. Die Vorgehensweise ist exakt gleich wie in Abschn. S.5.1, das Ergebnis der Prozedur ein doch schon relativ unübersichtliches Tableau. Wir wollen daher die überflüssigen Eintragungen, *Signifikanz (2-seitig)*, *Quadratsummen und Kreuzprodukte* und *N* aus der Tabelle löschen. Dazu bearbeiten wir das SPSS-Pivot-Tabelle-Objekt im Viewer (siehe Abschn. S.2.1), markieren die ungewünschten Eintragungen mit der Maus und löschen sie durch Drücken der *Entf*-Taste. Das Ergebnis müsste in etwa wie in Abb. S.5.2 aussehen.

Korrelationen

		Dow Jones-Index	US-$ / bbl Öl	ATS / 1US-$	ATS / 1oz Gold
Dow Jones-Index	Korrelation nach Pearson	1,000	-,896	-,871	-,891
	Kovarianz	4626,185	-270.0	-9,867	-9280.21
US-$ / bbl Öl	Korrelation nach Pearson	-,896	1,000	,641	,646
	Kovarianz	-269,992	19,635	,473	438,512
ATS / 1US-$	Korrelation nach Pearson	-,871	,641	1,000	,929
	Kovarianz	-9,867	,473	2,772E-02	23,686
ATS / 1oz Gold	Korrelation nach Pearson	-,891	,646	,929	1,000
	Kovarianz	-9280,212	438,512	23,686	23475.0

Abb. S.5.2: Korrelations- und Varianz-Kovarianz-Matrix eines 4-dimensionalen Merkmals

Bemerkungen zur obigen Varianz-Kovarianz-Matrix und zur Korrelationsmatrix sowie zur Interpretation der Ergebnisse finden Sie in Abschn. E.5.2.

S.5.3 Ordinale Merkmale

Für ordinale Merkmale darf man keinen gewöhnlichen Korrelationskoeffizienten berechnen, wir verwenden hier sogenannte Rangkorrelationskoeffizienten. Wir werden die Koeffizienten von Spearman und Kendall für die Daten des Beispiels in [HAFN 00], Abschn. 5.3 bestimmen. Es handelt sich hier zwar um die metrischen Merkmale Körpergröße und Gewicht, metrische Merkmale sind aber immer zugleich ordinal (Umkehrung gilt nicht!), daher können wir die Rangkorrelation natürlich auch für die Variablen *größe* und *gewicht* berechnen.

Die Bestimmung der Korrelationskoeffizienten erfolgt analog zu Abschn. S.5.1, nur wählen wir im Dialogfeld *Bivariate Korrelationen* die Korrelationskoeffizienten *Kendall-Tau-b*, *Spearman* und zum Vergleich auch *Pearson* (Koeffizient für metrische Daten) aus und lassen keine Kovarianzen berechnen. Man kann aus den Tabellen wieder die Zeilen *Sig.(2-seitig)* und *N* sowie andere die Ausgabe nur aufblähende Informationen löschen.

S.5.4 Nominale Merkmale

Korrelationen

Korrelation nach Pearson	Körpergröße in cm	Gewicht in kg
Körpergröße in cm	1,000	,939
Gewicht in kg	,939	1,000

Rangkorrelationen

		Körpergröße in cm	Gewicht in kg
Kendall-Tau-b	Körpergröße in cm	1,000	,800
	Gewicht in kg	,800	1,000
Spearman-Rho	Körpergröße in cm	1,000	,913
	Gewicht in kg	,913	1,000

Abb. S.5.3: Korrelationskoeffizienten von Kendall und Spearman

Erstaunlich an der Ausgabe ist Folgendes: Wir haben bei der Variablendefinition aus Körpergröße und Gewicht künstlich ordinale Merkmale gemacht, indem wir das Messniveau für beide Variablen auf *Ordinal* gesetzt haben (siehe Abschn. S.1.3.1). Eigentlich dürfte man für ordinale Merkmale keinen gewöhnlichen Korrelationskoeffizienten berechnen, SPSS kümmert das aber wenig: Die Korrelation nach Pearson wird anstandslos und ohne jede Bemerkung oder Warnung berechnet, obwohl wir die beiden Variablen vorher explizit für ordinal erklärt haben.

S.5.4 Nominale Merkmale

Bei nominalen Merkmalen überprüfen wir, ob zwei Variablen statistisch abhängig sind (ob zwischen den Variablen ein Zusammenhang besteht) oder nicht. Die statistische Unabhängigkeit zweier Merkmale erkennt man an den bedingten Verteilungen – bei Unabhängigkeit müssen alle bedingten Verteilungen bei verschiedenen festen Werten einer Variablen gleich sein – oder, indem man die sogenannten erwarteten Häufigkeiten berechnet. Unter den erwarteten relativen Häufigkeiten $p_{ij}^{\text{erw}} = p^{\text{erw}}(x = i; y = j)$ versteht man jene Häufigkeiten, die man erwarten würde, wenn die Merkmale x und y unabhängig wären, es gilt:

$$p^{\text{erw}}(x = i; y = j) = p(x = i) \cdot p(y = j).$$

Zur Demonstration berechnen wir wie in [HAFN 00] mit den Daten aus Abschn. 3.1 die bedingten und zusätzlich die erwarteten Häufigkeiten. Die beiden Variablen (Rechennote, Deutschnote) sind zwar ordinal, mit Daten eines höheren Messniveaus kann man aber immer auch Verfahren, die für ein niedrigeres Messniveau gedacht sind, durchführen. Nominal ist das niedrigste Messniveau, also kann man Verfahren für nominale Merkmale mit allen Daten durchführen.

Analysieren ▷
    Deskriptive Statistiken ▷
        Kreuztabellen...

öffnet das Dialogfeld *Kreuztabellen*. Wir wählen für die Zeilen die Variable *rechnen* und für die Spalten die Variable *deutsch* und klicken anschließend auf die

Schaltfläche *Zellen* .... Es öffnet sich ein Fenster, in dem wir angeben können, welche Häufigkeiten in der Ausgabetabelle angezeigt werden sollen. Wir wählen *Häufigkeiten Beobachtet* und *Erwartet* und unter *Prozentwerte* die Eintragung *Zeilenweise*. Die Tabelle wird erstellt, nachdem wir auf *Weiter* und *OK* klicken.

Note in Rechnen * Note in Deutsch Kreuztabelle

Note in Rechnen	Statistik	Note in Deutsch					Gesamt
		sehr gut	gut	befriedigend	genügend	nicht genügend	
sehr gut	Anzahl	4	5	2	0	0	11
	Erwartete Anzahl	2,2	3,1	3,5	1,5	,7	11,0
	% von Note in Deutsch	40,0%	35,7%	12,5%	,0%	,0%	22,0%
gut	Anzahl	4	5	3	2	0	14
	Erwartete Anzahl	2,8	3,9	4,5	2,0	,8	14,0
	% von Note in Deutsch	40,0%	35,7%	18,8%	28,6%	,0%	28,0%
befriedigend	Anzahl	2	3	6	2	0	13
	Erwartete Anzahl	2,6	3,6	4,2	1,8	,8	13,0
	% von Note in Deutsch	20,0%	21,4%	37,5%	28,6%	,0%	26,0%
genügend	Anzahl	0	1	4	2	2	9
	Erwartete Anzahl	1,8	2,5	2,9	1,3	,5	9,0
	% von Note in Deutsch	,0%	7,1%	25,0%	28,6%	66,7%	18,0%
nicht genügend	Anzahl	0	0	1	1	1	3
	Erwartete Anzahl	,6	,8	1,0	,4	,2	3,0
	% von Note in Deutsch	,0%	,0%	6,3%	14,3%	33,3%	6,0%
Gesamt	Anzahl	10	14	16	7	3	50
	Erwartete Anzahl	10,0	14,0	16,0	7,0	3,0	50,0
	% von Note in Deutsch	100,0%	100,0%	100,0%	100,0%	100,0%	100,0%

Abb. S.5.4: Tabelle der beobachteten, erwarteten und bedingten Verteilungen

Bemerkung: Man hätte die Prozedur *Kreuztabellen* auch anstelle der Prozedur *Allgemeine Tabellen* zur tabellarischen Darstellung von zweidimensionalen Häufigkeitsverteilungen verwenden können.

S.5.5 Übungsaufgaben

Ü.S.5.1:

Berechnen Sie für die Variablen *mitarb, budget* und *fläche* aus Ü.S.1.3 c. die Varianz-Kovarianz-Matrix und die Korrelationsmatrix.

Ü.S.5.2:

Berechnen Sie für die beiden Merkmale *ftemp* und *htemp* aus Ü.S.1.3 c. die Rangkorrelationskoeffizienten von Spearman und von Kendall.

Ü.S.5.3:

Verwenden Sie wieder die Daten aus Ü.S.1.3 c. und kodieren Sie *htemp* in die neue Variable *htempgrp* mit der Intervalleinteilung (4;12], (12;20], (20;28] um. Erstellen Sie dann eine Tabelle der beobachteten und bei statistischer Unabhängigkeit erwarteten Häufigkeiten für *(htempgrp, beschr)* und beurteilen Sie aufgrund dieser Tabelle, ob die beiden Variablen unabhängig sind.

S.6 Die Lorenzkurve

In SPSS ist es nicht ganz einfach, das Konzentrationsmaß von Lorenz–Münzer zu berechnen und die Lorenzkurve zu zeichnen. Wir müssen dazu prinzipiell wie in Kapitel E.6 vorgehen, also Schritt für Schritt eine Arbeitstabelle erstellen, in welcher zum Schluss als Ergebnis das Konzentrationsmaß von Lorenz–Münzer steht. Wie in Kapitel E.6 gehen wir davon aus, dass die Daten in aggregierter Form vorliegen, d.h., dass die Daten schon zu Gruppen zusammengefasst sind. Berechnet man z.B. die Konzentration des Einkommens einer Bevölkerung, dann bedeuten aggregierte Daten, dass man nicht das Einkommen einer jeden Person zur Verfügung hat, sondern dass die Personen bereits zu Gruppen (Aggregaten) zusammengefasst sind. Jede Gruppe ist eine Zeile im Datenfile, und von jeder Gruppe kennt man die Anzahl von Personen und das gesamte Einkommen aller Personen der Gruppe. Die Aggregationsvariable (hier die Personen einer jeden Gruppe) ist die Variable, an der die Konzentration des Einkommens gemessen wird. Die relativen Häufigkeiten des Merkmals, von dem wir die Konzentration messen wollen, bezeichnen wir mit q_i, die relativen Häufigkeiten der Aggregationsvariablen mit p_i.

Wir bestimmen jetzt das Konzentrationsmaß und die Lorenzkurve für die Daten aus [HAFN 00], Kapitel 6. Die Daten (Mitarbeiterzahlen von 8 Betrieben) liegen hier zwar nicht in aggregierter Form vor, man kann sich aber vorstellen, jeder der 8 Betriebe wäre für sich eine Gruppe der Größe 1. Wir wollen die Konzentration der Mitarbeiter in den Betrieben feststellen, also ist p_i die relative Häufigkeit der Betriebe einer „Gruppe" an allen Betrieben und q_i die relative Häufigkeit der Mitarbeiter einer „Gruppe" an allen Mitarbeitern.

- Wir öffnen ein neues SPSS-Datenfile

    Datei ▷
       Neu ▷
          Daten

    und definieren die beiden Variablen *betriebe* und *arbeiter*. Damit wir später leichter die kumulierten Häufigkeiten berechnen können, beginnen wir mit der Eintragung der Daten erst in der zweiten Zeile. In der Variablen *betriebe* steht die Anzahl der Betriebe, also jeweils eine Eins, in der Variablen *arbeiter* die Anzahl der Mitarbeiter jedes Betriebes.

- Im zweiten Schritt berechnen wir eine Variable, anhand der wir feststellen können, ob die Zeilen unserer Tabelle in der richtigen Reihenfolge eingetragen sind. Die Reihenfolge ist richtig, wenn der Quotient q_i/p_i mit wachsendem i immer größer wird. Anstelle der relativen Häufigkeiten q_i und p_i kann man aber auch die absoluten Häufigkeiten verwenden, in unserem Beispiel muss der Quotient *arbeiter/betriebe* von Zeile zu Zeile ansteigen.

    Transformieren ▷
       Berechnen...

    Im sich öffnenden Dialogfeld bezeichnen wir die Zielvariable mit *reihung*, dann markieren wir in der Liste der Variablen *arbeiter* und klicken auf die

Schaltfläche zwischen der Variablenliste und dem Feld *Numerischer Ausdruck*, die Variable *arbeiter* wird in den nummerischen Ausdruck übernommen. Jetzt geben wir das Divisionszeichen (/) ein, markieren die Variable *betriebe* und übernehmen sie wie zuvor *arbeiter* ins Feld *Numerischer Ausdruck*. Der Inhalt des Feldes ist jetzt:

arbeiter/betriebe

Wir wollen die neue Variable nicht für alle Zeilen der Tabelle berechnen, in Zeile 1 hätten wir sonst den nicht definierten Ausdruck $\div$, wir klicken also auf die Schaltfläche *Falls* ... . Es öffnet sich ein weiteres Dialogfeld: *Variable berechnen: Falls Bedingung erfüllt ist*. Wir klicken auf *Fall einschließen, wenn Bedingung erfüllt ist:* und schreiben in das Textfeld unmittelbar darunter zuerst $CASENUM (es handelt sich bei $CASENUM um eine Systemvariable, welche die Zeilennummern eines SPSS-Datenfiles angibt). Anschließend klicken wir auf die Schaltfläche $\sim=$ (das Symbol für den Operator „ist nicht gleich") und geben die Zahl 1 ein. Im Feld für die Bedingung steht jetzt

$CASENUM$\sim$=1

Die Bedingung bedeutet, die Berechnung der neuen Variablen soll für alle Zeilen durchgeführt werden, bei denen die Zeilennummer ungleich 1 ist.
Wir klicken auf *Weiter* und dann auf *OK*, die neue Variable wird berechnet. In unserem Beispiel wird die Variable *arbeiter* reproduziert und wir sehen sofort, dass die Daten, so wie sie in der Tabelle in [HAFN 00] stehen, bereits in der richtigen Reihenfolge sind. Bei aggregierten Daten ist es allerdings nicht immer so offensichtlich, was die richtige Reihenfolge ist. Eine unabdingbare Voraussetzung für die korrekte Berechnung des Konzentrationsmaßes ist aber, dass die Zeilen der Tabelle richtig gereiht sind.

- Wir sortieren also im nächsten Schritt das Datenfile nach der neuen Variablen *reihung* (in unserem Beispiel überflüssig):

Daten ▷
   Fälle sortieren...

Im Dialogfeld *Fälle sortieren* klicken wir in der Variablenliste auf die Variable, nach der sortiert werden soll, also auf *reihung*. Jetzt klicken wir auf die Schaltfläche unmittelbar rechts neben der Variablenliste, *reihung* wird ins Textfeld *Sortieren nach* übernommen. Die Sortierreihenfolge *Aufsteigend* ist bereits richtig eingestellt, also klicken wir auf *OK*, und unser File wird sortiert.

- Nun bestimmen wir die kumulierten Häufigkeiten für *betriebe* und *arbeiter*, dazu definieren wir die beiden Variablen *kumbetr* und *kumarb* und schreiben in die erste Datenzeile der beiden Variablen jeweils 0.

Transformieren ▷
   Berechnen...

Ins Feld *Zielvariable* schreiben wir zunächst *kumbetr* und übernehmen anschließend die Variable *betrieb* ins Textfeld *Numerischen Ausdruck*. Jetzt

S.6 Die Lorenzkurve

klicken wir auf Plus (+) und wählen LAG*(variable)* aus der Liste der Funktionen, indem wir die Funktion markieren und dann auf die Schaltfläche unmittelbar rechts neben *Funktionen* klicken (die LAG-Funktion gibt den Wert von *variable* für den im Datenfile vorangehenden Fall zurück). Das Argument der übernommenen Funktion ist ein markiertes Fragezeichen. Wir markieren in der Variablenliste die Variable *kumbetr* und übernehmen sie ins Feld *Numerischer Ausdruck*. Die Formel zur Berechnung der Werte von *kumbetr* lautet nun:

$$betriebe + \text{LAG}(kumbetr)$$

Genauso wie bei der Variablen *reihung* dürfen wir *kumbetr* erst ab der zweiten Zeile des Datenfiles berechnen. Die Bedingung zur Berechnung der neuen Variablen $CASENUM\sim=1$ ist aber noch von der Berechnung der Variablen *reihung* aufrecht, wir brauchen sie also nicht erneut einzugeben. Wir klicken auf *OK*, werden darauf in einem Dialogfeld gefragt, ob wir die bestehende Variable verändern möchten, und bejahen die Frage durch erneutes Klicken auf *OK*.
Die Werte für *kumarb* lassen wir völlig analog berechnen.

- Jetzt definieren wir die beiden Variablen *sumbetr* und *sumarb*, diese Variablen sind konstant, in ihren Zeilen stehen die Summe aller Betriebe und die Summe aller Arbeiter. Die jeweiligen Werte stehen schon in der letzten Zeile der Variablen *kumbetr* bzw. *kumarb*, wir werden die Zahlen daher in die Spalten *sumbetr* bzw. *sumarb* kopieren:
Wir markieren die unterste Zelle von *kumbetr* und kopieren den Wert der Zelle mit *Strg* und *C* in die Zwischenablage. Anschließend markieren wir Zeile 2 bis Zeile 9 der Variablen *sumbetr* und drücken dann gleichzeitig *Strg* und *V*, die kopierte Zahl wird in die acht Zellen eingefügt. Genauso kopieren wir den letzten Wert von *kumarb* in die Spalte *sumarb*.

- Wir können jetzt die relativen Häufigkeiten p_i und q_i und die kumulierten relativen Häufigkeiten P_i und Q_i berechnen:

$$P_i = \sum_{j=1}^{i} p_j \quad \text{und} \quad Q_i = \sum_{j=1}^{i} q_j$$

Transformieren ▷
  Berechnen...

Für die relativen Häufigkeiten p_i bezeichnen wir die Zielvariable mit p und im Feld *Numerischer Ausdruck:* muss die folgende Formel stehen:

$$betriebe/sumbetr$$

Die Bedingung $CASENUM\sim=1$ ist noch immer aufrecht, wir klicken also auf *OK*, und die relativen Häufigkeiten werden berechnet. Zu den Häufigkeiten q_i, P_i bzw. Q_i kommt man auf dieselbe Art und Weise, wir bezeichnen die entsprechenden Zielvariablen mit q, *kump* bzw. *kumq*.

- Für die nächste Spalte der Arbeitstabelle berechnen wir $Q_i + Q_{i-1}$: Dazu schreiben wir zunächst in die erste Beobachtung (1. Zeile) der Variablen *kump* und *kumq* jeweils den Wert 0 und berechnen dann die neue Zielvariable *kumqplus* für die zweite bis neunte Zeile mit

$$kumq + \text{LAG}(kumq)$$

- In der vorletzten Spalte unserer Tabelle stehen die Produkte $p_i \cdot (Q_i + Q_{i-1})$, wir berechnen die Zielvariable *pkumqpl* für Zeile 2 bis Zeile 9 durch

$$p * kumqplus$$

- Nun addieren wir die Eintragungen in der Spalte *pkumqpl*, dazu definieren wir die Variable *sumpkumq* und setzen die erste Zeile der Variablen 0. Anschließend berechnen wir die Zielvariable *sumpkumq* für die Zeilen 2 bis 9 durch

$$pkumqpl + \text{LAG}(sumpkumq)$$

- Das Konzentrationsmaß erhalten wir schließlich, indem wir die letzte Zahl der Spalte *sumpkumq* von 1 abziehen. Nach

Transformieren ▷
   Berechnen...

berechnen wir die Zielvariable k durch

$$1 - sumpkumq$$

klicken auf *Falls* ... und geben die Bedingung $CASENUM=9 ein.

betrieb	arbeiter	reihung	kumbetr	kumarb	sumbetr	sumarb	p	q	kump	kumq	kumqplus	pkumqpl	sumpkumq	k
1	.	.	.	0	0	.	.	.	.000	.000	.	.	.000000	.
2	1	100	100	1	100	8	5000	.125	.020	.125	.020	.020	.00250	.002500	.
3	1	125	125	2	225	8	5000	.125	.025	.250	.045	.065	.00813	.010625	.
4	1	150	150	3	375	8	5000	.125	.030	.375	.075	.120	.01500	.025625	.
5	1	175	175	4	550	8	5000	.125	.035	.500	.110	.185	.02313	.048750	.
6	1	250	250	5	800	8	5000	.125	.050	.625	.160	.270	.03375	.082500	.
7	1	450	450	6	1250	8	5000	.125	.090	.750	.250	.410	.05125	.133750	.
8	1	1150	1150	7	2400	8	5000	.125	.230	.875	.480	.730	.09125	.225000	.
9	1	2600	2600	8	5000	8	5000	.125	.520	1.000	1.000	1.480	.18500	.410000	.59

Abb. S.6.1: Arbeitstabelle zur Berechnung des Konzentrationsmaßes

Damit wir im Diagramm der Lorenzkurve auch die 45°-Gerade einzeichnen können, erzeugen wir eine Hilfsvariable, die dieselben Werte wie *kump* hat. Dazu markieren wir die Spalte *kump*, indem wir auf die Spaltenbeschriftung klicken. Dann kopieren wir die Spalte durch gleichzeitiges Drücken von *Strg* und *C* in die Zwischenablage, markieren die erste Spalte nach k und fügen den Inhalt von *kump* durch Klicken auf *Strg* und *V* in die markierte Spalte ein. Der Name der neuen Spalte (Variablen) ist *var*00001. Nun können wir die Lorenzkurve zeichnen:

Grafiken ▷
   Streudiagramm...

Im sich öffnenden Dialogfeld wählen wir *Überlagert* und klicken dann auf die Schaltfläche *Definieren*. Im Dialogfeld *Überlagertes Streudiagramm* müssen wir angeben, welche Variablen auf die x- und welche auf die y-Achse des Diagramms aufgetragen werden sollen. Dazu klicken wir in der Variablenliste zuerst auf *kump* und dann auf die Variable *kumq*, die beiden Variablen werden ins Feld *Y-X Paare* übernommen, indem man auf die Schaltfläche zwischen der Variablenliste und *Y-X Paare* klickt. Wir sehen, dass die beiden Variablen in der Reihenfolge

S.6 Die Lorenzkurve

kump−kumq in *Y-X Paare* stehen. Wir wollen aber die kumulierten Häufigkeiten P_i auf die x-Achse und Q_i auf die y-Achse auftragen, also klicken wir auf die Schaltfläche *Paar vertauschen*. Wir wählen als zweites Variablenpaar *kump* und *var00001*, wir brauchen es zum Zeichnen der 45°-Geraden. Jetzt klicken wir auf die Schaltfläche *Titel ...*, tragen in *Zeile 1:* des Dialogfeldes *Titel* „Lorenzkurve" ein und klicken auf *Weiter*.

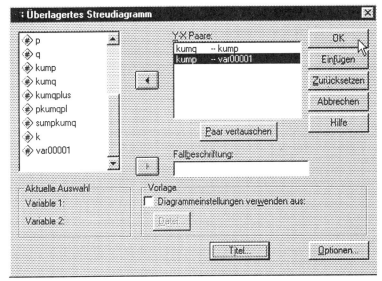

Abb. S.6.2: Dialogfeld zum Zeichnen der Lorenzkurve

Nachdem wir auf *OK* geklickt haben, wird das Streudiagramm in den Viewer gezeichnet. Zum Bearbeiten müssen wir das SPSS-Diagramm öffnen. Im Diagramm-Editor verbinden wir zunächst die Punkte des Streudiagramms:

Format ▷
    Interpolation...

Wir wählen die Interpolationsart *Gerade* und entfernen durch Klicken das Häkchen neben *Markierungen anzeigen*. Anschließend klicken wir auf die Schaltfläche *Allen zuw.* und dann auf *Schließen*. Jetzt ändern wir die Legendenbeschriftung:

Diagramme ▷
    Legende...

Es ist die Beschriftung KUMQ KUMP markiert, wir ändern die Eintragung in *Zeile 1:* auf „Konzentration" und in *Zeile 2:* auf „der Mitarbeiter". Dann klicken wir auf die Schaltfläche *Ändern* und markieren die Beschriftung KUMP VAR00001. Hier ändern wir die Eintragung in *Zeile 1:* auf „Nullkonzentration", die Eintragung in *Zeile 2:* löschen wir zur Gänze und klicken anschließend wieder auf *Ändern*. Schließlich modifizieren wir noch die Skalierung der beiden Diagrammachsen.

Diagramme ▷
    Achsen...

Wir wählen zunächst die *X-Skalenachse* und ändern im Dialogfeld zur Gestaltung der Diagrammachse (siehe Abb. S.2.5) die Eintragungen unter *Bereich, Angezeigt* bei *Minimum* auf 0 und bei *Maximum* auf 1. Genau dieselben Änderungen nehmen wir auch bei der *Y-Skalenachse* vor. Vergibt man noch die Achsentitel „Mitarbeiter" bzw. „Betriebe", dann hat die Grafik für die Lorenzkurve das Aussehen wie in Abb. S.6.3.

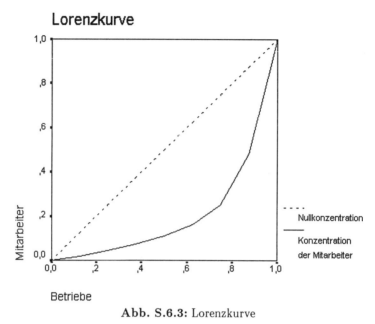

Abb. S.6.3: Lorenzkurve

S.6.1 Übungsaufgaben

Ü.S.6.1:

Bestimmen Sie für die Daten aus Beispiel 6.1 in [HAFN 00] das Konzentrationsmaß und zeichnen Sie die Lorenzkurve.

Ü.S.6.2:

a. Zeichnen Sie die Lorenzkurve für die Aufteilung des Budgets *budget* auf die Mitarbeiter *mitarb* der 20 Wetterstationen aus Aufgabe Ü.S.1.3 c. und interpretieren Sie das Ergebnis (Schätzen Sie die Höhe der Konzentration).

b. Berechnen Sie das Konzentrationsmaß von Lorenz–Münzer.

S.7 Grundbegriffe der Wahrscheinlichkeitsrechnung

SPSS wurde zwar entworfen, um Daten zu analysieren, man kann mit SPSS aber trotzdem einige Grundideen der Wahrscheinlichkeitsrechnung veranschaulichen. Wir werden in diesem Kapitel einfache Zufallsexperimente simulieren und anhand der Ergebnisse zum Begriff der Wahrscheinlichkeit als Grenzwert ($n \to \infty$) der relativen Häufigkeit bei n-maliger Versuchswiederholung kommen.

Beispiel S.7.1: Unser erstes Zufallsexperiment ist das Werfen einer Münze. Die Intuition sagt uns, dass die beiden Elementarereignisse Kopf und Zahl gleich wahrscheinlich sind, in diesem Fall können wir uns ruhig auf unsere Intuition verlassen. Wir werden unser Zufallsexperiment jetzt $n = 10, 100, 1000$ bzw. 10000 Mal wiederholen und überprüfen, ob die relativen Häufigkeiten für die beiden Versuchsausgänge tatsächlich – wie in [HAFN 00], Abschn. 7.5 behauptet – gegen die Wahrscheinlichkeiten $P(Kopf) = P(Zahl) = 1/2$ zu konvergieren scheinen. Wir öffnen ein neues SPSS-Datenfile:

Datei ▷
    Neu ▷
        Daten

Bevor wir unser Zufallsexperiment simulieren können, müssen irgendwelche Daten im SPSS-Datenfile vorhanden sein, sonst erlaubt uns SPSS nämlich nicht, eine neue Variable zu berechnen. Wir definieren also (vorübergehend) die Variable *dummy* und geben der Variablen irgendwelche Werte (wir können die Variable später, nachdem wir unsere Zufallszahlen erzeugt haben, wieder löschen). Die Anzahl der Fälle (=Zeilen), für die wir der Variablen *dummy* Werte zuweisen bestimmt die Anzahl der Versuchswiederholungen unseres Münzwurfexperiments, wir schreiben also zuerst in 10 Zeilen von *dummy* eine beliebige Zahl. Bevor wir unsere Pseudozufallszahlen erzeugen, setzen wir den Startwert für Zufallszahlen auf 2000000:

Transformieren ▷
    Startwert für Zufallszahlen...

Wir klicken auf *Startwert*, im Feld rechts neben *Startwert* ist die Zahl 2000000 markiert, wir bestätigen unsere Wahl durch Klicken auf *OK*. Der Grund für diese Aktion ist folgender: SPSS erzeugt – genau wie andere Computerprogramme auch – nicht wirkliche Zufallszahlen, sondern sogenannte Pseudozufallszahlen. Diese Zahlen werden mithilfe einer mehr oder weniger komplizierten mathematischen Formel berechnet. Ein Parameter der Formel ist der sogenannte Startwert, der nach jeder Berechnung einer Pseudozufallszahl geändert wird. Setzt man den Startwert vor der Berechnung einer Zufallszahl immer auf denselben Wert (z.B. 2000000), dann kommt jedesmal dieselbe „Zufallszahl" heraus. Man kann daher Zufallszahlen reproduzieren, indem man zuvor den Startwert auf eine bestimmte Zahl setzt. Wir setzen den Startwert auf 2000000, damit wir alle dieselben Zufallszahlen erhalten. Jetzt erzeugen wir unsere Zufallsvariable:

Transformieren ▷
    Berechnen...

Im Dialogfeld *Variable berechnen* geben wir der Zielvariablen den Namen *münze* und suchen aus der Liste der Funktionen RV.BERNOULLI(p), markieren die Funktion und übernehmen sie ins Feld *Numerischer Ausdruck* entweder durch Doppelklicken oder durch Klicken auf die Schaltfläche unmittelbar über der Funktionenliste. RV.BERNOULLI erzeugt eine Pseudozufallszahl aus der Bernoulli-Verteilung (Alternativverteilung). Die Verteilung hat die Elementarereignisse 0 und 1, wobei die Wahrscheinlichkeit $P(x = 1) = p$ ist.

Im Feld *Numerischer Ausdruck* steht jetzt die ausgewählte Funktion mit einem markierten Fragezeichen (?) als Argument, wir geben die Zahl 0,5 ein und klicken auf *OK*.

Das Ergebnis (achtmal 1, zweimal 0) überrascht vielleicht, doch das macht das Phänomen, das wir Zufall nennen, interessant. Damit wir als Versuchsausgang nicht die Zahlen 0 und 1 haben, vergeben wir die Wertelabels 0 = Kopf, 1 = Zahl und wählen, falls in der Datenansicht die Labels nicht angezeigt werden,

Ansicht ▷
    Wertelabels

Zur Darstellung der Häufigkeitsverteilung samt Balkendiagramm verwenden wir die Häufigkeiten-Prozedur (siehe Abschn. S.2.1).

Nun führen wir das gleiche Zufallsexperiment 100-mal durch, d.h., unsere Variable *dummy* muss in den ersten 100 Zeilen einen Wert stehen haben, wir erledigen das durch Kopieren: Zuerst markieren wir die ersten 10 Zeilen von *dummy*, hier stehen schon irgendwelche Zahlen. Wir kopieren die Zahlen durch gleichzeitiges Drücken von *Strg* und *C* in die Zwischenablage. Nun markieren wir die 11. Zeile von *dummy* und drücken *Strg* und *V*, schon haben wir 20 Beobachtungen. Jetzt markieren wir die ersten 20 Zeilen von *dummy*, drücken *Strg* und *C*, markieren Zeile 21 von *dummy* und drücken anschließend *Strg* und *V* (40 Beobachtungen) usw. Man kann sich zwar auch für die mühsame Variante entscheiden, 100 Werte für *dummy* einzeln einzugeben, wir wollen aber später unser Zufallsexperiment 1000- bzw. 10000-mal wiederholen.

Vor Erzeugung der Zufallszahlen setzen wir den Startwert für Zufallszahlen wieder auf 2000000 (siehe oben). Wir wählen

Transformieren ▷
    Berechnen...

und sehen, dass im sich öffnenden Dialogfeld bereits alles richtig eingestellt ist, also klicken wir auf *OK*. Die Frage, ob wir die *Bestehende Variable verändern* möchten, bejahen wir durch erneutes Klicken auf *OK*. Wir führen die Häufigkeiten-Prozedur nochmals durch und sehen, dass unsere Erwartungen schon weit eher erfüllt sind als bei nur 10 Versuchswiederholungen.

Wir führen das Experiment noch mit $n = 1000$ bzw. $n = 10000$ Wiederholungen durch (Startwert für Zufallszahl nicht vergessen!) und freuen uns, dass wir den Zufall bezwungen haben. 5027-mal Kopf und 4973-mal Zahl ist schon ein deutliches Indiz für die Richtigkeit von

$$P(A) = \lim_{n \to \infty} p_n(A)$$

S.7 Grundbegriffe der Wahrscheinlichkeitsrechnung

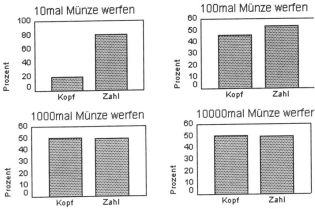

Abb. S.7.1: Von Häufigkeiten zu Wahrscheinlichkeiten

Beispiel S.7.2: Wir simulieren das Zufallsexperiment „Werfen eines Würfels"
100-mal bzw. 10000-mal. Dazu erzeugen wir ein neues Datenfile mit einer *dummy*-Variablen und setzen den Startwert für Zufallszahlen auf 2000000 (siehe obiges Beispiel). Wir erzeugen die Zufallszahlen durch

Transformieren ▷
   Berechnen...

bezeichnen die Zielvariable mit *würfel* und wählen für *Numerischer Ausdruck* zunächst die Funktion RND*(numausdr)*. Die Funktion RND rundet *numausdr* auf eine ganze Zahl, wir verwenden diese Funktion, um von der stetigen Zufallsvariablen, die wir simulieren, auf die diskrete Zufallsvariable *Augenzahl* zu kommen.
Wir übernehmen die Funktion z.B. durch Doppelklicken, das Argument von RND ist jetzt ein markiertes Fragezeichen (?). Nun suchen wir die Funktion RV.UNIFORM*(min, max)* und übernehmen sie. Das erste Argument der Funktion setzen wir 0,5, das zweite 6,5. Die Funktion RV.UNIFORM*(min, max)* erzeugt eine Pseudozufallszahl aus der stetigen Gleichverteilung auf dem Intervall [*min*; *max*] (siehe Abschn. S.9.2). Damit alle Augenzahlen mit gleicher Wahrscheinlichkeit realisiert werden, müssen wir [*min*; *max*] auf [0,5;6,5] und nicht etwa auf [1;6] setzen. Die Pseudozufallszahlen werden gerundet, d.h. aus allen Zahlen aus [0,5;1,5) wird 1, aus allen Zahlen aus [1,5;2,5) wird 2 usw. Schließlich steht unter *Numerischer Ausdruck*: RND(RV.UNIFORM(0.5,6.5)).

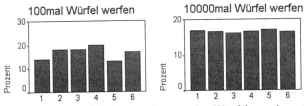

Abb. S.7.2: Häufigkeitsverteilungen des Würfelexperiments

Wir werten unser Zufallsexperiment mit der Häufigkeiten-Prozedur aus, die Erfahrung aus Beispiel S.7.1 hat uns gelehrt, dass wir für $n = 100$ noch keine gleichen Häufigkeiten für die Augenzahlen erwarten dürfen. So ist es auch, führen wir aber dasselbe Experiment mit $n = 10000$ Versuchswiederholungen durch, so sind die Häufigkeiten für die Augenzahlen schon sehr nahe bei deren Wahrscheinlichkeiten.

Wir haben in den beiden obigen Beispielen gesehen: Die Häufigkeitsverteilung eines Zufallsexperiments konvergiert bei oftmaliger Versuchswiederholung gegen die (uns schon bekannte) Wahrscheinlichkeitsverteilung des Zufallsexperiments. Diese Tatsache nutzen wir aus, um die uns unbekannte Wahrscheinlichkeitsverteilung des nächsten Zufallsexperiments durch seine Häufigkeitsverteilung zu approximieren.

Beispiel S.7.3: Unser Zufallsexperiment ist das Werfen von 5 Würfeln, die Zufallsvariable die Summe der Augenzahlen, wir interessieren uns für die Wahrscheinlichkeitsverteilung der Zufallsvariablen. Dazu simulieren wir die Zufallsvariable 9996-mal und verwenden dazu die Simulationen des letzten Beispiels:

Transformieren ▷
    Berechnen ...

Die Zielvariable bezeichnen wir mit *würfsum5*, für den *Numerischen Ausdruck* übernehmen wir aus der Variablenliste zuerst die Variable *würfel* entweder durch Markieren der Variablen und anschließendes Klicken auf die Schaltfläche zwischen der Variablenliste und dem Feld *Numerischer Ausdruck* oder durch Doppelklicken auf *würfel*. Anschließend geben wir ein Plus (+) ein, entweder durch Klicken auf die entsprechende Schaltfläche im Dialogfeld oder über die Tastatur. Jetzt übernehmen wir aus der Funktionenliste die Funktion LAG(*variable*), diese Funktion gibt den Wert von *variable* für den im SPSS-Datenfile vorangehenden Fall (=Zeile) zurück. Im Feld *Numerischer Ausdruck* ist das Argument der Funktion wieder ein markiertes Fragezeichen (?). Wir wählen die Variable *würfel* als Argument für die Funktion LAG, und zwar durch Doppelklicken auf *würfel*. Zur weiteren Eingabe der Formel für die (neue) Zielvariable müssen wir den Text-Cursor im Feld *Numerischer Ausdruck* hinter die schließende Klammer der LAG-Funktion setzen. Wir geben jetzt wieder ein Plus ein und übernehmen die Funktion LAG(*variable, n*), diese Funktion gibt den Wert von *variable* zurück, der n Fälle (=n Zeilen) früher vorkommt. Für das Argument *variable* übernehmen wir wieder *würfel*, das zweite Argument n setzen wir 2.

Wir haben nun schon die Summe der Augenzahlen von 3 Würfeln, addieren wir noch zweimal die LAG-Funktion mit den Argumenten *würfel* und 3 bzw. 4, dann ist unsere Formel zur Berechnung von *würfsum5* vollständig:

würfel + LAG(*würfel*) + LAG(*würfel*, 2) + LAG(*würfel*, 3) + LAG(*würfel*, 4)

Die Häufigkeitsverteilung der neuen Variablen stellen wir wieder mit der Häufigkeiten-Prozedur dar, und wir haben damit auch ein gutes Bild von der Wahrscheinlichkeitsverteilung unserer Zufallsvariablen.

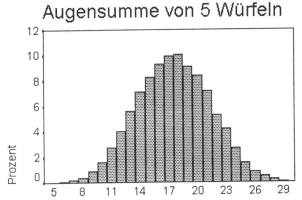

Abb. S.7.3: Simulation der Wahrscheinlichkeitsverteilung von *würfsum5*

S.7.1 Übungsaufgaben

Ü.S.7.1:
Schätzen Sie durch Simulationen ($n = 10000$) die Wahrscheinlichkeit, dass beim Roulettespiel 3-mal hintereinander Schwarz (Rot) kommt (die Wahrscheinlichkeit ist $(\frac{18}{37})^3 = 0{,}1151$).

Hinweis: Simulieren Sie zuerst 10000 Roulettezahlen, anschließend kodieren Sie die Zahlen in die neue Variable *schwarz* um, wobei Zahlen aus [0;18] den Wert 0 und Zahlen aus [19;36] den Wert 1 zugewiesen bekommen (1 steht für schwarz). Es ist schon klar, dass die Zahlen 19 bis 36 beim Roulette nicht alle schwarz sind. Beim Umkodieren ist aber nur wichtig, dass 18 verschiedene Zahlen den Wert 1 zugewiesen bekommen, denn beim Roulette gibt es 18 schwarze Zahlen. Bilden Sie jetzt die Summe von 3 aufeinanderfolgenden Werten der Variablen *schwarz*, und bestimmen Sie deren Häufigkeitsverteilung.

Ü.S.7.2:
Simulieren Sie das Ziehen von 1000 *Schatztruhe-Rubbellosen* (siehe Beispiel E.7.4). Bestimmen Sie dazu zuerst die kumulierten relativen Häufigkeiten für die Auszahlungsbeträge *betrag* aus Tabelle E.7.1. Dann erzeugen Sie 1000 Pseudozufallszahlen g aus der stetigen Gleichverteilung auf [0;1]. Diese Zufallszahlen g kodieren Sie dann in zufällige Auszahlungsbeträge *auszahl* um, und zwar in

- 0, falls $g \in [\, 0 \,;\, \frac{11764650}{15000000} \,] = [\, 0 \,;\, p(betrag \leq 0) \,]$
- 20, falls $g \in (\, \frac{11764650}{15000000} \,;\, \frac{11764650+1765000}{15000000} \,] = (\, p(betrag \leq 0) \,;\, p(betrag \leq 20) \,]$
- 40, falls $g \in (\, p(betrag \leq 20) \,;\, p(betrag \leq 40) \,]$
- $\vdots$
- 300000, falls $g \in (\, p(betrag \leq 50000) \,;\, 1 \,]$

Stellen Sie die Häufigkeitsverteilung der Simulationsergebnisse grafisch dar.

S.8 Diskrete Wahrscheinlichkeitsverteilungen

In diesem Kapitel werden wir mit SPSS Dichte- und Verteilungsfunktionen von verschiedenen diskreten Wahrscheinlichkeitsverteilungen berechnen und zeichnen.

S.8.2 Die Alternativverteilung (Bernoulli-Verteilung)

Diese Verteilung nimmt den Wert $x = 1$ mit Wahrscheinlichkeit p und $x = 0$ mit Wahrscheinlichkeit $1 - p$ an. Wir bestimmen zunächst die Verteilungsfunktion einer Alternativverteilung mit $p = 0{,}66$, dazu öffnen wir ein neues Datenfile

Datei ▷
    Neu ▷
        Daten

und legen die Variable x an. Für die Werte dieser Variablen berechnen wir die Verteilungsfunktion der Bernoulli-Verteilung. Wir geben die x-Werte –1, 0, 1 und 2 ein und wählen dann über das Menü

Transformieren ▷
    Berechnen...

Die Zielvariable bezeichnen wir z.B. mit *vtlgsfn* und für das Feld *Numerischer Ausdruck* wählen wir die Funktion CDF.BERNOULLI(q, p). Diese Funktion gibt die Wahrscheinlichkeit zurück, mit der ein Wert der Alternativverteilung mit Parameter p kleiner oder gleich q ist. Für das Argument q geben wir die Variable x ein, für p den Parameterwert 0,66 und klicken anschließend auf *OK*. Jetzt berechnen wir die Dichtefunktion von x:

Transformieren ▷
    Berechnen...

Die Zielvariable bezeichnen wir mit *dichte*, für die Berechnungsvorschrift verwenden wir die LAG-Funktion (siehe Beispiel S.7.3). Für die Dichtefunktion einer diskreten Wahrscheinlichkeitsverteilung mit $\Omega_x \subset \mathbb{Z}$ gilt bekanntlich

$$P(x = i) = F_i - F_{i-1}$$

wobei $F_i = P(x \leq i)$ ist. Daher muss im Feld *Numerischer Ausdruck* die folgende Formel stehen:

$$vtlgsfn - \text{LAG}(vtlgsfn)$$

Nun können wir Dichte und Verteilungsfunktion zeichnen, zuerst die Dichtefunktion:

Grafiken ▷
    Interaktiv ▷
        Balken...

Im darauf erscheinenden Dialogfeld ist der Skalenachse bereits die Systemvariable *Anzahl [$count]* zugewiesen. Wir klicken auf diese Variable und ziehen sie mit der Maus in die Liste der Variablen links im Fenster. Anschließend ziehen wir die Variable *dichte* in das Feld für die senkrechte Koordinatenachse und x in das Feld für die waagrechte Achse. Damit die in diesem Fall sinnlose Erläuterung *Balken entsprechen ...* nicht angezeigt wird, schalten wir die Option *Erläuterung*

S.8.2 Die Alternativverteilung

anzeigen rechts unten im Dialogfeld durch Klicken aus und beenden dann unsere Auswahl mit *OK*. Die Dichtefunktion wird in den Viewer gezeichnet, man kann das Erscheinungsbild der Grafik nach eigenem Ermessen verändern.

Grafiken ▷
   Interaktiv ▷
      Verbundlinie...

leitet das Zeichnen der Verteilungsfunktion ein. Wir wählen im Dialogfeld *Verbundlinie erstellen* die Variable *vtlgsfn* für die senkrechte und x für die waagrechte Achse (siehe oben) und schalten die Option *Erläuterung anzeigen* wie bei der Dichtefunktion aus. Im Register *Verbundlinien* wählen wir unter *Anzeigen Punkte und Linien* und im Bereich *Interpolation* den Punkt *Sprung links*. Nachdem wir auf *OK* klicken, wird die Verteilungsfunktion gezeichnet. Nach einigen kosmetischen Korrekturen sollten Dichte und Verteilungsfunktion etwa das Aussehen wie in Abb. S.8.1 haben.

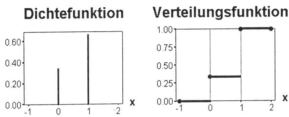

Abb. S.8.1: Dichte und Verteilungsfunktion der Alternativverteilung

Bemerkung: Bei der Funktion CDF.BERNOULLI(q, p) hat sich ebenso wie bei den Funktionen CDF.BINOM(q, n, p) und CDF.HYPER ($q, gesamt, stichpr, treffer$) ein kleiner Fehler eingeschlichen. Die Verteilungsfunktion bleibt zwischen den Ausprägungen diskreter Verteilungen konstant, d.h., man kann die Verteilungsfunktion der Alternativverteilung für beliebige x-Werte berechnen. Für die obige Verteilungsfunktion gilt z.B.

$$F(x) = \begin{cases} 0 & x < 0 \\ 0{,}34 & \text{für } 0 \leq x < 1 \\ 1 & 1 \leq x \end{cases}$$

Die SPSS-Funktion berechnet aber $F(x) = 0{,}34$ auch für $x \in (-1; 0)$. Genauso werden die Verteilungsfunktionen der Binominalverteilung CDF.BINOM(q, n, p) und der hypergeometrischen Verteilung CDF.HYPER($q, gesamt, stichpr, treffer$) für x-Werte aus dem Intervall $(-1; 0)$ falsch berechnet (für SPSS ist die Verteilungsfunktion in diesem Bereich gleich $P(x = 0)$). Für uns darf diese kleine Fehlfunktion jedoch kein Problem darstellen. Wir wissen ohnedies, dass die Verteilungsfunktion zwischen den diskreten Ausprägungen konstant bleibt, und berechnen sie daher nur für $x \in \mathbb{Z}$, und für diese Zahlen geben die SPSS-Funktionen die korrekten Werte zurück.

S.8.3 Die Gleichverteilung

Wir erzeugen Dichte und Verteilungsfunktion der diskreten Gleichverteilung mit dem Wertebereich $\Omega_x = \{1, 2, \ldots, 7\}$.

Es gibt nur eine SPSS-Funktion für die stetige und nicht für die diskrete Gleichverteilung, wir können aber zur Berechnung von F an den diskreten Ausprägungen auch die Verteilungsfunktion der stetigen Gleichverteilung verwenden, wir müssen nur bei der Wahl der Parameter vorsichtig sein. Nachdem wir wie in S.8.2 eine Variable x angelegt und die x-Werte $0, 1, 2, \ldots, 8$ eingegeben haben, berechnen wir die Verteilungsfunktion:

Transformieren ▷
    Berechnen...

Die Zielvariable *vtlgsfn* errechnet man mit CDF.UNIFORM(q, min, max) und setzt für q die Variable x ein, für min den Wert 0 (und nicht etwa 1) und für max den Wert 7. Die Dichtefunktion erhält man genau wie bei der Alternativverteilung, und auch die Darstellung von Dichte und Verteilungsfunktion ist nicht anders als in Abschn. S.8.2.

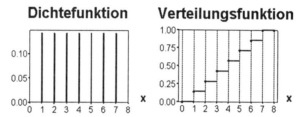

Abb. S.8.2: Dichte und Verteilungsfunktion der diskreten Gleichverteilung

S.8.4 Die hypergeometrische Verteilung

Wir erzeugen Dichte und Verteilungsfunktion der hypergeometrischen Verteilung $H_{10;4;3}$. Der Wertebereich ist $\Omega_x = \{0, 1, \ldots, \min\{A; n\}\}$, also gibt es in unserem Fall die x-Werte 0, 1, 2 und 3. Wir legen ein SPSS-Datenfile mit einer Variablen x an, für die wir die Werte $-1, 0, \ldots, 4$ eingeben. Wie in den beiden letzten Abschnitten berechnen wir eine Zielvariable *vtlgsfn*, und zwar mit der Funktion CDF.HYPER ($q, gesamt, stichpr, treffer$), und setzen für q die Variable x, für $gesamt$ den Wert 10, für $stichpr$ den Wert 3 und für $treffer$ die Zahl 4 ein. Dichtefunktion und Grafiken erzeugen wir wie bei den bisher besprochenen Verteilungen.

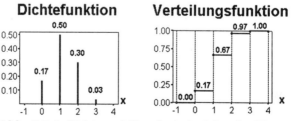

Abb. S.8.3: Dichte und Verteilungsfunktion der $H_{10;4;3}$

S.8.5 Die Binomialverteilung

Der Wertebereich der Binomialverteilung $\mathbf{B}_{n;p}$ ist $\Omega_x = \{0, 1, \ldots, n\}$. Wir bestimmen Dichte und Verteilungsfunktion der $\mathbf{B}_{3;0,4}$, also legen wir in einem neuen SPSS-Datenfile die Variable x mit den Werten $-1, 0, \ldots, 4$ an. Zur Berechnung der Zielvariablen *vtlgsfn* verwenden wir hier die Funktion CDF.BINOM(q, n, p) und setzen $q = x, n = 3$ und $p = 0.4$.
Für die Dichtefunktion und die grafische Darstellung von Dichte und Verteilungsfunktion halten wir uns wieder an die vorherigen Abschnitte.

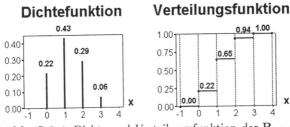

Abb. S.8.4: Dichte und Verteilungsfunktion der $\mathbf{B}_{3;0,4}$

S.8.6 Die Poissonverteilung

Als Beispiel für eine Poisson-Verteilung berechnen wir die Dichte und die Verteilungsfunktion der $\mathbf{P}_5$. Der Wertebereich für die Poisson-Verteilung ist $\Omega_x = \mathbb{N}_0$, Mittel und Varianz der Verteilung sind gleich dem Parameter μ, also wird es kaum x-Werte größer als 15 geben. Wir geben daher der Variablen x im Datenfile für die Poissonverteilung die Werte $-1, 0, 1, \ldots, 15$. Die Funktion CDF.POISSON(q, *mittel*) gibt die Verteilungsfunktion der Poissonverteilung mit $\mu = $ *mittel* an der Stelle q zurück, also berechnen wir die Zielvariable *vtlgsfn* hier nach CDF.POISSON(x,5).

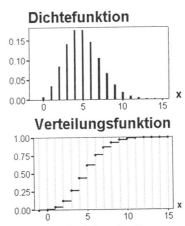

Abb. S.8.5: Dichte und Verteilungsfunktion der $\mathbf{P}_5$

S.8.7 Übungsaufgaben

Ü.S.8.1:

Simulieren Sie mit der SPSS-Funktion RV.BINOM 100 Zufallszahlen aus der $B_{3;0,4}$ und stellen Sie das Ergebnis tabellarisch und grafisch dar. Vergleichen Sie die Häufigkeitsverteilung der Simulationen mit der Wahrscheinlichkeitsverteilung $B_{3;0,4}$ (siehe Abb. S.8.4).

Ü.S.8.2:

Simulieren Sie mit der SPSS-Funktion RV.HYPER 100 Zufallszahlen der hypergeometrischen Verteilung $H_{10;4;3}$ und vergleichen Sie wie in Ü.S.8.1 die Häufigkeitsverteilung der Simulationen mit der Wahrscheinlichkeitsverteilung.

Ü.S.8.3:

a. Sei $x \sim B_{12;0,3}$. Bestimmen Sie die Wahrscheinlichkeit $P(x > 5)$.

b. Sei $x \sim P_{6,7}$. Berechnen Sie $P(x < 8)$.

S.9 Stetige Wahrscheinlichkeitsverteilungen

Wir werden in diesem Kapitel Dichte- und Verteilungsfunktionen einiger stetiger Wahrscheinlichkeitsverteilungen darstellen. Mithilfe der Verteilungsfunktion F kann man auch leicht die Wahrscheinlichkeiten für Intervalle $[a, b]$ berechnen:

$$P(x \in [a; b]) = F(b) - F(a)$$

S.9.2 Die stetige Gleichverteilung

Wir bestimmen Dichte und Verteilungsfunktion der Gleichverteilung $G_{[3;12]}$. Wie bei den diskreten Wahrscheinlichkeitsverteilungen in Kapitel S.8 legen wir ein SPSS-Datenfile mit einer Variablen x an, für die wir hier die Werte 1, 3, 12 und 14 eingeben. Weiters legen wir eine Variable *dichte* an, der wir in den Zeilen 1 bis 4 die Werte 0, 0, 1/9 und 0 eingeben. Die Verteilungsfunktion berechnen wir durch

Transformieren ▷
    Berechnen ...

Die Zielvariable bezeichnen wir mit *vtlgsfn*, und für das Feld *Numerischer Ausdruck* wählen wir die Funktion CDF.UNIFORM(q, min, max). CDF.UNIFORM berechnet den Wert der Verteilungsfunktion der $G_{[min;max]}$ an der Stelle q. Für q setzen wir die Variable x ein, für min die Zahl 3 und für max die Zahl 12. Jetzt zeichnen wir die Dichtefunktion:

Grafik ▷
    Interaktiv ▷
        Verbundlinie ...

Für die senkrechte Variablenachse wählen wir die Variable *dichte*, für die waagrechte die Variable x. Im Register *Verbundlinien* klicken wir unter *Interpolation* auf *Sprung links*, anschließend klicken wir auf *OK*, und die Dichtefunktion wird in den Viewer gezeichnet. Die Verteilungsfunktion zeichnen wir genau wie die Dichtefunktion, nur dass wir im Register *Verbundlinien* des Dialogfeldes *Verbundlinien erstellen* die Interpolationsoption *Gerade* wählen. Man kann die beiden Grafikobjekte noch bearbeiten, schließlich sollten Dichte und Verteilungsfunktion etwa wie in Abb. S.9.1 aussehen.

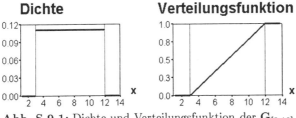

Abb. S.9.1: Dichte und Verteilungsfunktion der $G_{[3;12]}$

Zur Berechnung der Wahrscheinlichkeit $P(4{,}25 < x \leq 7{,}69)$ verwendet man die Verteilungsfunktion:

Transformieren ▷
    Berechnen ...

Wir bezeichnen die *Zielvariable* mit *wahrsch* und geben ins Feld *Numerischer Ausdruck* die folgende Formel ein:

CDF.UNIFORM(7.69,3,12) − CDF.UNIFORM(4.25,3,12)

Das Ergebnis wird für alle Beobachtungen (Zeilen) der Zielvariablen in den Daten-Editor geschrieben.

	x	dichte	vtlgsfn	wahrsch
1	1	.0000	0	.38222
2	3	.1111	0	.38222
3	12	.0000	1	.38222
4	14	.0000	1	.38222

Abb. S.9.2: Berechnung von Wahrscheinlichkeiten

Wie man Zufallszahlen aus der stetigen Gleichverteilung erzeugt, haben wir in Beispiel S.7.2 gezeigt.

Für die Darstellung von Dichte und Verteilungsfunktion aller folgenden stetigen Wahrscheinlichkeitsverteilungen legen wir ein gemeinsames Tabellenblatt mit der Variablen *vtlgsfn* an, der wir die Werte 0,001; 0,005; 0,01; 0,025; 0,05; 0,1; 0,3; 0,5; 0,7; 0,9; 0,95; 0,975; 0,99; 0,995 und 0,999 zuweisen.
Wir werden für jede Wahrscheinlichkeitsverteilung die zu diesen Werten der Verteilungsfunktion gehörigen x-Werte und anschließend die zu den errechneten x-Werten gehörenden Werte der Dichtefunktion berechnen.

S.9.3 Die Normalverteilung

Wir wollen Dichte und Verteilungsfunktion der **N**(2; 4) darstellen. Ist $F(x) = p$, dann ist $x = x_p$, das p-Fraktil der Verteilung. Um zu den x-Werten zu kommen, müssen wir also die Fraktile der jeweiligen Wahrscheinlichkeitsverteilung bestimmen.

Transformieren ▷
    Berechnen ...

Wir bezeichnen die Zielvariable mit *xnormal* und wählen für *Numerischer Ausdruck* die Funktion IDF.NORMAL(p,*mittel*,*stdabw*). IDF.NORMAL berechnet das p-Fraktil der Normalverteilung mit μ=*mittel* und σ=*stdabw*. Wir setzen für p die Variable *vtlgsfn* ein, für *mittel* die Zahl 2 und für *stdabw* ebenfalls 2.

In SPSS gibt es keine speziellen Funktionen für die Berechnung der Dichtefunktionen von Wahrscheinlichkeitsverteilungen. Wir müssen also die jeweiligen Formeln, die man alle in den entsprechenden Kapiteln in [HAFN 00] findet, explizit ins Feld *Numerischer Ausdruck* des Dialogfeldes *Variable berechnen* eingeben.

Für die Dichte der Normalverteilung bezeichnen wir die Zielvariable mit *dnormal* und geben für den *Numerischen Ausdruck* folgende Formel ein:

EXP(-(xnormal-2)**2/(2*4))/SQRT(4*ARSIN(1))/2

S.9.4 Die Chi-Quadrat-Verteilung

Für die grafische Darstellung von Dichte und Verteilungsfunktion wählen wir wie bei der stetigen Gleichverteilung ein Verbundliniendiagramm, im Register *Verbundlinie* des Dialogfeldes *Verbundlinien erstellen* wählen wir aber die Interpolationsart *Spline*, dadurch erhalten wir für Dichte und Verteilungsfunktion einen geglätteten Linienzug.

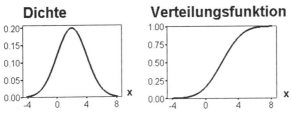

Abb. S.9.3: Dichte und Verteilungsfunktion der N(2;4)

Zur Berechnung von Wahrscheinlichkeiten verwenden wir die SPSS-Funktion CDF.NORMAL(q,*mittel*,*stdAbw*). Diese Funktion berechnet die Verteilungsfunktion der Normalverteilung mit μ=*mittel* und σ=*stdAbw* an der Stelle q. Zum Beispiel berechnet man die Wahrscheinlichkeit $P(7 < x \leq 8)$ mit der Formel

CDF.NORMAL(8,2,2) − CDF.NORMAL(7,2,2)

Zur Erzeugung von normalverteilten Zufallszahlen gehen wir wie in Beispiel S.7.1 vor, nur dass wir die Funktion RV.NORMAL(*mittel*,*stdAbw*) verwenden. Diese Funktion berechnet Pseudozufallszahlen aus der Normalverteilung mit μ=*mittel* und σ=*stdAbw*.

S.9.4 Die Chi-Quadrat-Verteilung

Wir wählen die χ^2-Verteilung mit $n = 8$ Freiheitsgraden und bestimmen Dichte und Verteilungsfunktion dieser Wahrscheinlichkeitsverteilung. Die Werte der Verteilungsfunktion $F(x)$ sind bereits gegeben (siehe Abschn. S.9.3). Wir bestimmen die zugehörigen x-Werte, indem wir Fraktile der χ^2-Verteilung berechnen.

Transformieren ▷
    Berechnen ...

Die Zielvariable nennen wir *xchi2* und wählen die Funktion IDF.CHISQ(p,*df*). Diese Funktion berechnet das p-Fraktil der χ^2-Verteilung mit *df* Freiheitsgraden. Wir setzen also für p die Variable *vtlgsfn* und für *df* die Zahl 8 in die Funktion ein und klicken auf *OK*.
Die Formel für die Dichte der Verteilung müssen wir wieder explizit eingeben, wir bezeichnen die Zielvariable mit *dchi2* und schreiben in das Feld *Numerischer Ausdruck* die Formel

xchi2**(8/2-1)/(3*2)/2**4*EXP(-xchi2/2)

In der obigen Formel haben wir die Identität

$$\Gamma(\tfrac{n}{2}) = \begin{cases} (\tfrac{n}{2}-1)! & \text{für } n \text{ gerade} \\ (\tfrac{n}{2}-1)\cdot(\tfrac{n}{2}-2)\cdot\ldots\tfrac{3}{2}\cdot\tfrac{1}{2}\cdot\sqrt{\pi} & \text{für } n \text{ ungerade} \end{cases}$$

verwendet, da in SPSS auch keine spezielle Funktion zur Berechnung von $\Gamma(x)$ zur Verfügung gestellt wird.

Die grafische Darstellung von Dichte und Verteilungsfunktion funktioniert wie bei der Normalverteilung.

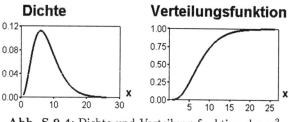

Abb. S.9.4: Dichte und Verteilungsfunktion der χ_8^2

Zur Berechnung von Wahrscheinlichkeiten einer χ^2-verteilten Zufallsvariablen verwenden wir die Funktion CDF.CHISQ(q, df). Diese Funktion berechnet die Verteilungsfunktion der χ^2-Verteilung mit df Freiheitsgraden an der Stelle q. Damit berechnet man z.B. $P(x > 6 \mid \chi_8^2)$ mit der Formel

$$1-\text{CDF.CHISQ}(6,8)$$

Zur Erzeugung von χ^2-verteilten Zufallszahlen hält man sich an Beispiel S.7.1 und verwendet die Funktion RV.CHISQ(df). RV.CHISQ gibt eine Pseudozufallszahl aus der Verteilung χ_{df}^2 zurück.

S.9.5 Die Student-Verteilung (t-Verteilung)

Wir bestimmen Dichte und Verteilungsfunktion der t-Verteilung mit $n = 8$ Freiheitsgraden. Wie bei der Normalverteilung und der χ^2-Verteilung müssen wir mit Fraktilen zuerst die x-Werte zu vorgegebenen Werten der Verteilungsfunktion bestimmen.

Transformieren ▷
    Berechnen ...

Wir nennen die Zielvariable dieses Mal *xtvert* und wählen IDF.T(p, df). Diese Funktion berechnet das p-Fraktil der Student-Verteilung mit df Freiheitsgraden. Wir setzen für p die Variable *vtlgsfn* und für df die Zahl 8 ein und klicken auf *OK*.

Setzt man in die Formel für die Dichtefunktion der t-Verteilung mit $n = 8$ Freiheitsgraden ein (siehe [HAFN 00], Abschn. 9.5), so erhält man

$$\frac{\frac{7}{2} \cdot \frac{5}{2} \cdot \frac{3}{2} \cdot \frac{1}{2}\sqrt{\pi}}{\sqrt{8\pi} \cdot 3 \cdot 2} \cdot \frac{1}{(1+\frac{x^2}{8})^{9/2}} = \frac{7 \cdot 5}{64 \cdot \sqrt{2}} \cdot \frac{1}{(1+\frac{x^2}{8})^{9/2}}$$

Wir schreiben für die Zielvariable *dtvert* daher folgende Formel in das Feld *Numerischer Ausdruck*:

$$35/64/\text{SQRT}(2)/(1+xtvert**2/8)**(9/2)$$

Dichte und Verteilungsfunktion zeichnet man wie in den letzten beiden Abschnitten.

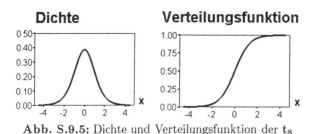

Abb. S.9.5: Dichte und Verteilungsfunktion der t_8

Für die Berechnung von Wahrscheinlichkeiten einer t-verteilten Zufallsvariablen verwenden wir CDF.T(q, df), diese Funktion gibt den Wert der Verteilungsfunktion der t-Verteilung mit df Freiheitsgraden an der Stelle q zurück. Will man z.B. $P(x < 2{,}5 \mid t_8)$ berechnen, dann muss man im Feld *Numerischer Ausdruck* die folgende Formel eingeben:

$$\text{CDF.T}(2.5,8)$$

Die Berechnung t-verteilter Pseudozufallszahlen erfolgt wie in Beispiel S.7.1, nur dass man die Funktion RV.T(df) verwendet, mit RV.T errechnet man eine Zufallszahl aus der Verteilung t_{df}.

S.9.6 Die F-Verteilung

Zur Demonstration bestimmen wir die Dichte und die Verteilungsfunktion der F-Verteilung mit $n_1 = 5$ (Zähler-)Freiheitsgraden und $n_2 = 30$ (Nenner-)Freiheitsgraden. Wir müssen wie in den letzten drei Abschnitten zuerst die zu den vorgegebenen Werten der Verteilungsfunktion $F(x)$ gehörigen x-Werte bestimmen, und zwar mit der Funktion IDF.F($p, df1, df2$), welche das p-Fraktil der F-Verteilung mit $n_1 = df1$ und $n_2 = df2$ Freiheitsgraden zurückgibt. Wir bezeichnen die Zielvariable dieses Mal mit *xfvert* und geben ins Feld *Numerischer Ausdruck* folgende Formel ein:

$$\text{IDF.F}(vtlgsfn, 5, 30)$$

Setzt man in die Formel für die Dichtefunktion der F-Verteilung mit $n_1 = 5$ und $n_2 = 30$ Freiheitsgraden ein (siehe [HAFN 00], Abschn. 9.6), dann erhält man

$$\frac{\frac{5}{30} \cdot \frac{33 \cdot 31 \cdot 29 \ldots 5 \cdot 3 \cdot 1}{2^{17}}\sqrt{\pi}}{\frac{3}{2} \cdot \frac{1}{2}\sqrt{\pi} \cdot 14!} \cdot \frac{(\frac{5}{30}x)^{3/2}}{(1+\frac{5}{30}x)^{35/2}} =$$

$$= \frac{31 \cdot 29 \cdot 25 \cdot 23 \cdot 19 \cdot 17 \cdot 11 \cdot 9}{2^{27}} \cdot \frac{(\frac{x}{6})^{3/2}}{(1+\frac{x}{6})^{35/2}}$$

Wir bestimmen daher für die Dichte die Zielvariable *dfvert* nach der Formel

31*29*25*23*19*17*99/2**27*(xfvert/6)**(3/2)/(1+xfvert/6)**(35/2)

Die Dichte und die Verteilungsfunktion der F-Verteilung zeichnet man wie bei den anderen stetigen Wahrscheinlichkeitsverteilungen.

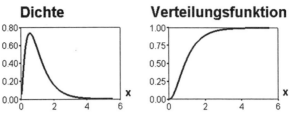

Abb. S.9.6: Dichte und Verteilungsfunktion der $\mathbf{F}(5;30)$

Wahrscheinlichkeiten für F-verteilte Zufallsvariablen berechnet man mit der Funktion CDF.F$(q, df1, df2)$, diese Funktion gibt den Wert der Verteilungsfunktion der F-Verteilung mit $n_1 = df1$ und $n_2 = df2$ Freiheitsgraden an der Stelle q zurück. Zur Berechnung der Wahrscheinlichkeit $P(x > 2 \mid \mathbf{F}(5;30))$ müssen wir also die Formel

$$1 - \text{CDF.F}(2,5,30)$$

verwenden.

F-verteilte Pseudozufallszahlen berechnet man wie in Beispiel S.7.1, nur dass man die Funktion RV.F$(df1, df2)$ verwendet. RV.F gibt eine Zufallszahl aus der Verteilung $\mathbf{F}(df1; df2)$ zurück.

In der Abb. S.9.7 sind die zu gegebener Verteilungsfunktion berechneten x-Werte und Dichtefunktionen der Verteilungen aus Abschn. S.9.3 bis S.9.6 zu sehen.

	vtlgsfn	xnormal	dnormal	xchi2	dchi2	xtvert	dtvert	xfvert	dfvert
1	.001	-4.1805	.001684	.857105	.004273	-4.5008	.001322	.040211	.060115
2	.005	-3.1517	.007230	1.34441	.012924	-3.3554	.007421	.079016	.148036
3	.010	-2.6527	.013326	1.64650	.020412	-2.8965	.015337	.106617	.214341
4	.025	-1.9199	.029223	2.17973	.036276	-2.3060	.039026	.160594	.339683
5	.050	-1.2897	.051568	2.73264	.054211	-1.8595	.076790	.222434	.464914
6	.100	-.56310	.087749	3.48954	.077320	-1.3968	.144830	.315051	.605135
7	.300	.951199	.173846	5.52742	.110926	-.54593	.328010	.600298	.734622
8	.500	2.00000	.199471	7.34412	.104904	.000000	.386699	.890193	.625248
9	.700	3.04880	.173846	9.52446	.076920	.545934	.328010	1.27613	.413487
10	.900	4.56310	.087749	13.3616	.031180	1.39682	.144830	2.04925	.143731
11	.950	5.28971	.051568	15.5073	.016671	1.85955	.076790	2.53355	.071072
12	.975	5.91993	.029223	17.5345	.008746	2.30600	.039026	3.02647	.034731
13	.990	6.65270	.013326	20.0902	.003666	2.89646	.015337	3.69902	.013343
14	.995	7.15166	.007230	21.9550	.001883	3.35539	.007421	4.22758	.006442
15	.999	8.18046	.001684	26.1245	.000394	4.50079	.001322	5.53391	.001177

Abb. S.9.7: Werte für Dichte und Verteilungsfunktion von vier stetigen Wahrscheinlichkeitsverteilungen

S.9.7 Übungsaufgaben

Ü.S.9.1:

Sei $x \sim \chi^2_{17}$.

a. Bestimmen Sie die Wahrscheinlichkeiten $P(10 < x \leq 20)$ und $P(x > 12)$.

b. Erzeugen Sie 200 Pseudozufallszahlen der χ^2_{17} und stellen Sie das Simulationsergebnis grafisch dar.

Ü.S.9.2:

Sei $x \sim t_5$.

a. Berechnen Sie die Wahrscheinlichkeiten $P(-2 < x \leq 3)$ und $P(x > -1)$.

b. Simulieren Sie 500 Pseudozufallszahlen der t_5, und zwar nach zwei verschiedenen Methoden:

1. über die Fraktile der t-Verteilung mit der Funktion IDF.T;
2. indem Sie jeweils 500 Zufallszahlen y bzw. z der $N(0;1)$ bzw. der χ^2_5 erzeugen und anschließend den Quotienten $\frac{y}{\sqrt{z/5}}$ berechnen.

Vergleichen Sie die beiden Simulationsergebnisse.

S.10 Parameter von Wahrscheinlichkeitsverteilungen

S.10.1 Der Erwartungswert

Wir werden in diesem Kapitel den Erwartungswert oder die Erwartung einer Statistik $t(x)$ für diskrete Wahrscheinlichkeitsverteilungen berechnen.
Für diskretes x gilt bekanntlich

$$E(t(x)) = \sum_{i \in \Omega_x} t(i) \cdot p_i,$$

wobei p_i die Dichte für $x = i$ ist.

Beispiel S.10.1: Wir berechnen die Erwartungswerte für die Statistiken $t_1(x) = x$ und $t_2(x) = x^2$ einer Zufallsvariablen, die hypergeometrisch nach $\mathbf{H}_{10;4;3}$ verteilt ist. Wir verwenden dazu das Datenfile, das wir in Abschn. S.8.4 angelegt haben. In diesem File sind bereits Verteilungsfunktion und Dichte für die x-Werte der $\mathbf{H}_{10;4;3}$ berechnet. Wir erzeugen zunächst die Zufallsvariable x^2:

Transformieren ▷
    Berechnen ...

Die Zielvariable nennen wir x2, und wir berechnen sie nach der Formel x**2. Jetzt müssen wir SPSS mitteilen, dass nach der Dichtefunktion gewichtet werden soll, denn $E(t(x))$ ist nichts anderes als das gewogene Mittel von $t(x)$ mit den Werten der Dichtefunktion als Gewichten.

Daten ▷
    Fälle gewichten ...

Wir klicken auf *Fälle gewichten mit:* und wählen als Häufigkeitsvariable *dichte* (siehe Abschn. S.4.3).
Achtung: *Fälle gewichten* funktioniert in SPSS nur dann, wenn die Summe der Gewichte ≥ 1 ist.

Jetzt bestimmen wir die Erwartungswerte von x und x^2:

Analysieren ▷
    Deskriptive Statistiken ▷
        Häufigkeiten ...

Wir wählen die beiden Variablen x und $x2$ aus, klicken auf die Schaltfläche *Statistik ...* , wählen unter *Lagemaße* den *Mittelwert* aus, klicken auf *Weiter*, sorgen dafür, dass Häufigkeitstabellen nicht angezeigt werden und klicken schließlich auf *OK*. In den Viewer wird jetzt eine kleine Tabelle (*Statistiken*) geschrieben, in der wir in der Zeile *Mittelwert* die Erwartungswerte $E(x) = 1{,}2$ und $E(x^2) = 2$ ablesen können.

Statistiken

		X	X2
N	Gültig	1	1
	Fehlend	0	0
Mittelwert		1,20	2,00

Abb. S.10.1: Erwartungen für eine nach $\mathbf{H}_{10;4;3}$ verteilte Zufallsvariable

S.10.1 Der Erwartungswert

Beispiel S.10.2: In einem Privatcasino wird das folgende Glückspiel angeboten: Man setzt ATS 10,- und wirft dann 5 Würfel gleichzeitig. Wirft man 5 Sechsen, dann erhält man ATS 10000,- ausbezahlt, bei 4 Sechsen ist der Auszahlungsbetrag ATS 300,-, bei 3 Sechsen ATS 50,-, bei 2 Sechsen ATS 10,- und bei einer Sechs ATS 5,-. Wir werden den Erwartungswert für den Auszahlungsbetrag und den erwarteten Gewinn berechnen.

Die Zufallsvariable x ... „Anzahl der Sechsen beim Werfen von 5 Würfeln" besitzt eine Binomialverteilung: $x \sim \mathbf{B}_{5;1/6}$. Zur Berechnung der Erwartungen benötigen wir die Dichtefunktion von x, wir bestimmen sie wie in Abschn. S.8.5. Anschließend legen wir die Variable *auszahl* an und tragen für die verschiedenen x-Werte die entsprechenden Auszahlungsbeträge ein.

	x	vtlgsfn	dichte	auszahl
1	-1	.000000		
2	0	.401878	.401878	.00
3	1	.803755	.401878	5.00
4	2	.964506	.160751	10.00
5	3	.996656	.032150	50.00
6	4	.999871	.003215	300.00
7	5	1.000000	.000129	10000.00
8	6	1.000000	.000000	

Abb. S.10.2: Verteilung der Auszahlungsbeträge

Jetzt gewichten wir die Fälle (Zeilen) wie in Beispiel S.10.1 mit der Häufigkeitsvariablen *dichte*. Wir berechnen dann die Erwartung der Variablen *auszahl*, und zwar dieses Mal nicht wie im vorigen Beispiel mit der Häufigkeiten-Prozedur, sondern über

Analysieren ▷
    Deskriptive Statistiken ▷
        Deskriptive Statistiken ...

Im sich öffnenden Dialogfeld wählen wir die Variablen *auszahl* und für $E(x)$ die Variable x. Wir klicken auf die Schaltfläche *Optionen* ... und sorgen im Dialogfeld *Deskriptive Statistik: Optionen* dafür, dass nur die Statistik *Mittelwert* ausgewählt ist. Schließlich klicken wir auf *Weiter* und *OK*, und die Erwartungen werden in den Viewer geschrieben.

Deskriptive Statistik

	N	Mittelwert
X	1	.83
AUSZAHL	1	7.4749
Gültige Werte (Listenweise)	1	

Abb. S.10.3: Erwartungen einer binomialverteilten Zufallsvariablen

Wir sehen: $E(x) = 5/6 = 0{,}8\dot{3}$ und $E(auszahl) = 7{,}4749$, d.h., der erwartete Gewinn ist $E(auszahl) - 10 = -2{,}5251$.

S.10.2 Übungsaufgaben

Ü.S.10.1:

Fortsetzung zu Ü.S.7.2: Bestimmen Sie den erwarteten Gewinn beim Kauf eines Rubbelloses *Schatztruhe*.

Ü.S.10.2:

Siehe Angabe in Aufgabe Ü.E.10.2.

Ü.S.10.3:

Verwenden Sie das Datenfile aus Abschn. S.8.6, und berechnen Sie Erwartungswert und Varianz der Poissonverteilung $\mathbf{P}_5$. Vergleichen Sie das Ergebnis mit Mittel und Varianz aus [HAFN 00], Tabelle 10.1.1.

S.11 Relative Häufigkeiten

S.11.1 Schätzen relativer Häufigkeiten

Zum Anteilswert einer Gruppe von Erhebungseinheiten in der Grundgesamtheit kann man folgendermaßen kommen: Man führt die Indikatorvariable *ind* ein, für die gilt

$$ind = \begin{cases} 0 \\ 1 \end{cases} \ldots \text{Erhebungseinheit} \begin{array}{l} \text{gehört nicht} \\ \text{gehört} \end{array} \text{zur Gruppe}$$

Der Mittelwert der Variablen ist der Anteilswert der Gruppe:

$$p = \overline{ind} = \frac{1}{N} \sum_{i=1}^{N} ind_i$$

Mit SPSS kann man Punkt- und Bereichschätzer der Anteilswerte für große Stichproben ($n \geq 100$) berechnen. Für große Stichprobenumfänge kann man nämlich die Binomialverteilung mit der Normalverteilung approximieren, und man verwendet dann die SPSS-Prozedur zur Berechnung von Punkt- und Bereichschätzern für das Mittel einer normalverteilten Zufallsvariablen (siehe Abschn. S.12.1).

Die Berechnung von $\hat{p}$ und $[\underline{p}; \overline{p}]$ sei anhand eines Beispiels demonstriert.

Beispiel S.11.1: Der Stichprobenumfang sei $n = 200$, 91 der Stichprobenwerte kommen aus der Gruppe, deren Anteilswert wir schätzen wollen. Wir bestimmen den Punktschätzer $\hat{p}$ und ein 95%-Konfidenzintervall für p.

Dazu legen wir ein SPSS-Datenfile mit der Indikatorvariablen *ind* an. 91 *ind*-Werte setzen wir 1 (durch Kopieren, siehe Beispiel S.7.1), 109 *ind* Werte bekommen den Wert 0. Schneller und eleganter erledigt man die Dateneingabe, indem man die Variable *anzahl* einführt, mit der man die Daten gewichtet. Dann muss man nämlich nur zwei Zeilen eingeben, und zwar eine mit *ind*=1 und *anzahl*=91 und die zweite mit *ind*=0 und *anzahl*=109. Vor der Datenanalyse müssen wir noch die Fälle (Beobachtungen) gewichten.

Daten ▷
    Fälle gewichten ...

Wir klicken auf *Fälle gewichten mit* und wählen *anzahl* als Häufigkeitsvariable. Jetzt bestimmen wir Punkt- und Bereichschätzer für p:

Analysieren ▷
    Deskriptive Statistik ▷
        Explorative Datenanalyse ...

Wir wählen *ind* für das Feld *Abhängige Variablen* aus, klicken unter *Anzeigen* auf *Statistik* und anschließend auf die Schaltfläche *Statistik* .... Im sich öffnenden Dialogfeld kann man unter anderem die Sicherheitswahrscheinlichkeit $1 - \alpha$ für das Konfidenzintervall für den Mittelwert einstellen. Die Standardeinstellung ist 95% und deckt sich mit der von uns gewählten Sicherheitswahrscheinlichkeit. Wir ändern also nichts und klicken auf *Weiter* und dann auf *OK*. Im Viewer sehen wir uns die Tabelle *Univariate Statistiken* an, uns interessieren nur die ersten drei Zeilen der Tabelle, nämlich *Mittelwert*, *Ober-* und *Untergrenze*. Nachdem wir auf die Tabelle doppelgeklickt haben, können wir sie bearbeiten. Zuerst löschen wir den Teil der Tabelle, der uns nicht interessiert. Dazu markieren wir die Zellen der Spalten *Statistik* und *Standardfehler* ab der Zeile *5% getrimmtes Mittel* und drücken dann die *Entf*-Taste. Für die restlichen Zahlen der Tabelle ändern wir die Anzahl der angezeigten Dezimalstellen: Wir markieren alle verbliebenen Zahlen der Spalten *Statistik* und *Standardfehler*, drücken die rechte Maustaste und wählen aus dem Popup-Menü den Punkt **Zelleneigenschaften ...**.

Im Register *Wert* des sich öffnenden Dialogfeldes ändern wir die Eintragung bei *Dezimalstellen* von 2 auf 4 und klicken anschließend auf *OK*. Wir können jetzt noch die Spaltenbreiten in der Tabelle ändern. Dazu gehen wir mit dem Mauszeiger an den rechten Rand der Spalte, deren Breite wir ändern wollen, der Cursor wird zu einem Doppelpfeil (↔). Wir drücken die linke Maustaste, halten sie gedrückt und ziehen mit der Maus, bis die Spalte die gewünschte Breite hat.

Univariate Statistiken

			Statistik	Standardfehler
IND	Mittelwert		.4550	3.530E-02
	95% Konfidenzintervall	Untergrenze	.3854	
	des Mittelwerts	Obergrenze	.5246	

Abb. S.11.1: Punkt- und Bereichschätzer für Anteilswerte

Der Punktschätzer $\hat{p}$ steht in der Spalte *Statistik* der Zeile *Mittelwert*. In der Spalte *Standardfehler* findet man den Schätzer für die Standardabweichung des Schätzers $\hat{p}$, der Wert errechnet sich nach

$$\sqrt{\frac{\hat{p}(1-\hat{p})}{n-1}}$$

Untergrenze und Obergrenze des $(1-\alpha)$-Konfidenzintervalls für den Mittelwert errechnen sich nach

$$\overline{p} = \hat{p} \pm t_{n-1;1-\alpha/2}\sqrt{\frac{\hat{p}(1-\hat{p})}{n-1}}$$

wobei $t_{n-1;1-\alpha/2}$ das $(1-\alpha/2)$-Fraktil der t-Verteilung mit $n-1$ Freiheitsgraden ist. Diese Formel weicht etwas von der Näherungsformel für $[\underline{p};\overline{p}]$ in [HAFN 00], Seite 133 ab. Sie liefert für große Stichprobenumfänge n aber praktisch dieselben Werte, denn die Student-Verteilung konvergiert mit wachsendem n sehr rasch gegen die Standardnormalverteilung. Also sind die Fraktile $t_{n-1;1-\alpha/2}$ und $u_{1-\alpha/2}$ nicht weit voneinander entfernt, wobei immer gilt: $t_{n-1;1-\alpha/2} > u_{1-\alpha/2}$. Und ob man bei großen n-Werten durch $\sqrt{n}$ oder durch $\sqrt{n-1}$ dividiert, ist praktisch egal. Insgesamt gilt, dass das Konfidenzintervall, das man mit SPSS erhält, immer eine Spur größer ist als jenes nach der Formel $\hat{p} \pm u_{1-\alpha/2}\sqrt{\frac{\hat{p}(1-\hat{p})}{n}}$. Das macht aber nichts, denn die Überdeckungswahrscheinlichkeit des größeren Intervalls ist sicher nicht kleiner als $1-\alpha$. Vergleicht man die Werte der obigen Tabelle mit den Intervallgrenzen $\underline{p}$ und $\overline{p}$ nach [HAFN 00] ($[\underline{p};\overline{p}] = [0{,}386; 0{,}524]$), dann sieht man, dass der Unterschied nicht erwähnenswert ist.

Die Ober- bzw. Untergrenze des $(1-\alpha)$-Konfidenzintervalls für den Mittelwert ist immer eine obere bzw. untere Vertrauensschranke für p zur Sicherheit $(1-\alpha/2)$. Will man also z.B. eine obere Vertrauensschranke zur Sicherheit 99%, dann berechnet man ein 98%-Konfidenzintervall und nimmt die Obergrenze des Intervalls.

S.11.2 Testen von Hypothesen über relative Häufigkeiten

Beim Testen von Hypothesen über Anteilswerte p hat man mit SPSS zwei Möglichkeiten.

1. In Analogie zur Bereichschätzung verwendet man die Indikatorvariable *ind* und testet Hypothesen über das Mittel einer normalverteilten Zufallsvariablen (siehe Abschn. S.12.1).

Zur Demonstration nehmen wir die Daten aus Beispiel S.11.1 und testen die Nullhypothese H_0: $p = 0{,}52$, und zwar zum Niveau $\alpha = 0{,}02$.

Analysieren ▷
    Mittelwerte vergleichen ▷
        T-Test bei einer Stichprobe ...

Wir wählen *ind* als Testvariable und geben im Feld *Testwert* den p-Wert der Nullhypothese, nämlich 0,52 ein. Anschließend klicken wir auf die Schaltfläche *Optionen* und stellen im Feld *Konfidenzintervall* die Sicherheitswahrscheinlichkeit $1-\alpha$ ein, für unseren Test ist $1-\alpha = 98\%$. Wir klicken auf *Weiter* und *OK*, und SPSS führt den t-Test durch.

SPSS testet nicht H_0: $p = p_0$, sondern H_0: $p - p_0 = 0$. Es wird ein $(1-\alpha)$-Konfidenzintervall für $p - p_0$ berechnet. In der Ausgabetabelle *Test bei einer Stichprobe* werden die Unter- und Obergrenze des $(1-\alpha)$-Konfidenzintervalls für $p - p_0$ und unter *Mittlere Differenz* der Punktschätzer $\hat{p} - p_0$ angeführt.

Test bei einer Sichprobe

	Testwert = 0.52				
				98% Konfidenzintervall der Differenz	
	T	df	Sig. (2-seitig)	Mittlere Differenz	Untere	Obere
IND	-1.841	199	.0671	-.0650	-.1478	.0178

Abb. S.11.2: Testen von Anteilswerten p

Das Konfidenzintervall wird wie bei der Explorativen Datenanalyse (siehe Abschn. S.11.1) berechnet, die Nullhypothese kann zum Niveau α verworfen werden, falls $0 \notin [\,\underline{p - p_0}; \overline{p - p_0}\,]$ ist. In unserem Beispiel liegt null im 98%-Konfidenzintervall für $(p - 0{,}52)$, also können wir H_0 nicht zum Niveau 2% verwerfen.

SPSS berechnet aber noch mehr, nämlich das sogenannte Grenzniveau für den Test. Es ist dies das größte Niveau, zu dem die Nullhypothese gerade nicht abgelehnt werden kann. Wir können H_0 gerade nicht ablehnen, wenn 0 eine Intervallgrenze von $[\,\underline{p - p_0}; \overline{p - p_0}\,]$ ist. Das $(1-\alpha)$-Konfidenzintervall für $p - p_0$ wird nach

$$[\,\underline{p - p_0}; \overline{p - p_0}\,] = [\,\hat{p} - p_0 \pm t_{n-1;1-\alpha/2}\sqrt{\frac{\hat{p}(1-\hat{p})}{n-1}}\,]$$

berechnet, also ist 0 genau dann eine Intervallgrenze, falls gilt

$$t_{n-1;1-\alpha/2} = |\hat{p} - p_0|/\sqrt{\frac{\hat{p}(1-\hat{p})}{n-1}}$$

Den entsprechenden t-Wert findet man in der Ausgabe in der Spalte T, in der Spalte df steht $n - 1$ und in Spalte *Sig.(2-seitig)* findet man den zu T und df gehörenden Wert von α.

In der Spalte *Sig.(2-seitig)* findet man also das Grenzniveau. In unserem Beispiel ist es 6,71%, d.h., hätten wir den Test zu diesem Niveau durchgeführt, dann hätten wir H_0 gerade nicht ablehnen können, weil eine Grenze des 0,9329-Konfidenzintervalls für $(p - 0,52)$ genau 0 gewesen wäre. Man kann aber die Nullhypothese zu jedem Niveau α ablehnen, das größer als das Grenzniveau ist. Man braucht also nur das Niveau α, zu dem man einen Test durchgeführt hat, mit dem Grenzniveau vergleichen. Ist α größer als das Grenzniveau, dann kann man H_0 verwerfen.

Wie testet man einseitige Hypothesen?

Beispiel S.11.2: Zur Demonstration testen wir für die Daten aus Beispiel S.11.1 $H_0: p < 0,35$ zum Niveau $\alpha = 5\%$. SPSS testet die gleichwertige Nullhypothese $H_0: p - 0,35 < 0$, für den Test bestimmt man eine untere Vertrauensschranke für $(p - 0,35)$ zur Sicherheit $(1 - \alpha) = 0,95$. Die untere Vertrauensschranke zur Sicherheit 95% ist die Untergrenze des Konfidenzintervalls zur Sicherheit 90%. Ist diese untere Vertrauensschranke für $(p - 0,35)$ größer als 0, dann kann H_0 zum Niveau $\alpha = 0,05$ abgelehnt werden. Die untere Vertrauensschranke zur Sicherheit 95% ist genau dann größer als null, wenn 0 unterhalb des 90%-Konfidenzintervalls liegt. Also testen wir einseitige Hypothesen genauso wie zweiseitige, nur dass wir im Feld *Konfidenzintervall* des Dialogfeldes *T-Test bei einer Stichprobe: Optionen* die Sicherheitswahrscheinlichkeit nicht $1-\alpha = 95\%$, sondern $1-2\alpha = 90\%$ setzen. Die Ausgabe für den einseitigen Test ist in Abb. S.11.3 zu sehen: Die untere Vertrauensschranke für $(p - 0,35)$ zur Sicherheit 95% ist 0,0467 (>0), d.h., wir können H_0 zum Niveau $\alpha = 5\%$ ablehnen. Das Grenzniveau für den einseitigen Test erhält man, indem man die Eintragung in der Spalte *Sig.(2-seitig)* halbiert. Das Grenzniveau ist also 0,1649%, d.h., erst bei einem Niveau $\alpha \leq 0,001649$ könnten wir H_0 nicht mehr ablehnen.

Test bei einer Sichprobe

	Testwert = 0.35				
				90% Konfidenzintervall der Differenz	
	T	df	Sig. (2-seitig)	Mittlere Differenz	Untere	Obere
IND	2.974	199	.0033	.1050	.0467	.1633

Abb. S.11.3: Test von einseitigen Hypothesen

2. Die eben beschriebene erste Möglichkeit zum Testen von Hypothesen über relative Häufigkeiten basiert auf der Normalverteilungsapproximation der Binomialverteilung, ist also nicht exakt und für kleine Stichprobenumfänge n unbrauchbar. Mit der Prozedur *Test auf Binomialverteilung* kann man die Hypothesentests exakt durchführen, allerdings kann man nur einseitige Hypothesen testen.

S.11.2 Testen von Hypothesen über relative Häufigkeiten   211

Beispiel S.11.3: Wir testen für die Daten des Beispiels S.11.1 die Hypothese
$H_0: p \geq 0{,}52$.

Analysieren ▷
   Nichtparametrische Tests ▷
     Binomial ...

Unsere *Testvariable* ist wieder *ind*, und ins Feld *Testanteil* schreiben wir 0,52, schließlich klicken wir auf *OK* und der *Test auf Binomialverteilung* wird durchgeführt.
Mit der Prozedur werden die Häufigkeiten der beiden Kategorien einer dichotomen Variablen (= Variable mit genau zwei verschiedenen Ausprägungen) mit den Häufigkeiten verglichen, die bei einer Binomialverteilung mit Parameter $p=Testanteil$ zu erwarten wären. Unsere Indikatorvariable *ind* ist dichotom.
Welche der beiden Kategorien 0 bzw. 1 der Gruppe 1 bzw. der Gruppe 2 zugeordnet werden, wird durch das erstmalige Auftreten der Ausprägungen im Datenfile bestimmt. Wir haben zuerst die Einsen eingegeben, also entspricht die Kategorie 1 der Gruppe 1 und die Kategorie 0 der Gruppe 2. Es ist wichtig, die Zuordnung der Kategorien zu Gruppe 1 und Gruppe 2 zu kennen, denn ins Feld *Testanteil* des Dialogfeldes *Test auf Binomialverteilung* ist die Wahrscheinlichkeit p für Gruppe 1 einzugeben.
Ist der Anteil der Gruppe 1 in der Stichprobe kleiner als oder gleich *Testanteil*, dann berechnet SPSS das Grenzniveau für den Test von $H_0: p \geq Testanteil$, ist der Anteil der Gruppe 1 in der Stichprobe größer als *Testanteil*, dann ist $H_0: p \leq Testanteil$. Wenn der Stichprobenumfang $n \leq 25$ ist, dann berechnet SPSS das Grenzniveau für die Tests exakt über die Verteilungsfunktion der Binomialverteilung, für $n > 25$ approximiert SPSS die Binomialverteilung durch die Normalverteilung mit Stetigkeitskorrektur.

Test auf Binomialverteilung

		Kategorie	N	Beobachteter Anteil	Testanteil	Asymptotische Signifikanz (1-seitig)
IND	Gruppe 1	1	91	.455	.52	.03843[a]
	Gruppe 2	0	109	.545		
	Gesamt		200	1.000		

a. Nach der alternativen Hypothese ist der Anteil der Fälle in der ersten Gruppe < .52.

b. Basiert auf der Z-Approximation.

Abb. S.11.4: Test für Anteilswerte mit der Prozedur *Test auf Binomialverteilung*

Das Grenzniveau für den Test von $H_0: p \geq 0{,}52$ ist in der Spalte *Asymptotische Signifikanz(1-seitig)* zu sehen. Das Ergebnis bedeutet, wir können H_0 zu jedem Niveau von $\geq 3{,}843\%$ verwerfen.
Wie man aus Abb. S.11.2 leicht errechnen kann, wird bei Verwendung der *T-Test*-Prozedur für denselben Test ein Grenzniveau von 3,353% ausgegeben. Es war aber zu erwarten, dass die Ergebnisse der beiden Prozeduren für dieses Beispiel wegen des großen Stichprobenumfanges kaum voneinander abweichen.

S.11.3 Vergleich zweier relativer Häufigkeiten

Wir haben in S.11.1 und S.11.2 gesehen, daß die Bereichschätzung von Anteilswerten und das Testen von Hypothesen über Anteilswerte nicht zwei Aufgaben sind, die isoliert voneinander zu betrachten sind, sondern Hand in Hand gehen. Wir erledigen daher die Bereichschätzung und das Testen von Hypothesen über Differenzen von Anteilswerten in einem Zug und verwenden dazu wieder die SPSS-Prozedur, welche diese Aufgaben nicht für Anteilswerte, sondern für Mittelwerte von normalverteilten Zufallsvariablen löst. Wie in den letzten beiden Abschnitten sei betont, dass die Ergebnisse nur für große Stichprobenumfänge korrekt sind, da erst bei großen Werten von n die Binomialverteilung gut durch die Normalverteilung approximiert werden kann.

Beispiel S.11.4: Zur Demonstration berechnen wir wie in [HAFN 00], Beispiel 11.3.1 das 90%-Konfidenzintervall für die Differenz der beiden Anteilswerte p_1 ... „Anteil der XPÖ-Wähler in Stadt A" und p_2 ... „Anteil der XPÖ-Wähler in Stadt B". In Stadt A waren in einer Stichprobe vom Umfang $n_1 = 1000$ insgesamt 455 XPÖ-Wähler, in Stadt B waren 320 XPÖ-Wähler in einer Stichprobe vom Umfang $n_2 = 800$. Wir erstellen ein SPSS-Datenfile mit einer Indikatorvariablen $xpö$, die uns anzeigt, ob ein Element der Stichprobe XPÖ-Wähler ist oder nicht, es gilt:

$$xpö = \begin{cases} 1 \\ 0 \end{cases} \ldots \text{ der Befragte } \begin{matrix} \text{ist} \\ \text{ist nicht} \end{matrix} \text{ XPÖ-Wähler}$$

Die zweite Variable *stadt* mit den Ausprägungen A und B zeigt uns an, ob der Befragte aus Stadt A oder Stadt B kommt. Wie in Beispiel S.11.1 führen wir noch die Variable *anzahl* ein, mit der wir die Fälle unseres Datenfiles gewichten. Unsere Datei besteht dann nur aus 4 Zeilen (Abb. S.11.5).

	anzahl	xpö	stadt
1	455	1	A
2	545	0	A
3	320	1	B
4	480	0	B

Abb. S.11.5: Daten zum Vergleich zweier relativer Häufigkeiten

Jetzt können wir mit der Datenanalyse beginnen:

Analysieren ▷
    Mittelwerte vergleichen ▷
        T-Test bei unabhängigen Stichproben ...

Für das Feld *Testvariable(n):* wählen wir $xpö$, wir wollen ja die Differenz der Mittelwerte von $xpö$ in den Städten A und B untersuchen. Als *Gruppenvariable* wählen wir *stadt* aus und klicken auf die Schaltfläche *Gruppen def ...* . Die Mitglieder der ersten Gruppe sind aus Stadt A, die der zweiten aus Stadt B. Wir schreiben also ins Feld *Gruppe 1:* des Dialogfeldes *Gruppen definieren* den Buchstaben A und ins Feld *Gruppe 2:* den Buchstaben B (auf Groß- und Kleinschreibung achten!) und klicken auf *Weiter*. Zurück im Dialogfeld *T-Test bei unabhängigen Stichproben* klicken wir auf die Schaltfläche *Optionen ...* , ändern die Sicherheitswahrscheinlichkeit im Feld *Konfidenzintervall* auf 90%, klicken auf *Weiter* und schließlich auf *OK*.

S.11.3 Vergleich zweier relativer Häufigkeiten

Gruppenstatistiken

	STADT	N	Mittelwert	Standardabweichung	Standardfehler des Mittelwertes
XPÖ	A	1000	.455	.4982	.0158
	B	800	.400	.4902	.0173

Test bei unabhängigen Stichproben

		Levene-Test der Varianzgleichheit		T-Test für die Mittelwertgleichheit					90% Konfidenzintervall der Differenz	
		F	Signifikanz	T	df	Sig. (2-seitig)	Mittlere Differenz	Standardfehler der Differenz	Untere	Obere
XPÖ	Varianzen sind gleich	20.98	4.95E-06	2.344	1798	.019188	.055	.02346	.01638	.09362
	Varianzen sind nicht gleich			2.348	1724	.018977	.055	.02342	.01645	.09355

Abb. S.11.6: Konfidenzintervall für die Differenz von Anteilswerten

In der ersten Tabelle *Gruppenstatistik* werden Mittelwerte (Punktschätzer $\hat{p}_1$ und $\hat{p}_2$) und Standardabweichungen der Variablen *xpö* für die beiden Gruppen berechnet. In der Spalte *Standardfehler des Mittelwertes* findet man die Schätzer für die Standardabweichungen der Punktschätzer $\hat{p}_1$ und $\hat{p}_2$. Wie bereits in Beispiel S.11.1 erwähnt, errechnet man die Standardfehler nach

$$\sqrt{\frac{\hat{p}_i(1-\hat{p}_i)}{n_i-1}}, \quad i=1,2$$

Nun zur Tabelle *Test bei unabhängigen Stichproben*. Wir haben für unsere Aufgabe eine Prozedur verwendet, die eigentlich dazu gedacht ist, die Mittelwerte zweier normalverteilter Zufallsvariablen zu vergleichen. Wie wir in Abschn. S.12.3 sehen werden, ist es dabei wichtig, ob die Varianzen der beiden Zufallsvariablen gleich sind oder nicht. SPSS führt daher einen Levene-Test auf Varianzhomogenität durch (siehe Abschn. S.12.3). In der Spalte *Signifikanz* findet man das Grenzniveau für den Test von H_0: „die Varianzen sind gleich". Die Ausgabe ist standardmäßig so eingestellt, dass nur die ersten drei Dezimalen des Grenzniveaus angezeigt werden. Steht in der Spalte *Signifikanz* 0.000, dann bedeutet das nicht, dass das Grenzniveau 0 ist, sondern nur, dass es kleiner als 0,0005 ist. Will man, dass das Grenzniveau genauer angezeigt wird, dann muss man die SPSS-Pivot-Tabelle bearbeiten und im Dialogfeld *Zelleneigenschaften* der entsprechenden Zelle die Anzahl der angezeigten Dezimalstellen ändern (siehe Beispiel S.11.1).

Der Test entscheidet mit hoher Sicherheit (sehr kleinem Grenzniveau) auf H_1, wir sehen uns daher die Eintragungen in der Zeile *Varianzen sind nicht gleich* an. In diesem Beispiel ist es aber egal, ob man die Ergebnisse für gleiche oder ungleiche Varianzen verwendet. Grund dafür ist der hohe Stichprobenumfang, denn bei größeren Stichproben stimmen die Formeln für gleiche und ungleiche Varianzen praktisch überein.

Die Grenzen für das 90%-Konfidenzintervall für $(p_1 - p_2)$ stehen in den beiden letzten Spalten der Tabelle und werden nach der Formel

Mittlere Differenz $\pm t_{df;1-\alpha/2}$ · *Standardfehler der Differenz*

berechnet, wobei $t_{df;1-\alpha/2}$ das $(1-\alpha/2)$-Fraktil der t-Verteilung mit df Freiheitsgraden und der *Standardfehler der Differenz* nach

$$\sqrt{\frac{s_1^2}{n_1} + \frac{s_2^2}{n_2}}$$

berechnet wird. s_1 und s_2 findet man in der Spalte *Standardabweichung* der Tabelle *Gruppenstatistik*.

SPSS berechnet außerdem das Grenzniveau für den Test $H_0: p_1 - p_2 = 0$. Das Grenzniveau findet man in der Spalte *Sig.(2-seitig)* und errechnet sich nach

$$(1 - F(T \mid \mathbf{t}_{df})) \cdot 2$$

Der Wert von T ist der Quotient

$$\frac{|Mittlere\ Differenz|}{Standardfehler\ der\ Differenz}$$

In unserem Beispiel kann man die Nullhypothese: „die beiden Anteile sind gleich" zu jedem Niveau von >0,019 ablehnen.

Wie testet man andere Hypothesen als $H_0: p_1 - p_2 = 0$?

1. Zweiseitige Hypothesen $H_0: p_1 - p_2 = p_0$: Für den Test zum Niveau α bestimmt man das $(1-\alpha)$-Konfidenzintervall für $(p_1 - p_2)$ und verwirft H_0, falls p_0 nicht im Konfidenzintervall liegt.

2. Einseitige Hypothesen $H_0: p_1 - p_2 < p_0$ bzw. $H_0: p_1 - p_2 > p_0$: Man bestimmt eine untere bzw. obere Vertrauensschranke für $(p_1 - p_2)$ zur Sicherheit $(1-\alpha)$ und verwirft H_0, falls p_0 kleiner bzw. größer als die Vertrauensschranke ist. Die Grenzen des $(1-\alpha)$-Konfidenzintervalls für $(p_1 - p_2)$ sind immer untere bzw. obere Vertrauensschranken für $(p_1 - p_2)$ zur Sicherheit $(1-\alpha/2)$.

S.11.4 Übungsaufgaben

Ü.S.11.1:

Siehe Angabe von Aufgabe Ü.E.11.1.

Ü.S.11.2:

Verwenden Sie die Angabe von Ü.E.11.1 und testen Sie

a. zum Niveau $\alpha = 0,01$, ob die Differenz der Anteilswerte $(p_1 - p_2) = 0,04$ ist;

b. $H_0: p_1 - p_2 > 0$, und bestimmen Sie das Grenzniveau für den Test.

S.12 Die Parameter der Normalverteilung

S.12.1 Der Mittelwert μ

Die Punkt- und Bereichschätzung sowie das Testen von Hypothesen über das Mittel μ einer normalverteilten Zufallsvariablen x wurde an sich schon in Kapitel S.11 besprochen, wir wollen diese Themen anhand eines Beispiels nochmals wiederholen.

Beispiel S.12.1: Wir erzeugen uns $n = 50$ Zufallszahlen aus der Normalverteilung $N(10; 9)$. Zuerst legen wir ein Datenfile mit der Variablen *dummy* an, der wir in den ersten 50 Zeilen irgendwelche Werte zuweisen. Dann setzen wir den Startwert für Zufallszahlen auf 2000000 (siehe Beispiel S.7.1), damit wir alle die gleichen Pseudozufallszahlen erhalten. Jetzt bestimmen wir die Zufallszahlen:

Transformieren ▷
   Berechnen ...

Wir bezeichnen die Zielvariable mit *normal* und wählen für den *Numerischen Ausdruck*

$$\text{RV.NORMAL}(10,3)$$

Jetzt bestimmen wir für die eben erzeugten Zufallszahlen den Punktschätzer $\hat{\mu}$ und ein 0,99-Konfidenzintervall für μ.

Analysieren ▷
   Deskriptive Statistik ▷
      Explorative Datenanalyse ...

Für das Feld *Abhängige Variable* wählen wir *normal*, dann klicken wir unter *Anzeigen* auf *Statistik* und anschließend auf die Schaltfläche *Statistik* .... Im sich öffnenden Dialogfeld stellen wir die Sicherheitswahrscheinlichkeit des *Konfidenzintervalls für den Mittelwert* auf 99%, klicken auf *Weiter* und dann auf *OK*.
Im Viewer werden jetzt in der Tabelle *Univariate Statistiken* neben einer Reihe anderer Maßzahlen der Punktschätzer $\hat{\mu}$ (in der Zeile *Mittelwert*) und die Grenzen des 0,99-Konfidenzintervalls angezeigt. Die anderen Statistiken können wir wie in Beispiel S.11.1 aus der Tabelle entfernen.

Univariate Statistiken

			Statistik	Standard fehler
NORMAL	Mittelwert		9,6673121	,3802714
	99% Konfidenzintervall des Mittelwerts	Untergrenze	8,6482029	
		Obergrenze	10.68642	

Abb. S.12.1: Punkt- und Bereichschätzer für μ

Nun zum Testen von Hypothesen über μ: Wir testen zuerst die zweiseitige Hypothese $H_0: \mu = 10,5$ zum Niveau $\alpha = 4\%$.

Analysieren ▷
   Mittelwerte vergleichen ▷
      T-Test bei einer Stichprobe ...

Für das Feld *Testvariable* wählen wir *normal* und ins Feld *Testwert* schreiben wir 10.5, dann klicken wir auf die Schaltfläche *Optionen* ... . Neben *Konfidenzintervall* stellen wir die Sicherheitswahrscheinlichkeit $(1-\alpha)$ auf 96%, klicken auf *Weiter* und *OK*.

Test bei einer Sichprobe

				96% Konfidenzintervall der Differenz	
	T	df	Sig. (2-seitig)	Mittlere Differenz	Untere	Obere
NORMAL	-2.19	49	,03334	-.832688	-1.63501	-,0303636

Abb. S.12.2: Test einer zweiseitigen Hypothese über μ

Die letzten beiden Spalten der obigen Tabelle zeigen das 96%-Konfidenzintervall für $(\mu - 10{,}5)$, SPSS testet nämlich nicht H_0: $\mu = 10{,}5$, sondern die äquivalente Hypothese H_0: $\mu - 10{,}5 = 0$. Wir sehen, dass $0 \notin [\underline{\mu - 10{,}5}; \overline{\mu - 10{,}5}]$ ist, und können daher H_0 zum Niveau $\alpha = 0{,}04$ verwerfen. In der Spalte *Sig.(2-seitig)* finden wir noch das Grenzniveau für den Test, in unserem Beispiel können wir H_0 zu jedem Niveau von $\geq 3{,}334\%$ ablehnen.

Beim Testen einseitiger Hypothesen verwendet man dieselbe Prozedur, man muss bei der Angabe der Sicherheitswahrscheinlichkeit nur darauf achten, dass man nicht wie beim zweiseitigen Test $1-\alpha$, sondern $1-2\alpha$ angibt. Im Übrigen sei auf Beispiel S.11.2 verwiesen.

S.12.2 Die Varianz σ^2

Mit SPSS kann man zwar Punktschätzer, aber keine Bereichschätzer für die Varianz einer normalverteilten Zufallsvariablen berechnen. Die Formel für das $(1-\alpha)$-Konfidenzintervall für die Varianz einer normalverteilten Zufallsvariablen lautet:

$$[\underline{\sigma^2}; \overline{\sigma^2}] = [\frac{(n-1)s^2}{\chi^2_{n-1;1-\alpha/2}}; \frac{(n-1)s^2}{\chi^2_{n-1;\alpha/2}}]$$

Zu den Grenzen des Konfidenzintervalls kann man aber anders kommen: Ist s^2 ein Schätzer für die Varianz von x, dann ist $(n-1)s^2/\chi^2_{n-1;1-\alpha/2}$ ein Schätzer für die Varianz von $\sqrt{(n-1)/\chi^2_{n-1;1-\alpha/2}} \cdot x$. Wir bestimmen also die beiden Hilfsvariablen

$$ug = x \cdot \sqrt{\frac{(n-1)}{\chi^2_{n-1;1-\frac{\alpha}{2}}}} \qquad og = x \cdot \sqrt{\frac{(n-1)}{\chi^2_{n-1;\alpha/2}}}$$

und lassen die Punktschätzer für die Varianzen von ug und og berechnen.

Beispiel S.12.2: Zur Demonstration berechnen wir das 0,95-Konfidenzintervall für σ^2 für die Daten aus Beispiel S.12.1.

Transformieren ▷
    Berechnen ...

Für die Zielvariable *ug975* schreiben wir ins Feld *Numerischer Ausdruck*

    normal*SQRT(49/IDF.CHISQ(0.975,49))

S.12.2 Die Varianz σ^2

und für $og975$

$$normal*SQRT(49/IDF.CHISQ(0.025,49))$$

Jetzt berechnen wir unser Konfidenzintervall

Analysieren ▷
  Deskriptive Statistik ▷
    Häufigkeiten ...

Wir wählen die Variablen *normal*, *ug975* und *og975*, klicken auf die Schaltfläche *Statistik* ..., wählen im sich öffnenden Dialogfeld unter *Streuung* den Punkt *Varianz*, klicken auf *Weiter*, sorgen dafür, dass Häufigkeitstabellen nicht angezeigt werden und klicken schließlich auf *OK*.

Im Viewer finden wir in der Tabelle *Statistiken* in der Zeile *Varianz* unter NORMAL den Punktschätzer $\hat{\sigma}^2 = s^2$ und unter UG975 bzw. OG975 die Grenzen für das 0,95-Konfidenzintervall für σ^2.

Statistiken

		NORMAL	UG975	OG975
N	Gültig	50	50	50
	Fehlend	0	0	0
Varianz		7,2303179	5,0452	11,2276

Abb. S.12.3: Konfidenzintervall für σ^2

Die beiden Grenzen sind untere bzw. obere Vertrauensschranken für σ^2 zur Sicherheit 97,5%.

Beim Testen von Hypothesen über σ^2 verfährt man völlig analog.

Beispiel S.12.3: Wir testen für die Daten aus Beispiel S.12.1 die Nullhypothese $H_0: \sigma^2 > 12$, und zwar zum Niveau $\alpha = 0,01$.

Die Teststrategie für diesen Test sieht folgendermaßen aus: Bestimme $\overline{\sigma^2}$ zur Sicherheit 0,99. Ist $\overline{\sigma^2} < 12$, kann H_0 zum Niveau $\alpha = 1\%$ verworfen werden. Wir berechnen also die neue Variable $og99$ nach

$$normal*SQRT(49/IDF.CHISQ(0.01,49))$$

und berechnen mit der Häufigkeiten-Prozedur wie in Beispiel S.12.2 die Varianz von $og99$.

Statistiken

OG99

N	Gültig	50
	Fehlend	0
Varianz		12,2418

Abb. S.12.4: Einseitiger Test über σ^2

Da $\overline{\sigma^2} > 12$ ist, können wir H_0 zum Niveau $\alpha = 0,01$ nicht ablehnen.

S.12.3 Vergleich zweier Normalverteilungen

In diesem Abschnitt sei $x \sim N(\mu_x; \sigma_x^2)$ und $y \sim N(\mu_y; \sigma_y^2)$.
Zuerst zum Vergleich der Mittelwerte zweier normalverteilter Zufallsvariablen x und y. Dieses Thema wurde prinzipiell schon im Abschn. S.11.3 behandelt. Wir werden die Vorgehensweise anhand eines Beispiels nochmals demonstrieren.

Beispiel S.12.4: Wir verwenden die normalverteilte Zufallsvariable *normal* aus Beispiel S.12.1 und erzeugen zusätzlich 30 nach $N(12; 16)$ verteilte Zufallszahlen. Wir öffnen das File aus Beispiel S.12.1 und setzen zuerst den Startwert für Zufallszahlen auf 2000001 (siehe Beispiel S.7.1). Dann erzeugen wir mit

Transformieren ▷
    Berechnen ...

die Zielvariable *gruppe*, für das Feld *Numerischer Ausdruck* geben wir
    RV.NORMAL(12,4)

ein. Bei der Prozedur zum Mittelwertvergleich zweier Normalverteilungen müssen die Daten der Zufallsvariablen x und y in einer Spalte stehen. Wir markieren daher die ersten 30 Zahlen von *gruppe*, indem wir zuerst die Zelle der ersten Zeile von *gruppe* anklicken, dann zu Zeile 30 rollen, die *Umschalt*-Taste drücken und gleichzeitig die Zelle in der 30. Zeile von *gruppe* anklicken. Zum Kopieren in die Zwischenablage drücken wir *Strg* und *C*, dann markieren wir die Zelle der 51. Zeile von *normal* und drücken gleichzeitig *Strg* und *V*.
Die Variable *gruppe* verwenden wir als Gruppenvariable, anhand deren festgestellt werden kann, welche Fälle (Beobachtungen) zur Variablen x und welche zur Variablen y gehören. Die Zahlen in den Zeilen 1 bis 50 von *gruppe* sind alle positiv. Um die Beobachtungen der Variablen y zu kennzeichnen, geben wir der Variablen *gruppe* für die Zeilen 51 bis 80 also irgendeine negative Zahl, z.B. -999. Wir schreiben dazu -999 in die Zeile 51 von *gruppe* und kopieren den Wert auf die Zeilen 52 bis 80.

Mittelwertvergleich

Jetzt können wir den Mittelwertvergleich von x und y durchführen. Wir bestimmen ein 0,95-Konfidenzintervall für $(\mu_x - \mu_y)$ und verwenden das Ergebnis, um $H_0: \mu_x - \mu_y = -1{,}3$ zu testen (man kann denselben Test natürlich auch für eine beliebige von $-1{,}3$ verschiedene Zahl durchführen).

Analysieren ▷
    Mittelwerte vergleichen ▷
        T-Test bei unabhängigen Stichproben ...

Als Testvariable wählen wir *normal*, die Variable *gruppe* ist unsere Gruppenvariable. Jetzt müssen wir SPSS noch mitteilen, dass alle Beobachtungen, die in der Variablen *gruppe* einen Wert von ≥ 0 haben, zu x gehören und diejenigen, bei denen *gruppe* < 0 ist, zur Variablen y. Wir klicken dazu auf die Schaltfläche *Gruppen def...* und im sich öffnenden Dialogfeld auf *Trennwert*. In das Feld neben *Trennwert* geben wir die Zahl 0 ein und klicken auf *Weiter*. Zurück im Dialogfeld *T-Test bei unabhängigen Stichproben* klicken wir auf die Schaltfläche *Optionen*, um die Sicherheitswahrscheinlichkeit des Konfidenzintervalls für $(\mu_x - \mu_y)$ einzustellen. Der Wert 95% ist standardmäßig vorgegeben, also brauchen wir in diesem Beispiel nichts zu ändern und klicken auf *Weiter* und schließlich auf *OK*.

S.12.3 Vergleich zweier Normalverteilungen

Im Viewer sehen wir uns die Tabelle *Test bei unabhängigen Stichproben* an. Will man die Mittelwerte zweier Normalverteilungen vergleichen, dann muss man die Fälle $\sigma_x^2 = \sigma_y^2$ und $\sigma_x^2 \neq \sigma_y^2$ unterscheiden. Um festzustellen, ob die Varianzen der beiden Variablen x und y gleich sind, führt SPSS einen sogenannten „Levene-Test auf Varianzgleichheit" durch (siehe weiter unten in diesem Abschnitt). Die Nullhypothese dieses Tests ist: H_0: „die Varianzen sind gleich". Das Grenzniveau für diesen Test findet man in der Spalte *Signifikanz*.

Test bei unabhängigen Stichproben

		Levene-Test der Varianzgleichheit		T-Test für die Mittelwertgleichheit					
						Sig.	Mittlere	Standard fehler der	95% Konfidenzintervall der Differenz	
		F	Signifikanz	T	df	(2-seitig)	Differenz	Differenz	Untere	Obere
NORMAL	Varianzen sind gleich	1.51	.222665	-3.98	78	.000152	-2.8324	.711222	-4.248	-1.416
	Varianzen sind nicht gleich			-3.69	48	.000564	-2.8324	.766622	-4.374	-1.291

Abb. S.12.5: Mittelwertvergleich zweier normalverteilter Zufallsvariablen

Vor dem Mittelwertvergleich zweier normalverteilter Zufallsvariablen muss man also deren Varianzen vergleichen. Das Grenzniveau für den Levene-Test ist in diesem Beispiel 22,27%. Führt man den Test auf Varianzgleichheit zu einem Niveau von ≥0,2227 durch, dann kann die Nullhypothese (gleiche Varianzen) abgelehnt werden. Es kommt also in diesem Beispiel nur darauf an, wie streng man die Prüfung auf Varianzgleichheit anlegt.
Das wiederum entscheidet aber darüber, welche Methode man zum Vergleich der Mittelwerte verwendet, eine Entscheidung, die unter Umständen wesentlich für den Ausgang des Tests sein kann.
Bleibt man bei der Nullhypothese des Varianztests (Varianzen sind gleich), dann ist das 95%-Konfidenzintervall für $(\mu_x - \mu_y)$ gleich $[-4{,}248;\, -1{,}416]$. Der kritische Wert für unseren Test H_0: $\mu_x - \mu_y = -1{,}3$ ist die Zahl $-1{,}3$ und ist nicht im Konfidenzintervall enthalten, d.h., wir können H_0 zum Niveau $\alpha = 0{,}05$ ablehnen. Verwirft man beim Varianztest hingegen die Nullhypothese, dann muss man das Konfidenzintervall für $(\mu_x - \mu_y)$ aus der Zeile *Varianzen sind nicht gleich* nehmen. Dieses Intervall überdeckt aber den kritischen Wert unseres Mittelwerttests, nämlich $-1{,}3$, und wir können in diesem Fall die Nullhypothese H_0: $\mu_x - \mu_y = -1{,}3$ zum Niveau $\alpha = 0{,}05$ nicht verwerfen.
Dieses Beispiel zeigt, dass man sich mit statistischen Tests manchmal aufgrund der Daten gar nicht für die richtige Alternative entscheiden kann. Wir wissen hier, dass x aus der Normalverteilung $N(10; 9)$ und y aus $N(12; 16)$ stammt, also sind weder die Varianzen gleich noch ist die Differenz der Mittelwerte $-1{,}3$. Entscheidet man sich beim obigen Test dafür, dass die Varianzen gleich sind, dann begeht man einen Fehler, der in der Folge aber zur richtigen Entscheidung „die Differenz der Mittelwerte ist ungleich $-1{,}3$" führt. Entscheidet man sich jedoch dafür, dass die Varianzen nicht gleich sind, was richtig ist, dann folgt daraus beim Mittelwertvergleich die Fehlentscheidung „die Differenz der Mittelwerte ist $-1{,}3$".

Doch zurück zu unserer Tabelle *Testen bei unabhängigen Stichproben*: Das Grenzniveau für den Test $H_0: \mu_x - \mu_y = 0$ findet man in der Spalte *Sig.(2-seitig)*.
Achtung: Testet man wie in unserem Beispiel $H_0: \mu_x - \mu_y = \delta$, dann findet man in der Spalte *Sig.(2-seitig)* nicht das Grenzniveau für diesen Test, sondern immer das Grenzniveau des Tests von $H_0: \mu_x - \mu_y = 0$.

Wie testet man einseitige Hypothesen?

Die Nullhypothese hat hier die Form $H_0: \mu_x - \mu_y < \delta$ bzw. $H_0: \mu_x - \mu_y > \delta$. Man bestimmt eine untere bzw. obere Vertrauensschranke für $(\mu_x - \mu_y)$ zur Sicherheit $(1-\alpha)$ und verwirft H_0 zum Niveau α, falls δ kleiner bzw. größer als die Vertrauensschranke ist. Die Grenzen des $(1-\alpha)$-Konfidenzintervalls für $(\mu_x - \mu_y)$ sind immer untere bzw. obere Vertrauensschranken für $(\mu_x - \mu_y)$ zur Sicherheit $(1-\alpha/2)$.

Varianzvergleich

Nun noch etwas genauer zum Vergleich der Varianzen zweier normalverteilter Zufallsvariablen. SPSS bietet keine Möglichkeit, ein Konfidenzintervall für den Quotienten σ_y^2/σ_x^2 zu berechnen.
Wie wir aber im letzten Beispiel gesehen haben, führt SPSS einen Levene-Test zum Varianzvergleich durch. Die Nullhypothese dieses Tests ist

H_0: Die Varianzen σ_x^2 und σ_y^2 sind gleich

gleichwertig wäre die Nullhypothese

$$H_0: \sigma_y^2/\sigma_x^2 = 1$$

Der Levene-Test funktioniert nicht wie der Test zum Varianzvergleich, der in [HAFN 00], Kapitel 12.3 vorgestellt wird, und ist streng genommen kein exakter Test. Stammen die Daten tatsächlich aus Normalverteilungen, dann verwirft der Levene-Test die Nullhypothese erst später als der in [HAFN 00] beschriebene F-Test. Der Levene-Test reagiert aber weniger empfindlich auf die Verletzung der Normalverteilungsannahme, was der Grund sein dürfte, dass er von SPSS dem herkömmlichen F-Test auf Varianzgleichheit vorgezogen wird.
Wir haben im obigen Beispiel gesehen, dass $H_0: \sigma_y^2/\sigma_x^2 = 1$ zu jedem Niveau $\alpha \geq 22{,}27\%$ abgelehnt werden kann. Wir wollen im nächsten Beispiel eine allgemeinere Nullhypothese testen.

Beispiel S.12.5: Wir testen zum Niveau $\alpha = 0{,}05$ die Nullhypothese

$$H_0: \frac{\sigma_y^2}{\sigma_x^2} = \rho^2 \quad \text{mit } \rho^2 = 0{,}7$$

Man könnte die Nullhypothese auch anders anschreiben:

$$H_0: \frac{\sigma_y^2}{0{,}7 \cdot \sigma_x^2} = 1$$

Die Varianz von $z = \sqrt{0{,}7} \cdot x$ ist bekanntlich $\sigma_z^2 = 0{,}7 \cdot \sigma_x^2$. Also berechnen wir die Variable z und testen dann die Nullhypothese

$$H_0: \frac{\sigma_y^2}{\sigma_z^2} = 1$$

Transformieren ▷
  Berechnen ...
Wir berechnen die Zielvariable *neu* nach der Formel
$$normal*SQRT(.7)$$
und klicken auf die Schaltfläche *Falls* .... In der Variablen *normal* stehen die x- und die y-Werte, wir wollen aber nur die x-Werte transformieren. Da nur bei den x-Werten die Ausprägungen von *gruppe* ≥ 0 sind, klicken wir auf *Fall einschließen, wenn Bedingung erfüllt ist* und geben die Bedingung *gruppe> 0* ein. Wir klicken auf *Weiter* und *OK* und die Werte von z werden in die Zeilen 1 bis 50 von *neu* geschrieben. Jetzt kopieren wir die Zeilen 51 bis 80 von *normal* auf die entsprechenden Zeilen von *neu*, die Werte von z und y sind nun in einer Spalte, wie es in SPSS beim t-Test unabhängiger Stichproben sein muss.

Analysieren ▷
  Mittelwerte vergleichen ▷
    T-Test bei unabhängigen Stichproben ...

Unsere *Testvariable* ist *neu*, die *Gruppenvariable* wie zuvor *gruppe*. Den Trennwert für die Gruppenvariable definieren wir wie zuvor: Wir klicken auf die Schaltfläche *Gruppen def...* und im sich öffnenden Dialogfeld auf *Trennwert*, im Feld neben *Trennwert* geben wir die Zahl 0 ein. Wir klicken auf *Weiter* und *OK* und sehen uns im Viewer das Ergebnis unseres Tests an.

		Levene-Test der Varianzgleichheit	
		F	Signifikanz
NEU	Varianzen sind gleich	4.44427	.0382296
	Varianzen sind nicht gleich		

Abb. S.12.6: Test auf Varianzgleichheit

Wir interessieren uns nur für die beiden Spalten der Tabelle *Test bei unabhängigen Stichproben*, die dem Levene-Test auf Varianzgleichheit gewidmet sind. In der Spalte *Signifikanz* sehen wir das Grenzniveau des Tests. Wir wollen die Nullhypothese zum Niveau $\alpha = 0{,}05$ testen, 0,05 ist größer als das Grenzniveau, also können wir H_0 ablehnen.

S.12.4 Übungsaufgaben

Ü.S.12.1:
Siehe Angabe der Aufgabe Ü.E.12.1.

Ü.S.12.2:
Siehe Angabe der Aufgaben Ü.E.12.2 c. und d.

Ü.S.12.3:
Siehe Angabe der Aufgabe Ü.E.12.3.

S.13 Verteilungsunabhängige Verfahren

S.13.1 Schätzen und Testen von Fraktilen

SPSS bietet keine Prozedur zur Bereichschätzung von Fraktilen x_p bzw. zum Testen von Hypothesen über x_p. Man kann SPSS aber trotzdem dazu benutzen, Vertrauensschranken für x_p zu gewinnen, und in der Folge auch Hypothesen über Fraktile testen.

Beispiel S.13.1: Wir verwenden die Daten des Beispiels in [HAFN 00], Abschn. 2.2 und nehmen an, es handle sich dabei um eine Stichprobe von 60 Körpergrößen. Wir wollen obere bzw. untere Vertrauensschranken für verschiedene Fraktile der Variablen *größe* bestimmen und anschließend Hypothesen über diese Fraktile testen.

Dazu müssen wir zuerst die Daten nach der Variablen *größe* aufsteigend sortieren.

Daten ▷
    Fälle sortieren ...

Für das Feld *Sortieren nach*: wählen wir die Variable *größe*, die Sortierreihenfolge ist mit *Aufsteigend* bereits richtig eingestellt, also klicken wir auf OK.

1. Wir bestimmen eine untere Vertrauensschranke für $x_{0,32}$ zur Sicherheit $1-\alpha \geq 0{,}95$: Dazu berechnen wir eine Variable, in der die Sicherheitswahrscheinlichkeiten stehen, mit denen die einzelnen Beobachtungen der Variablen *größe* untere Vertrauensschranken für $x_{0,32}$ sind:

Transformieren ▷
    Berechnen ...

Die Zielvariable bezeichnen wir mit *uks32*, und ins Feld *Numerischer Ausdruck* schreiben wir

    1-CDF.BINOM($CASENUM-1,60,0.32)

Wir berechnen also $1-F(\text{Zeilennummer}-1|\mathbf{B}_{60;0,32})$. Wir klicken auf OK und stellen in der Variablenansicht die Anzahl der Dezimalstellen von *uks32* auf 6. In der Datenansicht suchen wir die untere Vertrauensschranke für $x_{0,32}$ zur Sicherheit (mindestens) 95%. Es ist dies die Körpergröße jener Zeile, wo *uks32* gerade noch größer als 0,95 ist. Das Ergebnis ist

$$x_{0,32} = x_{(13)} = 159{,}6\,\text{cm}$$

und wir sehen zusätzlich die exakte Sicherheitswahrscheinlichkeit, mit der 159,6 eine untere Vertrauensschranke für $x_{0,32}$ ist, nämlich 97,17%.

	name	größe	uks32
12	Sommer D.	159.5	.986471
13	Atzmüller H.	159.6	.971743
14	Feigl H.	160.4	.946151

Abb. S.13.1: Bestimmung von $x_{0,32}$

S.13.1 Schätzen und Testen von Fraktilen

2. Wir berechnen eine obere Vertrauensschranke für $x_{0,8}$ zur Sicherheit 0,99. Dazu berechnen wir eine Variable, welche die Sicherheitswahrscheinlichkeiten $(1-\alpha)$ angibt, mit denen die Beobachtungen von *größe* obere Vertrauensschranken für $x_{0,8}$ sind.

Transformieren ▷
Berechnen ...

Hier nennen wir die Zielvariable *oks*80 und berechnen sie nach

$$\text{CDF.BINOM(\$CASENUM-1,60,0.8)}$$

Im Datenfile suchen wir dann jene Zeile, in der *oks*80 gerade größer oder gleich 0,99 ist, der Wert der Variablen *größe* dieser Zeile ist eine obere Vertrauensschranke für $x_{0,8}$ zur Sicherheit (mindestens) 0,99.

	name	größe	uks32	oks80
55	Wimmer I.	182.3	.000000	.987894
56	Grurl E.	183.2	.000000	.996067
57	Engl K.	184.5	.000000	.998987

Abb. S.13.2: Bestimmung von $\overline{x_{0,8}}$

Das Ergebnis ist $\overline{x_{0,8}} = x_{(56)} = 183{,}2\,\text{cm}$, die exakte Sicherheitswahrscheinlichkeit, mit der $x_{(56)}$ obere Vertrauensschranke für $x_{0,8}$ ist, ist 0,9961.

3. Wir berechnen ein 95%-Konfidenzintervall für $x_{0,65}$. Dazu brauchen wir die Variablen *uks*65 und *oks*65, die wir für *uks*65 nach der Formel

$$1\text{-CDF.BINOM(\$CASENUM-1,60,0.65)}$$

und für *oks*65 nach

$$\text{CDF.BINOM(\$CASENUM-1,60,0.65)}$$

bestimmen. Wir suchen in der Datenansicht die untere und die obere Vertrauensschranke für $x_{0,65}$ zur Sicherheit $(1-\alpha/2) \geq 0{,}975$, sie sind die Grenzen des Konfidenzintervalls zur Sicherheit $1-\alpha \geq 0{,}95$. Die Lösung findet man in jenen Zeilen, wo *uks*65 bzw. *oks*65 gerade noch größer als 0,975 sind.

	name	größe	uks65	oks65
31	Wolf J.	165.9	.988053	.011947
32	Borofka B.	166.3	.977166	.022834
33	Balber H.	167.3	.958843	.041157
...	...	...	...	...
46	Elsl I.	172.4	.036233	.963767
47	Golser W.	172.5	.018444	.981556
48	Krdl N.	173.1	.008603	.991397

Abb. S.13.3: Bestimmung eines Konfidenzintervalls für $x_{0,65}$

Das Ergebnis: $[\underline{x_{0,65}}; \overline{x_{0,65}}] = [x_{(32)}; x_{(47)}] = [166{,}3; 172{,}5]$ ist ein Konfidenzintervall für $x_{0,65}$ zur Sicherheit $0{,}977166 + 0{,}981556 - 1 = 0{,}958722$.

4. Wir testen $H_0: x_{0,65} = 175\,\text{cm}$ zum Niveau $\alpha = 0{,}01$. Wir müssen also ein 0,99-Konfidenzintervall für $x_{0,65}$ bestimmen und können H_0 zum Niveau 1% verwerfen, falls $175 \notin [\underline{x_{0,65}}; \overline{x_{0,65}}]$ ist. Mit $uks65$ und $oks65$ finden wir wie oben das Konfidenzintervall:

$$[\underline{x_{0,65}}; \overline{x_{0,65}}] = [x_{(29)}; x_{(49)}] = [165{,}8;\ 175{,}4] \ni 175$$

Daraus folgt: Wir könen H_0 nicht ablehnen, die exakte Sicherheitswahrscheinlichkeit des Konfidenzintervalls für $x_{0,65}$ ist $0{,}997267 + 0{,}996347 - 1 = 0{,}993614$, also ist das Niveau für den Test $1 - 0{,}993614 = 0{,}006386$.

5. Wir testen die Nullhypothese: $H_0: x_{0,32} < 160$, und zwar zum Niveau $\alpha = 0{,}1$. Die Teststrategie lautet hier: Berechne eine untere Vertrauensschranke $\underline{x_{0,32}}$ für $x_{0,32}$ zur Sicherheit 90%. Ist $\underline{x_{0,32}} > 160$, dann kann H_0 zum Niveau 10% abgelehnt werden. Zur Bestimmung der unteren Konfidenzschranke benutzen wir wie oben die Variable $uks32$. Wir sehen: $x_{(15)} = 161{,}5$ ist eine untere Vertrauensschranke für $x_{0,32}$ zur Sicherheit $0{,}905721$; $\underline{x_{0,32}} > 160$, d.h., wir können H_0 zum Niveau $0{,}094279$ ablehnen.

S.13.2 Statistische Toleranzintervalle

Zur Bestimmung von Toleranzintervallen $[\hat{T}_u; \hat{T}_o]$ müssen wir in SPSS ähnlich vorgehen wie beim Schätzen und Testen von Fraktilen. Das Toleranzintervall $[\hat{T}_u; \hat{T}_o] = [x_{(k)}; x_{(n+1-k)}]$ soll mit einer Sicherheitswahrscheinlichkeit $(1 - \alpha)$ die mittleren $p \cdot 100\%$ der Grundgesamtheit überdecken. Der Zusammenhang zwischen $n, k, 1 - \alpha$ und p kommt in der Näherungsformel in [HAFN 00], Seite 163 zum Ausdruck. Wir werden bei einer gegebenen Stichprobe und gegebenem p für die verschiedenen Werte von k die Sicherheitswahrscheinlichkeiten $(1 - \alpha)$ nach dieser Formel berechnen.

Beispiel S.13.2: Wir verwenden die Daten aus Beispiel S.13.1 und bestimmen ein Toleranzintervall, das mit einer Sicherheit von 95% (99%) mindestens 70% der Grundgesamtheit überdeckt. Es ist also $n = 60$ und $p = 0{,}7$, und wir müssen k so bestimmen, dass die Sicherheitswahrscheinlichkeit $(1 - \alpha) \geq 0{,}95$ (0,99) ist. Das Datenfile ist bereits nach der Variablen *größe* sortiert, wir können also sofort die Sicherheitswahrscheinlichkeiten für die verschiedenen Werte von k bestimmen:

Transformieren ▷
    Berechnen ...

Wir berechnen die Zielvariable *sicher70* nach
    CDF.NORMAL((60*0.3-2*$CASENUM)/SQRT(60*0.7*0.3),0,1)

Die Funktion CDF.NORMAL($q, mittel, stdabw$) berechnet den Wert der Verteilungsfunktion der Normalverteilung mit $\mu = mittel$ und $\sigma = stdabw$ an der Stelle q. Wir berechnen also in *sicher70* den Wert der Verteilungsfunktion der Standardnormalverteilung an der Stelle

$$\frac{60 \cdot 0{,}3 - 2 \cdot Zeilennummer}{\sqrt{60 \cdot 0{,}7 \cdot 0{,}3}}$$

Der gesuchte Wert für k ist in diesem Beispiel die Zeilennummer des Datenfiles, in dem die Variable *sicher70* gerade noch größer als 0,95 bzw. 0,99 ist.

	name	größe	sicher70
3	Gampe N.	152.4	.999638
4	Binder W.	153.5	.997578
5	Igel M.	155.0	.987894
6	Wutzl K.	157.1	.954516
7	Seyr C.	157.3	.870102

Abb. S.13.4: Bestimmung von k für statistische Toleranzintervalle

In der Zeile 6 ist *sicher70* gerade noch größer als 0,95, d.h., $k = 6$, $n + 1 - k = 55$, und $[\hat{T}_u, \hat{T}_o] = [x_{(6)}; x_{(55)}] = [157{,}1; 182{,}3]$ überdeckt die mittleren 70% der Körpergrößen der Grundgesamtheit mit einer Sicherheitswahrscheinlichkeit von 95,45%. In Zeile 4 ist *sicher70* gerade noch größer als 0,99, also ist $[\hat{T}_u, \hat{T}_o] = [x_{(4)}; x_{(57)}] = [153{,}5; 184{,}5]$ ein Toleranzintervall, das 70% der Grundgesamtheit mit einer Sicherheit von 99,76% überdeckt.

S.13.3 Übungsaufgaben

Ü.S.13.1:
Siehe Angabe der Aufgabe Ü.E.13.1.

Ü.S.13.2:
Siehe Angabe der Aufgabe Ü.E.13.2.

S.14 Der Chi-Quadrat-Test

S.14.1 Der Chi-Quadrat-Anpassungstest

Die Probleme, die bei der Durchführung eines χ^2-Anpassungstests mit SPSS auftreten, liegen hauptsächlich darin, die Daten in eine für die SPSS-Prozedur brauchbare Form zu bringen. Dies sei anhand eines Beispiels demonstriert.

Beispiel S.14.1: Wir verwenden die Daten aus [HAFN 00], Beispiel 14.1.2, es handelt sich um 50 Körpergrößen. Wir geben die Daten in ein SPSS-Datenfile ein und bezeichnen unsere Variable mit *größe*. Wir wollen jetzt die Nullhypothese H_0: *größe* $\sim \mathbf{N}(\mu, \sigma^2)$ prüfen.

Bei der Durchführung des χ^2-Anpassungstests mit SPSS muss man zwei Dinge beachten:

- Die Daten müssen kategoriale nummerische Variablen sein, d.h., stetige Variablen wie in unserem Beispiel müssen in Intervalle eingeteilt werden. Die Intervalleinteilung wird nicht automatisch von SPSS erledigt, sondern muss vom Anwender vor der Durchführung des χ^2-Tests selbst ausgeführt werden.

- Die erwarteten Häufigkeiten, das sind die Häufigkeiten, die man erwarten müsste, wenn die Null-Hypothese stimmt, müssen ebenfalls vom Anwender selbst berechnet werden und beim χ^2-Anpassungstest mit SPSS einzeln eingegeben werden.

Wir erledigen zunächst die Intervalleinteilung, indem wir die Variable *größe* in die neuen Variablen *ug* (für Untergrenze des Intervalls) und *og* (für Obergrenze) umkodieren (siehe Abschn. S.1.6). Wir wählen die Intervalleinteilung von [HAFN 00], Beispiel 14.1.2 und geben für die Untergrenze des Intervalls mit den kleinsten Werten 0 und für die Obergrenze des Intervalls mit den größten Werten die Zahl 300 ein.

Zur Berechnung der erwarteten Häufigkeiten benötigen wir die Punktschätzer für μ und σ der Variablen *größe*:

Analysieren ▷
    Deskriptive Statistiken ▷
        Deskriptive Statistiken ...

Im sich öffnenden Dialogfeld wählen wir die Variable *größe* und klicken auf die Schaltfläche *Optionen* ... . Es öffnet sich ein weiteres Dialogfeld, in dem man auswählen kann, welche Statistiken berechnet werden. Wir sorgen dafür, dass nur *Mittelwert* und *Std.-Abweichung* angehakt sind und klicken anschließend auf *Weiter* und schließlich auf *OK*.

Die beiden Schätzer $\bar{x}$ und s, die in der Tabelle *Deskriptive Statistik* im Viewer angezeigt werden, benötigen wir zur Berechnung der erwarteten Häufigkeiten für die Intervalle. Um zu den exakten Werten der Schätzer zu kommen, bearbeiten wir die SPSS-Pivot-Tabelle, z.B. indem wir auf die Tabelle doppelklicken. Den genauen Wert für $\hat{\sigma} = s$ erhalten wir, indem wir auf die Zahl in der Spalte *Standardabweichung* doppelklicken. Darauf müsste die Zahl wie in Abb. S.14.1 mit sämtlichen Dezimalstellen markiert sein.

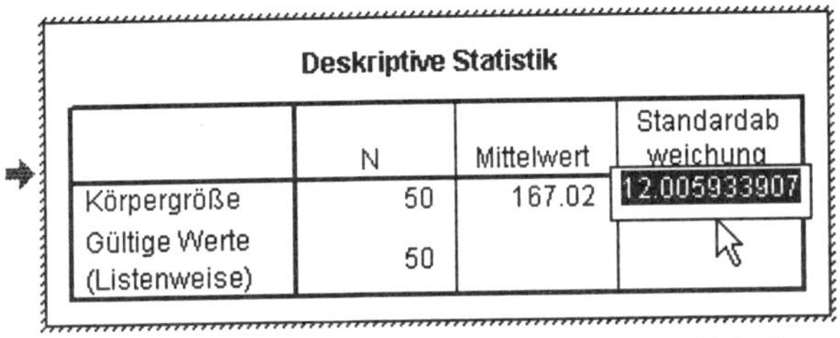

S.14.1 Der Chi-Quadrat-Anpassungstest

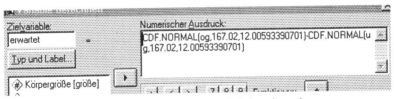

Abb. S.14.1: Bearbeiten einer SPSS-Pivot-Tabelle

Jetzt kopieren wir den markierten Wert mit *Strg* und *C* in die Zwischenablage und wechseln mit *Alt* und *Tab* (Tabulator-Taste) zum SPSS Daten-Editor.

Transformieren ▷
    Berechnen ...

Wir bezeichnen die Zielvariable mit *erwartet* und wählen CDF.NORMAL. Für das erste Argument der Funktion (erstes Fragezeichen) setzen wir die Variable *og* ein. Dann markieren wir das letzte Fragezeichen in CDF.NORMAL und drücken *Strg* und *V*. Das Fragezeichen wird durch den Wert von *s*, den wir zuvor in die Zwischenablage kopiert haben, ersetzt. Wir drücken jetzt die Taste *Ende*, geben ein Minus (−) ein und wählen erneut die Funktion CDF.NORMAL. Für das erste Fragezeichen wählen wir dieses Mal die Variable *ug*, dann markieren wir wieder das letzte Fragezeichen in CDF.NORMAL und drücken *Strg* und *V*. Die verbleibenden Fragezeichen in unserer Formel müssen wir durch das Mittel $\bar{x}$ ersetzen: Wir wechseln zum SPSS-Viewer (*Alt* und *Tab*) und markieren wie zuvor die Standardabweichung dieses Mal die Zahl in der Spalte *Mittelwert* und kopieren sie in die Zwischenablage (*Strg* und *C*). Jetzt wechseln wir wieder zum SPSS-Daten-Editor, in dem nach wie vor das Dialogfeld *Variable berechnen* geöffnet ist, markieren die verbliebenen Fragezeichen und drücken danach jeweils *Strg* und *V*. Die Formel im Feld *Numerischer Ausdruck* müsste jetzt wie in Abb. S.14.2 aussehen:

Abb. S.14.2: Erwartete Häufigkeiten berechnen

Wir klicken auf *OK* und stellen die Anzahl der Dezimalstellen von *erwartet* in der Variablenansicht auf 5. Wir haben die Variable *erwartet* also nach der Formel

$$\Phi(\frac{og - \bar{x}}{s}) - \Phi(\frac{ug - \bar{x}}{s})$$

berechnet, wobei Φ die Verteilungsfunktion der Standardnormalverteilung ist. Schließlich sortieren wir unser Datenfile noch aufsteigend nach der Variablen *größe*

Daten ▷
    Fälle sortieren ...

Wir wählen die Variable *größe* und klicken auf *OK*. Jetzt können wir endlich den χ^2-Anpassungstest durchführen: Wir notieren zuvor noch die ersten fünf Dezimalstellen der Variablen *erwartet* für jedes Intervall (es sind dies die Zahlen 15837, 12100, 15382, 16482, 14886, 11331 und 13982) und wählen über das Menü

Analysieren ▷
    Nichtparametrische Tests ▷
        Chi-Quadrat ...

Die Testvariable muss eine kategoriale Variable sein, also wählen wir *ug* (oder *og*). Unter *Erwartete Werte* klicken wir auf *Werte* und geben im Feld rechts daneben die zuvor notierten ersten fünf Dezimalstellen für die erwarteten Häufigkeiten eines jeden Intervalls ein. Nach jeder Eingabe einer Zahl muss man auf die Schaltfläche *Hinzufügen* klicken, und die Reihenfolge der eingegebenen Zahlen muss der aufsteigenden Folge der Kategoriewerte für die Testvariable entsprechen.

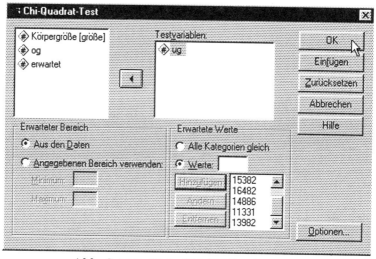

Abb. S.14.3: Dialogfeld Chi-Quadrat-Test

In den Viewer wird dann die Tabelle der beobachteten und erwarteten absoluten Häufigkeiten geschrieben und anschließend in die Tabelle *Statistik für Test* die Teststatistik χ^2 und das Grenzniveau, zu dem H_0 gerade nicht abgelehnt werden kann.

Statistik für Test

	UG
Chi-Quadrat[a]	1.6852
df	6
Asymptotische Signifikanz	.9463

a. Bei 0 Zellen (.0%) werden weniger als 5 Häufigkeiten erwartet. Die kleinste erwartete Zellenhäufigkeit ist 5.7.

Abb. S.14.4: Ergebnis der Chi-Quadrat-Prozedur

Die Fußnote bei der Testgröße *Chi-Quadrat* hat folgende Bedeutung: Der durchgeführte χ^2-Anpassungstest ist nur dann gültig, wenn die erwartete Häufigkeit

S.14.1 Der Chi-Quadrat-Anpassungstest

einer jeden Kategorie mindestens 1 ist und wenn bei höchstens 20% der Kategorien die erwartete Häufigkeit unter 5 liegt.

Bei den Freiheitsgraden *df* für die χ^2-verteilte Teststatistik entdecken wir eine kleine Ungenauigkeit: SPSS berücksichtigt nicht die Anzahl der geschätzten Parameter und setzt *df* immer gleich der Anzahl der Kategorien -1. Wir haben im obigen Beispiel die beiden Verteilungsparameter μ und σ geschätzt, also müsste *df* korrekterweise 4 und nicht 6 sein. In diesem Beispiel ist die Wahl der Freiheitsgrade aber völlig bedeutungslos, da das Grenzniveau für den Test, das wir in der Zeile *Asymptotische Signifikanz* finden, enorm hoch ist. Wir könnten die Nullhypothese H_0: *größe* $\sim \mathbf{N}(\mu;\sigma^2)$ auch bei einer anderen Wahl von *df* niemals ablehnen (das Grenzniveau bei $df = 4$ wäre 0,7934).

Beispiel S.14.2: Gegeben ist die Tabelle der absoluten Häufigkeiten einer Stichprobe der Zufallsvariablen x:

i	0	1	2	3
$h(x=i)$	729	243	27	1

Wir wollen die Nullhypothese H_0: $x \sim \mathbf{P}_{0,3}$ zum Niveau $\alpha = 0{,}1$ testen.
Zunächst legen wir ein SPSS-Datenfile mit den Variablen x und h an. Eine Intervalleinteilung ist in dieser Aufgabe überflüssig, denn x ist eine kategoriale Variable. Wir müssen SPSS als nächstes mitteilen, dass in h die Häufigkeiten von x stehen.

Daten ▷
    Fälle gewichten ...

Wir klicken auf *Fälle gewichten mit* und wählen h als *Häufigkeitsvariable*. Jetzt berechnen wir die erwarteten Häufigkeiten (unter der Annahme, dass x poissonverteilt ist).

Transformieren ▷
    Berechnen ...

Wir bezeichnen die Zielvariable mit *erwartet* und geben für den *Numerischen Ausdruck*

$$\text{CDF.POISSON}(x, 0.3)$$

ein. CDF.POISSON($q, mittel$) berechnet die Verteilungsfunktion der Poissonverteilung mit $\mu = mittel$ an der Stelle q, d.h., mit der obigen Formel können wir die erwartete Häufigkeit ($= P(x = i \mid \mathbf{P}_{0,3})$) nur für $x = 0$ berechnen. Wir klicken daher auf die Schaltfläche *Falls ...* und im sich öffnenden Dialogfeld auf *Fall einschließen, wenn Bedingung erfüllt ist*. Im Textfeld darunter geben wir die Bedingung $x=0$ ein, klicken auf *Weiter* und dann auf *OK*.
Die erwarteten Häufigkeiten für die restlichen x-Werte erhält man, wenn man

$$P(x \le i \mid \mathbf{P}_{0,3}) - P(x \le i-1 \mid \mathbf{P}_{0,3})$$

berechnet.

Transformieren ▷
    Berechnen ...

Unsere Zielvariable ist wieder *erwartet*, wir brauchen im Feld *Numerischer Ausdruck* die bereits eingetragene Formel nur auf

CDF.POISSON(x,0.3)-CDF.POISSON(x-1,0.3)

zu ergänzen. Die Berechnung soll nur für x-Werte ungleich null durchgeführt werden, also klicken wir auf die Schaltfläche *Falls ...* und ändern die Bedingung auf $x \sim= 0$. Wir klicken auf *Weiter* und *OK* und bejahen die Frage *Bestehende Variable verändern?* durch erneutes Klicken auf *OK*. Wir ändern noch die Anzahl der angezeigten Dezimalstellen von *erwartet* auf 5 und können schließlich den χ^2-Anpassungstest durchführen.

	x	h	erwartet
1	0	729	.74082
2	1	243	.22225
3	2	27	.03334
4	3	1	.00333

Abb. S.14.5: Daten für einen χ^2-Anpassungstest

Analysieren ▷
    Nichtparametrische Tests ▷
        Chi-Quadrat ...

Wir wählen die Testvariable x, klicken unter *Erwartete Werte* auf *Werte* und geben nach der Reihe jeweils die ersten 5 Dezimalstellen der Variablen *erwartet* ein (74082, 22225, 03334, 00333). Wir klicken auf *OK* und sehen uns das Ergebnis im Viewer an.

Statistik für Test

	X
Chi-Quadrat[a]	4.9605
df	3
Asymptotische Signifikanz	.1747

a. Bei 1 Zellen (25.0%) werden weniger als 5 Häufigkeiten erwartet. Die kleinste erwartete Zellenhäufigkeit ist 3.3.

Abb. S.14.6: Ergebnis des χ^2-Anpassungstest

Wir sehen: Das Grenzniveau ist 0,1747, und daher können wir H_0 nicht zum Niveau $\alpha = 0,1$ ablehnen. Der Fußnote entnehmen wir, dass 25% der erwarteten Häufigkeiten kleiner als 5 sind, es handelt sich in diesem Beispiel um die erwartete Häufigkeit für $x = 3$. Eigentlich dürfen höchstens 20% der erwarteten Häufigkeiten kleiner als 5 sein, legt man die beiden Kategorien $x = 2$ und $x = 3$ zusammen, dann ist die obige Bedingung erfüllt. Führt man mit den neuen Daten ($x = 2$ und $x = 3$ fusioniert) einen χ^2-Anpassungstest durch, dann ist das Grenzniveau noch höher als in der obigen Ausgabe, es ändert sich also nichts an der Testentscheidung „H_0 wird nicht verworfen".

S.14.2 Der Chi-Quadrat Homogenitätstest

Mit dem χ^2-Homogenitätstest prüft man, ob zwei oder mehrere Stichproben aus derselben Verteilung stammen. Wir demonstrieren die Vorgehensweise anhand der Daten des Beispiels 14.2.2 in [HAFN 00].

Beispiel S.14.3: Das erhobene Merkmal ist die Wohnungsmiete pro Quadratmeter in zwei Großstädten. Die Intervalleinteilung für unser Merkmal wurde bereits vorgenommen. Unsere Daten sind die beobachteten Häufigkeiten für die Mietkostenintervalle in den beiden Städten. Man findet sie in den Spalten h_{Aj}^b und h_{Bj}^b der Tabelle 14.2.1 in [HAFN 00]. Wir legen ein SPSS-Datenfile mit den Variablen *ugmiete* (Untergrenze des Mietkostenintervalls: 0, 20, 25, ..., 60), *stadt* (String: A oder B) und h (absolute Häufigkeit) an. $h_{A5}^b = 10$ ist die beobachtete Häufigkeit der Mietkosten im Intervall $(35; 40]$ in der Stadt A, die entsprechende Zeile des SPSS-Datenfiles sieht wie in Abb. S.14.7 aus.

	ugmiete	stadt	h
5	35	A	10

Abb. S.14.7: Dateneingabe für den χ^2-Homogenitätstest

Wir müssen SPSS noch mitteilen, dass in h die Häufigkeiten von *ugmiete* stehen, und zwar indem wir die Fälle des Datenfiles nach h gewichten (siehe Beispiel S.14.2). Nun können wir den χ^2-Homogenitätstest durchführen.

Analysieren ▷
    Deskriptive Statistiken ▷
        Kreuztabellen ...

Wir wählen für die Zeilen die Variable *ugmiete* und für die Spalten *stadt*, klicken auf die Schaltfläche *Statistik...* und wählen im Dialogfeld *Kreuztabellen: Statistik* durch Anklicken die Eintragung *Chi-Quadrat*. Anschließend klicken wir auf *Weiter* und zurück im Dialogfeld *Kreuztabellen* auf die Schaltfläche *Zellen...*. Wir wollen, dass in der Ausgabe beobachtete und erwartete Häufigkeiten angezeigt werden. Also wählen wir diese beiden Punkte im Dialogfeld *Kreuztabellen: Zellen anzeigen*, klicken auf *Weiter* und schließlich auf *OK*.
In der Ausgabe sehen wir die Kreuztabelle mit den beobachteten und erwarteten Häufigkeiten der Variablen *ugmiete* und *stadt* (siehe Abschn. S.5.4).
In der unterhalb liegenden Tabelle *Chi-Quadrat-Tests* finden wir in der Zeile *Chi-Quadrat nach Pearson* den Wert der Teststatistik χ^2 und in der Spalte *Asymptotische Signifikanz (2-seitig)* das Grenzniveau für unseren χ^2-Homogenitätstest. Wir könnten die Nullhypothese H_0: „Die Verteilungen der Wohnungsmieten in Stadt A und Stadt B sind gleich" nur zu einem Niveau größer als 43,7% ablehnen, also bleiben wir bei H_0.

Untergrenze des Intervalls für Mietkosten * STADT Kreuztabelle

			STADT		Gesamt
			A	B	
Untergrenze des Intervalls für Mietkosten	0	Anzahl	2	3	5
		Erwartete Anzahl	1.8	3.2	5.0
	20	Anzahl	5	4	9
		Erwartete Anzahl	3.3	5.7	9.0
	25	Anzahl	7	12	19
		Erwartete Anzahl	7.0	12.0	19.0
	30	Anzahl	15	20	35
		Erwartete Anzahl	12.9	22.1	35.0
	35	Anzahl	10	15	25
		Erwartete Anzahl	9.2	15.8	25.0
	40	Anzahl	7	20	27
		Erwartete Anzahl	9.9	17.1	27.0
	45	Anzahl	8	24	32
		Erwartete Anzahl	11.8	20.2	32.0
	50	Anzahl	7	12	19
		Erwartete Anzahl	7.0	12.0	19.0
	55	Anzahl	4	8	12
		Erwartete Anzahl	4.4	7.6	12.0
	60	Anzahl	5	2	7
		Erwartete Anzahl	2.6	4.4	7.0
Gesamt		Anzahl	70	120	190
		Erwartete Anzahl	70.0	120.0	190.0

Abb. S.14.8: Beobachtete und erwartete Häufigkeiten

Der Fußnote in der Ausgabe entnehmen wir, dass die erwartete Häufigkeit in 30% der Zellen kleiner als 5 ist, eigentlich dürfte das in höchstens 20% der Zellen der Fall sein. Die Testentscheidung ist hier allerdings so eindeutig, dass sicher auch bei einer Intervalleinteilung, die zu einer geringeren Anzahl von erwarteten Häufigkeiten, die kleiner als 5 sind, führt, die Nullhypothese nicht verworfen werden kann.

Chi-Quadrat-Tests

	Wert	df	Asymptotische Signifikanz (2-seitig)
Chi-Quadrat nach Pearson	9.0007[a]	9	.4372
Likelihood-Quotient	8.9711	9	.4399
Anzahl der gültigen Fälle	190		

a. 6 Zellen (30.0%) haben eine erwartete Häufigkeit kleiner 5. Die minimale erwartete Häufigkeit ist 1.84.

Abb. S.14.9: Ergebnis des χ^2-Homogenitätstests

Bemerkung: Der durchgeführte χ^2-Homogenitätstest testet auch, ob zwei Variablen egal welchen Messniveaus (hier *ugmiete* und *stadt*) statistisch unabhängig sind. Die Nullhypothese lautet H_0: „Die beiden Variablen sind unabhängig". Im obigen Beispiel kann also eine statistische Abhängigkeit der Variablen *ugmiete* und *stadt* **nicht** signifikant nachgewiesen werden. Der verwendete Test wird oft auch als χ^2-Test auf Unabhängigkeit bezeichnet und ist auch dazu geeignet, den Zusammenhang zwischen zwei nominalen Merkmalen zu beurteilen (siehe Abschn. S.5.4).

S.14.3 Übungsaufgaben

Ü.S.14.1:
Siehe Angabe der Aufgabe Ü.E.14.1.

Ü.S.14.2:
Siehe Angabe der Aufgabe Ü.E.14.2.

Ü.S.14.3:
Siehe Angabe der Aufgabe Ü.E.14.3.

S.15 Regressionsrechnung

Wir werden ein SPSS-Datenfile mit 100 Beobachtungen der Variablen aus [HAFN 00], Beispiel 15.1 erzeugen und dann die lineare Regression für den Ansatz im obigen Beispiel rechnen.

Beispiel S.15.1: Die unabhängigen Variablen des Beispiels sind:

    alter ... Alter in Jahren   *gewicht* ... Gewicht in kg
    größe ... Körpergröße in cm   *cholest* ... Cholesterin in mg/dl

Die abhängige, zu erklärende Variable ist

    systol ... systolischer Blutdruck in mmHg-Säule.

Der Regressionsansatz lautet:

$$systol = \beta_0 + \beta_1 \cdot alter + \beta_2 \cdot gewicht + \beta_3 \cdot größe + \beta_4 \cdot cholest$$

Wir wollen mithilfe der Methode der kleinsten Quadrate Punkt- und Bereichschätzer für die unbekannten Regressionskonstanten $\beta_0, \beta_1, \ldots, \beta_4$ bestimmen.
Um uns die mühsame Dateneingabe zu sparen, erzeugen wir das Datenfile unter Verwendung von Pseudozufallszahlen. Dazu öffnen wir ein neues SPSS-Datenfile, definieren vorübergehend eine Variable *dummy* und geben ihr in den ersten 100 Zeilen des Datenfiles irgendwelche Werte (siehe Beispiel S.7.1). Bevor wir die Variable *alter* berechnen, setzen wir den Startwert für Zufallszahlen auf 2000000:

Transformieren ▷
    Startwert für Zufallszahlen ...

Wir klicken auf *Startwert* und, da die gewünschte Zahl 2000000 bereits eingetragen ist, auf *OK*. Die Einstellung des Startwertes für Zufallszahlen ist nötig, damit wir alle dieselben Pseudozufallszahlen erzeugen können.

Transformieren ▷
    Berechnen ...

Wir bezeichnen die Zielvariable mit *alter* und wählen für den *Numerischen Ausdruck* die Formel

    RV.POISSON(55)

Vor der Berechnung der nächsten Variablen setzen wir den Startwert für Zufallszahlen auf 2000001.

Transformieren ▷
    Berechnen ...

Die Zielvariable nennen wir dieses Mal *gewicht* und berechnen sie durch

    RV.NORMAL(75,10)

Jetzt setzen wir den Startwert für Zufallszahlen auf 2000002 und berechnen die Zielvariable *größe* nach der Formel

    gewicht/2+RV.NORMAL(140,3)

Den Startwert für Zufallszahlen setzen wir dann auf 2000003 und berechnen die Zielvariable *cholest* nach

    100+25*RV.CHISQ(4)

S.15 Regressionsrechnung

Vor der Berechnung der letzten Zielvariablen setzen wir den Startwert für Zufallszahlen auf 2000004, die abhängige Variable *systol* errechnen wir schließlich nach der Formel

$$130 + 0.9 * alter + 0.9 * gewicht - 0.8 * größe + 0.3 * cholest + RV.NORMAL(0,10)$$

Vergleicht man die obige Formel zur Berechnung von *systol* mit dem Regressionsansatz, dann sieht man, dass die Variable *systol* exakt nach dem Regressionsmodell berechnet wurde und die Regressionskonstanten in diesem Beispiel die Werte $\beta_0 = 130$, $\beta_1 = \beta_2 = 0{,}9$, $\beta_3 = -0{,}8$ und $\beta_4 = 0{,}3$ haben. Bei der Rechnung der linearen Regression mit dem obigen Ansatz müssten also die Schätzer $\hat{\beta}_0, \hat{\beta}_1, \ldots, \hat{\beta}_4$ in der Nähe der wirklichen, in der Praxis aber unbekannten Werte $\beta_0, \beta_1, \ldots, \beta_4$ liegen.

Wir führen jetzt die lineare Regression durch:

Analysieren ▷
    Regression ▷
        Linear ...

Für *Abhängige Variable* wählen wir *systol*, und ins Feld *Unabhängige Variable(n)* übernehmen wir die restlichen Variablen *alter*, *gewicht*, *größe* und *cholest*. Dann klicken wir auf die Schaltfläche *Statistiken...* und wählen im sich öffnenden Dialogfeld neben *Schätzer* und *Anpassungsgüte des Modells* noch *Konfidenzintervalle* und *Kovarianzmatrix*. Wir klicken auf *Weiter* und zurück im Dialogfeld *Lineare Regression* auf die Schaltfläche *Diagramme...* . Unter *Diagramme der standardisierten Residuen* klicken wir auf *Histogramm*, dann auf *Weiter* und schließlich auf *OK*.

Im Viewer erscheint jetzt eine ganze Reihe von Tabellen, und wie bei vielen SPSS-Prozeduren ist es für einen ungeübten Anwender gar nicht so einfach, die wesentlichen Ergebnisse der Analyse von der überflüssigen Information zu trennen.

In der Tabelle *Modellzusammenfassung* finden wir das multiple Bestimmtheitsmaß R^2, und zwar in der Spalte *R-Quadrat*.

Modellzusammenfassung[b]

Modell	R	R-Quadrat	Korrigiertes R-Quadrat	Standardfehler des Schätzers
1	,924[a]	,854111	,848	9,1919

a. Einflußvariablen: (Konstante), CHOLEST, GEWICHT, ALTER, GRÖßE
b. Abhängige Variable: SYSTOL

Abb. S.15.1: Multiples Bestimmtheitsmaß des Modells

$R^2 = 0{,}8541$ bedeutet, dass 85% der Variabilität der abhängigen Variablen *systol* durch das Regressionsmodell erklärt werden, ein sehr hoher Prozentsatz, der in praktischen Anwendungen nur selten erreicht wird.

In der Tabelle *ANOVA* wird die sogenannte Varianzzerlegung durchgeführt und die Nullhypothese H_0: „das gewählte Modell ist gleich gut wie das Nullmodell (das Modell mit keiner einzigen erklärenden Variablen)" getestet. Das Grenzniveau dieses Tests findet man in der Spalte *Signifikanz*, es ist praktisch 0, d.h., wir können H_0 auf jeden Fall ablehnen.

ANOVA[b]

Modell		Quadratsumme	df	Mittel der Quadrate	F	Signifikanz
1	Regression	46992	4	11748,0	139,0	7.93E-39[a]
	Residuen	8026,6	95	84,491		
	Gesamt	55019	99			

a. Einflußvariablen: (Konstante), CHOLEST, GEWICHT, ALTER, GRÖßE

b. Abhängige Variable: SYSTOL

Abb. S.15.2: Varianzzerlegungstabelle

In der Zeile *Residuen* und der Spalte *Mittel der Quadrate* findet man den Punktschätzer für die Restvarianz, die sogenannte Modellvarianz. Das multiple Bestimmtheitsmaß R^2 hätte man mithilfe dieser Tabelle auch selbst berechnen können, es gilt

$$R^2 = \frac{Quadratsumme\ Regression}{Quadratsumme\ Gesamt}$$

Die wichtigste Information findet man in der Tabelle *Koeffizienten*. In der Spalte *Nichtstandardisierte Koeffizienten, B* stehen die Punktschätzer $\hat{\beta}_0, \hat{\beta}_1, \ldots, \hat{\beta}_4$. In den letzten beiden Spalten der Tabelle sind Unter- und Obergrenzen der 95%-Konfidenzintervalle für $\beta_0, \beta_1, \ldots, \beta_4$ aufgelistet, und in der Spalte *Signifikanz* findet man die Grenzniveaus für die Tests von $H_0: \beta_i = 0$, $i = 0, 1, \ldots, 4$. Damit die unabhängigen Variablen des Modells auch tatsächlich zur Varianzerklärung beitragen, sollten in der Spalte *Signifikanz* möglichst kleine Grenzniveaus stehen.

Koeffizienten[a]

Modell		Nicht standardisierte Koeffizienten		Standardisierte Koeffizienten	T	Signifikanz	95%-Konfidenzintervall für B	
		B	Standardfehler	Beta			Untergrenze	Obergrenze
1	(Konstante)	115,130	40,253		2,860	,0052	35,217	195,0
	ALTER	,615	,122	,200	5,046	,0000	,373	,857
	GEWICHT	,733	,172	,307	4,261	,0000	,391	1,075
	GRÖßE	-,543	,283	-,139	-1,917	,0583	-1,104	,019
	CHOLEST	,279	,013	,846	21,095	,0000	,252	,305

a. Abhängige Variable: SYSTOL

Abb. S.15.3: Punkt- und Bereichschätzer für die Regressionskonstanten

In der Zeile *größe* der obigen Tabelle findet man ein Grenzniveau von 5,8%, d.h., die Nullhypothese H_0: „die Regressionskonstante, die zur Variablen *größe* gehört, (β_3) ist Null" kann zum Niveau $\alpha = 5\%$ nicht abgelehnt werden. Das sieht man auch am 95%-Konfidenzintervall für β_3, das die Zahl 0 enthält. Für unser Beispiel bedeutet das, man sollte überprüfen, ob nicht der Ansatz ohne die erklärende Variable *größe* ein genauso gutes Ergebnis liefert.

Prinzipiell ist man bei der Regressionsrechnung bemüht, eine möglichst hohe Varianzerklärung der abhängigen Variablen zu erreichen, gleichzeitig sollte aber auch die Anzahl der erklärenden Variablen möglichst klein sein. Ist die zusätzliche

S.15 Regressionsrechnung

Varianzerklärung bei der Aufnahme einer Variablen ins Regressionsmodell sehr klein, dann wird man das Modell ohne diese Variable bevorzugen. Die zusätzliche Varianzerklärung einer Variablen kann deshalb sehr klein sein, weil diese Variable einen Teil der Varianz erklärt, der auch schon von anderen unabhängigen Variablen erklärt wird.

Dies sieht man auch in der Tabelle *Korrelation der Koeffizienten*. Im oberen Teil dieser Tabelle findet man die Korrelationsmatrix der Regressionskoeffizienten $\beta_0, \beta_1, \ldots, \beta_4$. Ideal wäre es, wenn diese Korrelationen alle sehr klein wären, dann würde nämlich jede unabhängige Variable einen anderen Teil der Varianz der abhängigen Variablen erklären.

Korrelation der Koeffizienten[a]

Modell			CHOLEST	GEWICHT	ALTER	GRÖßE
1	Korrelationen	CHOLEST	1,000	,047	-,150	-,120
		GEWICHT	,047	1,000	,046	-,836
		ALTER	-,150	,046	1,000	-,005
		GRÖßE	-,120	-,836	-,005	1,000
	Kovarianzen	CHOLEST	1,745E-04	1,061E-04	-2,42E-04	-4,47E-04
		GEWICHT	1,061E-04	2,959E-02	9,614E-04	-4,07E-02
		ALTER	-2,418E-04	9,614E-04	1,486E-02	-1,89E-04
		GRÖßE	-4,472E-04	-4,07E-02	-1,89E-04	8,013E-02

a. Abhängige Variable: SYSTOL

Abb. S.15.4: Korrelationsmatrix der Regressionskoeffizienten

Man sieht, dass die Korrelation zwischen dem Koeffizienten von *größe* (β_3) und jenem von *gewicht* (β_2) sehr groß ist, ein Zeichen dafür, dass *gewicht* und *größe* einen ähnlichen Teil der Variabilität von *systol* erklären. Zusammen mit dem Konfidenzintervall für β_3 veranlasst uns das dazu, die lineare Regression für den Ansatz

$$systol = \beta_0 + \beta_1 \cdot alter + \beta_2 \cdot gewicht + \beta_3 \cdot cholest$$

zu rechnen. Die Vorgehensweise ist wie oben beschrieben, nur dass man für das Feld *unabhängige Variable(n)* die drei Merkmale *alter, gewicht* und *cholest* wählt. Das Ergebnis dieser Regressions-Prozedur gibt uns recht: Das multiple Bestimmtheitsmaß für das Modell ohne die erklärende Variable *größe* ist nur unwesentlich kleiner ($R^2 = 0{,}84847$), das Modell mit nur drei erklärenden Variablen ist also praktisch genauso gut zur Varianzerklärung von *systol* geeignet.

Koeffizienten[a]

Modell		Nicht standardisierte Koeffizienten		Standardisierte Koeffizienten	T	Signifikanz	95%-Konfidenzintervall für B	
		B	Standardfehler	Beta			Untergrenze	Obergrenze
1	(Konstante)	40,356	10,046		4,017	,00012	20.42	60.30
	ALTER	,614	,124	,200	4,967	,00000	,369	,859
	GEWICHT	,457	,096	,191	4,784	,00001	,267	,647
	CHOLEST	,276	,013	,836	20.73	,00000	,249	,302

a. Abhängige Variable: SYSTOL

Abb. S.15.5: Punkt- und Bereichschätzer für Regressionskonstanten

In der obigen Tabelle sieht man auch, dass sich jetzt alle Regressionskonstanten β_i signifikant von 0 unterscheiden, ein Modell mit noch weniger erklärenden Variablen ist also mit ziemlicher Sicherheit schlechter als das gerade untersuchte.

Zusätzlich sollte man bei der Regressionsrechnung noch eine sogenannte Residualanalyse durchführen. Bei einem brauchbaren Regressionsmodell sollte die Verteilung der Residuen nicht stark von einer Normalverteilung abweichen. Da wir im Dialogfeld *Lineare Regression: Diagramme* auf *Histogramm* geklickt haben, wird im Viewer ein Histogramm der standardisierten Residuen gezeichnet.

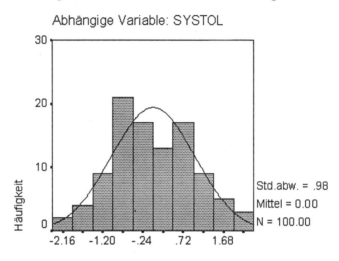

Abb. S.15.6: Residualanalyse bei der Regressionsrechnung

Im obigen Histogramm ist auch die Dichtefunktion der Standardnormalverteilung eingezeichnet, etwa diese Form sollte das Histogramm der standardisierten Residuen haben.

S.15.1 Übungsaufgaben

Ü.S.15.1:
Siehe Angabe der Aufgabe Ü.E.15.1.

Literatur

[HAFN 00] R. HAFNER: Statistik für Sozial- und Wirtschaftswissenschaftler, Band 1, 2. Aufl. Springer-Verlag, Wien New York, 2000

[HASE 99] R. G. HASELIER, K. FAHNENSTICH: Excel 97 sehen und verstehen. ECON Taschenbuch Verlag, Düsseldorf München, 1999

[SPSS 99a] SPSS Base 10.0 Benutzerhandbuch. SPSS GmbH Software, München, 1999

[SPSS 99b] SPSS Interactive Graphics 10.0. SPSS Inc., Chicago, 1999

Zusätzliche vertiefende Literatur findet man in [HAFN 00].

Für spezielle Fragen zu den Programmpaketen Microsoft Excel und SPSS kann auf die Online-Hilfe der beiden Programme sowie auf die Homepages der beiden Software-Hersteller verwiesen werden.

http://www.microsoft.com/germany/office/default.htm

http://www.spss.com/germany/

Sachverzeichnis

Abhängigkeit, statistische, 55, 179
Alternativverteilung, 70, 188, 192
Analyse-Funktion
  Histogramm, 33
  Korrelation, 57
  Kovarianz, 56
  Populationskenngrößen, 48
  Regression, 122
  Zufallszahlengenerierung, 66
  Zweistichproben F-Test, 105
  Zweistichproben t-Test: Gleicher Varianzen, 102
  Zweistichproben t-Test: Unterschiedlicher Varianzen, 104
Analyse-Funktionen-Installierung, 33
Anmerkung im SPSS-Viewer, 147
Arbeitsmappe, 3
arithmetisches Mittel, 43

Balkendiagramm, 148
  dreidimensionales, 163
Befehlssyntax, 158
Bernoulli-Verteilung, 70, 188, 192
Bestimmtheitsmaß, 119, 235
Bezug, 9
  absoluter, 12
  relativer, 12
Binomialverteilung, 72, 195

Chi-Quadrat-Test
  Anpassungstest, 112, 226
  Homogenitätstest, 115, 231
  auf Unabhängigkeit, 116, 233
Chi-Quadrat-Verteilung, 79, 199

Daten
  eingeben, 4, 129, 134
  filtern, 18, 138
  gewichten, 173
  gruppierte
    Maßzahlen, 171
    Mittelwert, 43
    Varianz, 45
  kategorisieren, 22, 143
  sortieren, 36, 182
  transformieren, 20, 140
  umkodieren, 20, 141
Datenansicht, 127, 134
Daten-Editor, 127
Designmatrix, 119
Diagramm-Assistent, 24
Diagramm-Bearbeitung, 148
Diagrammblätter, 3
Diagramm-Editor, 128, 148
Diagrammtyp-Änderung, 35
Dichte, 70, 75, 192, 197
3D-Palette, 164

Erwartungswert, 85, 204
Excel-Funktion, 8
  ABRUNDEN, 111
  ABS, 95
  ANZAHL, 55, 94
  AUFRUNDEN, 32
  BINOMVERT, 73
  CHIINV, 96
  CHIVERT, 97
  EXP, 81
  FAKULTÄT, 9
  FINV, 82
  FVERT, 83
  GAMMAINV, 79
  GAMMALN, 81
  GAMMAVERT, 79
  HÄUFIGKEIT, 14
  HYPGEOMVERT, 72
  INDEX, 52
  KKLEINSTE, 107
  KOMBINATIONEN, 55
  KORREL, 51
  KOVAR, 51
  KRITBINOM, 107
  KURT, 46
  MAX, 45
  MEDIAN, 10, 43
  MIN, 20
  MINV, 119

Sachverzeichnis

MITTELWERT, 43
MMULT, 119
MODALWERT, 46
MTRANS, 119
NORMINV, 78
NORMVERT, 77
OBERGRENZE, 22
POISSON, 73
QUADRATSUMME, 120
QUANTIL, 22
RANG, 54
RUNDEN, 63
SCHIEFE, 46
SPALTE, 53
STABW, 44
STABWN, 44
STANDNORMINV, 100
STANDNORMVERT, 77
SUMME, 9
TINV, 81
TVERT, 82
UND, 90
UNTERGRENZE, 22
VARIANZ, 45
VARIANZEN, 45
WENN, 21
WURZEL, 76
WURZELPI, 81
ZEILE, 53
ZUFALLSZAHL, 63

fehlende Werte, 132
Filter, 18
Formel, 8
Formelpalette, 8
Formparameter, 46, 170
Fraktildistanz, 45
Fraktile, 32, 157
   der χ^2-Verteilung, 79, 199
   der F-Verteilung, 82, 201
   der Normalverteilung, 78, 198
   der t-Verteilung, 81, 200, 208
   der Standardnormalverteilung, 100, 208
   p-Fraktil, 32, 43, 107, 143, 157, 170, 198
   schätzen, 107, 222

Fraktilmittel, 43
F-Test,
   Zweistichproben F-Test, 105
F-Verteilung, 82, 201

Gammaverteilung, 79
gepoolte Varianz, 102
Gleichverteilung
   diskrete, 71, 194
   stetige, 75, 197
Grafikobjekt, interaktives, 152
Grenzniveau, 90, 95, 99, 209, 216, 219

Häufigkeiten
   absolute, 16, 146
   erwartete, 56, 112, 115, 179, 226
   kumulierte, 16, 146, 183
   relative, 16, 146
      schätzen, 88, 207
      vergleichen, 92, 212
Häufigkeitspolygon, 30, 156
Histogramm, 29, 155
   dreidimensionales, 41, 167
hypergeometrische Verteilung, 71, 194
Hypothesentest
   für Anteilswerte, 89, 209
   auf Binomialverteilung, 211
   für Differenz der Mittelwerte zweier Normalverteilungen, 99, 212, 218
   für Differenzen $p_1 - p_2$, 92, 212
   über Fraktile x_p, 109, 223
   für Mittel der Normalverteilung, 95, 209, 215
   für Quotient der Varianzen zweier Normalverteilungen, 101, 213
   über Regressionskonstanten, 121, 236
   für Varianz der Normalverteilung, 97, 217
   über Verteilung einer Stichprobe, 112, 226
   über Verteilung mehrerer Stichproben, 115, 231

Interactive Graph Editor, 153
Interaktive Grafik, 163

Kategorienachse, 149
Kategorisieren, 22, 143
Konfidenzintervall
    für p-Fraktil, 107, 223
    für Anteilswerte p, 88, 207
    für Differenz der Mittelwerte
        zweier Normalverteilungen,
        98, 212, 218
    für Differenzen $p_1 - p_2$, 92, 212
    für Mittel der Normalverteilung,
        94, 207, 215
    für Quotient der Varianzen
        zweier Normalverteilungen,
        101
    für Regressionskonstanten, 119,
        236
    für Varianz der
        Normalverteilung, 96, 216
Konzentrationsmaß, 59, 181
Korrelationskoeffizient, 51, 177
Korrelationsmatrix, 52, 177
Kovarianz, 51, 177
Kreisdiagramm, 27, 151
Kurtosis, 46, 170

Lageparameter, 43, 170
Lorenzkurve, 59, 181

Matrixformel, 14
Median, 43, 170
Merkmale
    diskrete, 24, 36, 145, 161
    mehrdimensionale, 36, 161
    metrische, 43, 51, 170, 177
    nominale, 47, 55, 173, 179
    ordinale, 46, 54, 171, 178
    statistisch unabhängige, 55, 179
    stetige, 29, 39, 155, 166
Messniveau, 133
Mittelwert, 43, 170
    gewichteter, 204
Modellvarianz, 119, 236
Modus, Modalwert, 46, 171

Niveau α, 89, 209

Normalverteilung, 76, 198
    Mittelwert schätzen, 94, 215
    Mittelwertvergleich, 97, 218
        gleiche Varianzen, 98, 102, 219
        ungleiche Varianzen, 100, 104,
        219
    Varianz schätzen, 96, 216
    Varianzvergleich, 101, 105, 220
Nullmodell, 119, 235

Parameter
    Häufigkeitsverteilungen, 43, 170
    Wahrscheinlichkeitsverteilungen,
        85, 204
Perzentil, 43, 157, 170
p-Fraktil, 32, 43, 107, 143, 157, 170,
    198
Poissonverteilung, 73, 195
Pseudozufallszahlen, 63, 187
Punktschätzer
    für Anteilswerte p, 88, 207
    für Differenz der Mittelwerte
        zweier Normalverteilungen,
        98, 212, 218
    für Differenzen $p_1 - p_2$, 92, 212
    für Mittel der Normalverteilung,
        94, 207, 215
    für Quotient der Varianzen
        zweier Normalverteilungen,
        101
    für Regressionskonstanten, 119,
        236
    für Varianz der
        Normalverteilung, 96, 216

Randhäufigkeiten, 36, 161
Randverteilungen, 38, 161
Rangkorrelationskoeffizient
    von Kendall, 55, 178
    von Spearman, 54, 178
Rangreihe, 54
Regression, 118, 234
    Ansatz, 119, 234
Regressionskonstanten, 119, 234
Residualanalyse, 122, 238
Residuen, 119, 235
Restvarianz, 120, 236

Sachverzeichnis

Säulendiagramm, 24
   dreidimensionales, 37
Scheinkorrelation, 54
Schiefe, 46, 86, 170
Simulation
   von Zufallsexperimenten, 63, 187
   von Zufallszahlen, 78, 80, 82, 83, 199–202
Skalenachse, 149
Spaltenbeschriftungen, 4
Spalten-Formatierung, 4
Spannweite, 45, 170
Spezialfilter, 18
SPSS-Funktion, 138
   ARSIN, 198
   CDF.BERNOULLI, 192
   CDF.BINOM, 193
   CDF.CHISQ, 200
   CDF.F, 202
   CDF.HYPER, 193
   CDF.NORMAL, 199
   CDF.POISSON, 195
   CDF.T, 201
   CDF.UNIFORM, 194, 197
   EXP, 198
   IDF.CHISQ, 199
   IDF.F, 201
   IDF.NORMAL, 198
   IDF.T, 200
   LAG, 182
   MIN, 141
   RND, 189
   RV.BERNOULLI, 188
   RV.BINOM, 196
   RV.CHISQ, 200
   RV.F, 202
   RV.HYPER, 196
   RV.NORMAL, 199
   RV.POISSON, 234
   RV.T, 201
   RV.UNIFORM, 189
   SQRT, 198
SPSS-Prozedur
   Allgemeine Tabellen, 161
   Binomial, 211
   Chi-Quadrat, 228
   Deskriptive Statistiken, 205

Häufigkeiten, 145
   Korrelation, 177
   Kreuztabellen, 179, 231
   Regression, 235
   T-Test bei einer Stichprobe, 209, 215
   T-Test bei unabhängigen Stichproben, 212, 218
SPSS-Systemvariable
   $CASENUM, 182
Stabdiagramm, 24, 148
   dreidimensionales, 37, 163
Standardabweichung, 44
   Stichprobe, 94, 170
Standardfehler, 49, 98, 208, 213
Standardisierte, 76
Streudiagramm, 39, 166
Streuungsparameter, 44, 170
Student-Verteilung, 80, 200
Summenhäufigkeiten, 16, 146
Summenhäufigkeitsfunktion, 27, 152
Summenhäufigkeitskurve, 30, 156
Syntax-Editor, 128, 158

Tabellenblätter, 3
Test, *siehe* Hypothesentest
Toleranzintervall, 46, 111, 171, 224
t-Test, 95, 209, 212, 215, 218
   Zweistichproben t-Test: Gleicher Varianzen, 102
   Zweistichproben t-Test: Unterschiedlicher Varianzen, 104
t-Verteilung, 80, 200

Umkodieren, 20, 141

Variable
   abhängige, 118, 234
   berechnen, 140
   definieren, 129
   dichotome, 211
   erklärende (unabhängige), 120, 234
Variablenansicht, 127, 129
Variablenlabels, 130
Variablennamen, 130
Variablentyp, 130

Varianz, 44, 86, 170
  Stichprobe, 170
Varianzhomogenität, 213
Varianz-Kovarianz-Matrix, 52, 177
Varianzzerlegungstabelle, 119, 235
Variationskoeffizient, 45
Verteilung
  bedingte, 36, 164, 169
  mehrdimensionale, 36, 177
Verteilungsfunktion, 70, 75, 192, 197
verteilungsunabhängige Verfahren, 107, 222
Viewer, 128
  Gliederungsfenster, 146
  Inhaltsfenster, 146

Wahrscheinlichkeitsverteilungen
  diskrete, 70, 192
  stetige, 75, 197
Wertelabels, 131
  anzeigen, 135
Wölbung, 46, 86, 170

Zelle
  aktive, 6
  formatieren, 5
Zellen-Editor, 134
Zufallsexperimente, 63, 187
Zufallszahlen
  χ^2-verteilte, 80, 200
  F-verteilte, 83, 202
  normalverteilte, 78, 199
  t-verteilte, 82, 201

SpringerWirtschaft

Robert Hafner

Statistik für Sozial- und Wirtschaftswissenschaftler Band 1

Lehrbuch

Zweite, verbesserte Auflage
2000. X, 201 Seiten. 58 Abbildungen.
Broschiert öS 295,–, DM 42,–
ISBN 3-211-83455-9
Springers Kurzlehrbücher der Wirtschaftswissenschaften

Diese Einführung in die Sozial- und Wirtschaftsstatistik behandelt vor allem die Deskriptive Statistik, die Wahrscheinlichkeitsrechnung und die Mathematische Statistik. Der Stoff wird in leicht faßbarer Form, immer von Beispielen ausgehend, dargestellt, somit eignet sich das Buch hervorragend zum Selbststudium. Die allgemeine Anlage und Form der Darstellung wurde laufend verbessert und an tausenden Studenten mit Erfolg erprobt. Im Gegensatz zu vergleichbaren Büchern wird großer Wert auf eine klare und verständliche Darstellung der Grundbegriffe der Wahrscheinlichkeitsrechnung und Mathematischen Statistik gelegt, um dem Leser eine solide Basis für die Benützung statistischer Programmpakete zu vermitteln.

Rezension zur Vorauflage
"... Viel Sorgfalt wurde auf die Formulierungen und Erklärungen gelegt; dies macht, zusammen mit den sehr geschickt ausgewählten Beispielen aus dem ‚täglichen Leben', das Buch überraschend leicht lesbar. Auch zum Selbststudium ist es hervorragend geeignet."

Internationale Mathematische Nachrichten

SpringerWienNewYork

A-1201 Wien, Sachsenplatz 4–6, P.O. Box 89, Fax +43.1.330 24 26, e-mail: books@springer.at, Internet: **www.springer.at**
D-69126 Heidelberg, Haberstraße 7, Fax +49.6221.345-229, e-mail: orders@springer.de
USA, Secaucus, NJ 07096-2485, P.O. Box 2485, Fax +1.201.348-4505, e-mail: orders@springer-ny.com
Eastern Book Service, Japan, Tokyo 113, 3–13, Hongo 3-chome, Bunkyo-ku, Fax +81.3.38 18 08 64, e-mail: orders@svt-ebs.co.jp

SpringerWirtschaft

Dietmar Dorninger, Günther Karigl
Mathematik für Wirtschaftsinformatiker

Grundlagen, Modelle, Programme

Die wichtigsten der in der Betriebs- und Wirtschaftsinformatik verwendeten mathematischen Methoden werden im Einsatz zur Lösung konkreter Probleme von der mathematischen Formulierung bis zum lauffähigen Computerprogramm (in Pascal) demonstriert.
Die in Band 1 und Band 2 abgedruckten Turbo Pascal-Programme stehen dem interessierten Leser auf der Homepage des Instituts zur Verfügung. Ein Werk für Praktiker aber auch für Studenten der Wirtschaftsinformatik.

Band 1
Zweite Auflage
1996. X, 222 Seiten. 85 Abbildungen.
Broschiert öS 370,–, DM 53,–. ISBN 3-211-82888-5
Springers Kurzlehrbücher der Wirtschaftswissenschaften

Band 1 behandelt Angewandte Algebra, Differential- und Integralrechnung, Gewöhnliche Differentialgleichungen und Lineare Algebra.

Band 2
Zweite Auflage
1999. VIII, 222 Seiten. 34 Abbildungen.
Broschiert öS 460,–, DM 66,–. ISBN 3-211-83365-X
Springers Kurzlehrbücher der Wirtschaftswissenschaften

Band 2 behandelt Differenzengleichungen, Numerische Mathematik, Differentialrechnung von Funktionen in mehreren Variablen und Optimierungsverfahren.

SpringerWienNewYork

A-1201 Wien, Sachsenplatz 4–6, P.O. Box 89, Fax +43.1.330 24 26, e-mail: books@springer.at, Internet: **www.springer.at**
D-69126 Heidelberg, Haberstraße 7, Fax +49.6221.345-229, e-mail: orders@springer.de
USA, Secaucus, NJ 07096-2485, P.O. Box 2485, Fax +1.201.348-4505, e-mail: orders@springer-ny.com
Eastern Book Service, Japan, Tokyo 113, 3–13, Hongo 3-chome, Bunkyo-ku, Fax +81.3.38 18 08 64, e-mail: orders@svt-ebs.co.jp

SpringerInformatik

Christoph Überhuber, Stefan Katzenbeisser
MATLAB 6

Eine Einführung

2000. IX, 200 Seiten. 41 Abbildungen.
Zahlreiche Tabellen und Diagramme
Broschiert DM 53,–, öS 370,–
ISBN 3-211-83487-7

Simulation ist neben Theorie und Experiment die dritte Säule wissenschaftlicher Forschung und technischer Entwicklung. Computer-Berechnungen sind zu einer wesentlichen Antriebskraft im Bereich der Technik und der Naturwissenschaften geworden. Speziell für diese Anwendungsbereiche wurde MATLAB entwickelt. MATLAB ist ein auf mathematisch/numerischen Methoden beruhendes Problemlösungswerkzeug, das sowohl bequeme Benutzeroberflächen bietet, als auch die individuelle Programmierung gestattet. MATLAB hat sich durch seine Erweiterungsmöglichkeit in Form von „Toolboxen" zu einem universell einsetzbaren Werkzeug auf den verschiedensten Gebieten (Simulation, Signalverarbeitung, Regelungstechnik, Fuzzy Logic, etc.) entwickelt.

Inhalt
MATLAB • MATLAB als interaktives System • Numerische Daten und Operationen • Datentypen • Vereinbarung und Belegung von Datenobjekten • Steuerkonstrukte • Programmeinheiten und Unterprogramme • Selbstdefinierte Datentypen • Ein- und Ausgabe • Vordefinierte Variable und Unterprogramme • Literatur • Index der MATLAB-Befehle • Index

 **SpringerWienNewYork**

A-1201 Wien, Sachsenplatz 4–6, P.O.Box 89, Fax +43.1.330 24 26, e-mail: books@springer.at, Internet: **www.springer.at**
D-69126 Heidelberg, Haberstraße 7, Fax +49.6221.345-229, e-mail: orders@springer.de
USA, Secaucus, NJ 07096-2485, P.O. Box 2485, Fax +1.201.348-4505, e-mail: orders@springer-ny.com
Eastern Book Service, Japan, Tokyo 113, 3–13, Hongo 3-chome, Bunkyo-ku, Fax +81.3.38 18 08 64, e-mail: orders@svt-ebs.co.jp

Springer-Verlag und Umwelt

ALS INTERNATIONALER WISSENSCHAFTLICHER VERLAG sind wir uns unserer besonderen Verpflichtung der Umwelt gegenüber bewußt und beziehen umweltorientierte Grundsätze in Unternehmensentscheidungen mit ein.

VON UNSEREN GESCHÄFTSPARTNERN (DRUCKEREIEN, Papierfabriken, Verpackungsherstellern usw.) verlangen wir, daß sie sowohl beim Herstellungsprozeß selbst als auch beim Einsatz der zur Verwendung kommenden Materialien ökologische Gesichtspunkte berücksichtigen.

DAS FÜR DIESES BUCH VERWENDETE PAPIER IST AUS chlorfrei hergestelltem Zellstoff gefertigt und im pH-Wert neutral.